深智數位
股份有限公司

深智數位
股份有限公司

目錄

第 1 部分 AI 基礎概念

第 1 章 人工智慧基礎

第 2 章 發現資料的秘密

第 2 部分　機器學習入門

第 3 章　非監督式學習：資料分群分類

第 4 章 線性模型

第 5 章　鄰近規則分析

第 6 章　支援向量機

第 7 章　決策樹

第 8 章　整體學習

第 3 部分　進階概念與應用

第 9 章　交叉驗證和錯誤修正

第 10 章　模型落地實踐與整合應用

第 1 部分
AI 基礎概念

人工智慧基礎

▌ 1.1 探索 AI 的世界

1.1.1 人工智慧的範疇

人工智慧（Artificial Intelligence，簡稱 AI）的應用在現實生活中隨處可見，從製造、醫療、金融、交通、安防、零售、物流、農業……等都可以看到與 AI 的相關應用。當然人工智慧的出現並不是曇花一現，事實上「Artificial Intelligence」這個詞早在 20 世紀中期就被提出。一開始，這個概念並未受到普遍的看好，許多人甚至認為讓機器人學會人類的智慧是不切實際的幻想。在此過程中，AI 領域也歷經了多次的冷淡期，被稱為「AI 寒冬」。

不過隨著軟硬體的進步，逐漸使得需要大量計算的人工智慧技術慢慢的被挖掘出來。近年來，AI 新創公司如春筍般冒出，呈現蓬勃的發展態勢。這些公司致力於各種領域，包括智慧機器人、感知識別、自然語言處理、對話客服、自動駕駛、瑕疵檢測、預防性維修、自動流程控制、原料組合最佳化等。隨著技術不斷進步，這些領域的應用不僅豐富了我們的生活，同時也推動了產業的創新和轉型。

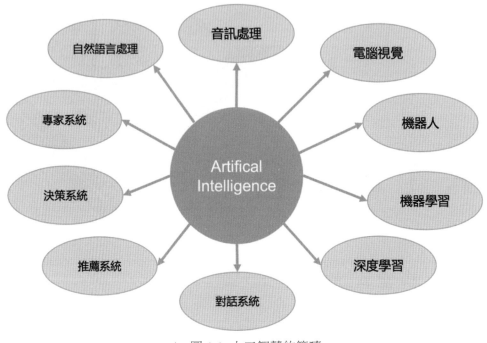

▲ 圖 1.1 人工智慧的範疇

1.1.2 何謂人工智慧？

人工智慧是一個複雜而多元的領域，它涵蓋了多種不同的方法和技術。在人工智慧的領域中，存在著多種派別，起源可以追溯至早期的符號邏輯和專家系統。初期的人工智慧將人類專家的知識透過知識庫和規則庫儲存在機器人的系統中，賦予機器人判斷事物的能力。然而人類專家的知識始終是有限的。隨著網路和個人電腦的普及，我們進入了大數據時代。科學家們開始思考如何有效應用和分析這些海量數據。因此機器學習（Machine Learning，簡稱 ML）概念應運而生，其目標是透過現實生活中收集的數據，結合各種機器學習算法，訓練出模型，賦予機器判斷和預測的能力。

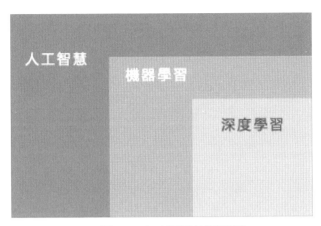

▲ 圖 1.2　人工智慧的關係圖

　　儘管深度學習（Deep Learning，簡稱 DL）近年來變得非常熱門，它僅是機器學習的一個分支。深度學習模仿人類神經系統，透過大量神經元和多層神經網路構建複雜的數學模型。並在在圖像識別、語音辨識、自然語言處理等領域取得了驚人的成就，使得機器能夠更接近人類的感知和理解能力。然而在本系列教學中，我們將從最基礎的機器學習演算法開始，逐步引導讀者進入 AI 的世界。我們將介紹不同的機器學習方法，理解其原理和應用場景，並為讀者提供成為一位真正的資料科學家所需的知識和技能。讓我們一同探索人工智慧的奧秘，並將其應用於解決現實世界的問題。

1.1.3　人工智慧的演進

　　AI 與機器學習技術目前正處於蓬勃發展階段，你能想像過去的人工智慧曾一度被認為是無望的領域嗎？人工智慧歷經三次主要熱潮，每次的興起都伴隨著技術上的突破，但也因資源與應用的限制而逐漸冷卻。如今的第三次熱潮依然持續，並逐步進入應用落地及技術優化的階段。回顧人工智慧的發展歷程，可概括為三次熱潮：

▲ 圖 1.3 人工智慧的演進

第一次熱潮（1950s-1970s）：符號主義和推理系統

第一次 AI 熱潮始於 1950 年代，以符號主義（Symbolism）和邏輯推理為基礎，試圖通過編寫規則和邏輯來模擬人類的推理過程。此時的 AI 主要應用在定理證明、下棋等相對有限的問題上，但由於當時的計算資源和數據有限，最終未能實現高期望，進而導致投資和興趣的減少。

第二次熱潮（1980s-1990s）：專家系統與知識工程

1980 年代隨著專家系統的發展，AI 進入了第二次熱潮。專家系統依賴人類專家的知識和規則來模擬專業領域的決策過程，廣泛應用於醫療診斷、工業控制等場景。雖然專家系統在一些領域取得成功，但其成本高昂且缺乏靈活性，無法應對複雜和動態的情境，這次熱潮在 1990 年代也逐漸降溫。

第三次熱潮（2010s- 至今）：深度學習與大數據驅動的 AI

進入 2010 年代後，AI 進入了第三次熱潮，主要由深度學習（Deep Learning）技術的突破和大數據的支持所推動。此時期，計算能力的大幅提升（特別是 GPU 的應用）和海量數據的獲取，使得深度神經網路在圖像辨識、語音識別和自然語言處理等領域取得驚人成果。2016 年，AlphaGo 擊敗世界圍棋冠軍李世石，標誌著 AI 能力的一次飛躍，進一步引發了 AI 技術的熱潮。

當前狀態與未來展望

ChatGPT 的誕生及生成式 AI 的發展將 AI 應用推向新的高峰，2022 年因此被稱為「生成式 AI 元年」。在這一年，許多生成式 AI 技術取得了顯著的突破，並開始大規模應用。例如，OpenAI 在 2022 年推出了改進版的 ChatGPT 模型，進一步推動了生成式語言模型的發展。同時，像 DALL·E 2 這樣的生成圖像 AI 模型也在 2022 年問世，展示了 AI 在文本生成和圖像生成領域的巨大潛力。這些技術的進步使得 AI 不僅僅停留在語言理解層面，而是開始具備創造性表達的能力，為未來的各行各業應用 AI 帶來了廣闊的前景。隨著更多生成式 AI 模型的推陳出新，AI 正逐步融入我們的日常生活，並將在未來不斷擴展其應用範疇。

1.1.4 人工智慧的分級

現今人工智慧與我們生活無所不在，例如我們只要對著手機喊一聲「Hey Siri！」蘋果手機的語音助理就能幫你打理好大小事。或者正在超市購物的你正在為購買哪一項商品煩惱時，推薦系統機器人能夠即時地為你做商品推薦。看似著簡單的動作，但人工智慧的情景在你我日常生活中息息相關。人工智慧依照機器能夠處理與判斷的能力區分為四個分級，分別為自動控制、探索推論、機器學習、深度學習：

第一級人工智慧：自動控制

機器含有自動控制的功能，並且經由感測器偵測環境的資訊。例如透過溫度感測器來偵測產線的馬達是否過熱，並達到停止運轉效果。或是冷氣低於 20 度時就進入待機模式……等。因此程式設計師必須先把所有可能的情況都考慮進去才能寫出控制程式。這就衍伸出一些問題，像是靈活度不高，且需要有經驗的專家介入才能完成。

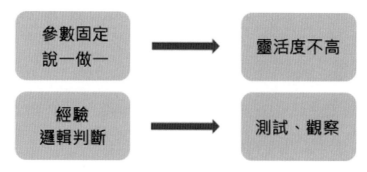

▲ 圖 1.4 第一級人工智慧的瓶頸

第二級人工智慧：探索推論

第二級逐漸開始強調邏輯推理，可以說是補足第一級的問題。透過將知識組織成知識本體並讓機器從現有的資訊中去推理。典型的例子就是專家系統，它是透過特定領域的專家訂定出一套知識庫與規則庫，並產生大量輸入與輸出資料的排列組合來解決日常生活中的問題。當然所謂的專家系統就必須邀請領域的專家為系統量身打造一套獨一無二的規則。然而每個人的觀點可能都不同，因此不同專家間所制定的規則可能都不太一樣。

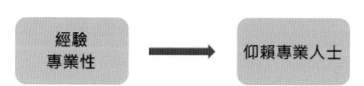

▲ 圖 1.5 第二級人工智慧的貧頸

第三級人工智慧：機器學習

機器可以根據資料學習如何將輸入與輸出資料產生關聯。機器學習是一種學習的演算法，並從資料中去學習並找出問題的解決方法。其應用包括搜尋引擎、大數據分析等。我們依據資料與學習方式可大致分為監督式學習、非監督式學習、增強式學習。此外，近年來出現了自監督學習這一新名詞，也引起了廣泛的討論和關注。

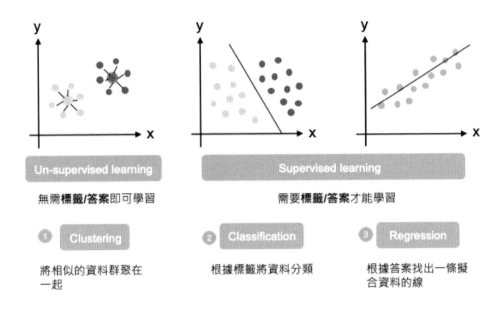

▲ 圖 1.6 監督式學習 vs. 非監督式學習

第四級人工智慧：深度學習

　　深度學習是一種機器學習的方法。它藉由模仿人類大腦神經元的結構，定義解決問題的函式。所謂深度學習是一種具有深度多層的神經網路。機器可以自行學習並且理解機器學習時用以表示資料的「特徵」，因此又稱為「特徵表達學習」，其應用包括：影像分類、機器翻譯 ... 等。

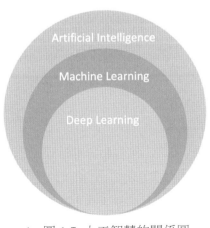

▲ 圖 1.7 人工智慧的關係圖

▌ 1.2 機器學習大補帖

1.2.1 何謂機器學習？

　　機器學習是一種學習演算法，它可以從大量的資料中學習，以找出解決問題的方法。簡單地說，只需將大量的數據提供給電腦，機器學習演算法就能讓你自己打造一個特定的模型，而不再需要透過人工手動制定規則。這種方法透過使用有標記答案的資料集，從中學習輸入與輸出之間的關聯，最終能夠從未知資料中辨識答案。這種學習方式使機器能夠從經驗中學習並改進，適用於各種領域和問題的解決。

　　機器學習的目標是從大量資料中找出一個數學模型。這個數學模型可表示為 f(x)=y，其中 x 為輸入資料，y 為對應輸出。在這個方程中，f 代表函數，即任何一種機器學習模型。典型的機器學習模型包括線性迴歸、邏輯迴歸、KNN、SVM、決策樹、隨機森林、XGBoost 等。在接下來的章節中，我們將逐一解釋這些模型的原理和應用。

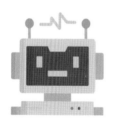

訓練一個模型 $f(x) = y$

機器學習就是利用歷史資料(Data)
找出一個函數

▲ 圖 1.8　機器學習可視為一組複雜函數

1.2.2 機器如何學習？

　　機器學習是一種學習的演算法，是一種從資料中去學習並找出解決方法。其依照機器學習的種類大致可以分成以下幾類：

監督式學習 (Supervised Learning)

所謂的監督式學習是給許多資料並給與答案，透過損失函數計算來找出一個最佳解。舉一個簡單的例子，比如給機器各看了 1000 張貓和狗的照片後再詢問機器新的一張照片中是貓還是狗。一直不斷的迭代訓練並從錯誤中去學習，最終機器能成功的分類了。

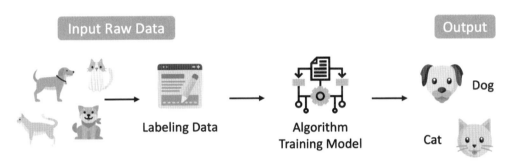

▲ 圖 1.9 監督式學習

非監督式學習 (Unsupervised Learning)

非監督式學習只給定特徵，機器會想辦法會從中找出規律。非監督式學習最常見的方法就是集群分析 (Cluster Analysis)，目標是根據特徵將資料樣本分為幾群。簡單來說非監督式學習就是給許多資料但不給予答案，模型會從資料中自己去找出關係。透過分群演算法來計算資料與資料間的相似程度與距離。

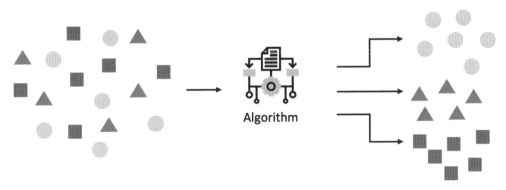

▲ 圖 1.10 非監督式學習

半監督式學習 (Semi-Supervised Learning)

介於監督式學習與非監督式學習之間。在現實生活中，未標記樣本多、有標記樣本少是一個比價普遍現象，如何利用好未標記樣本來提升模型泛化能力，就是半監式督學習研究的重點。半監式督學習的應用主要在於收集資料很簡單，但標記的資料太少了，我們希望可以自動標記資料。

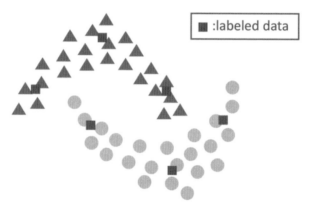

▲ 圖 1.11 半監督式學習

強化式學習 (Reinforcement Learning)

在強化式學習中機器會進行一系列的動作，而每做一個動作、環境都會跟著發生變化。若環境的變化是離目標更接近，我們就會給予一個正向反饋。若離目標更遠，則給予負向反饋。機器透過不斷的從錯誤中去學習，最終學到了如何去解決一件事情。

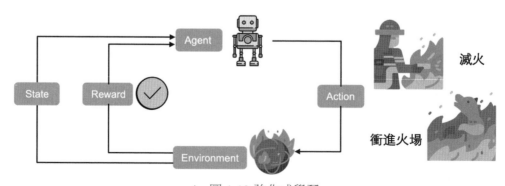

▲ 圖 1.12 強化式學習

自監督式學習 (Self-Supervised Learning)

自監督學習是由卷積神經之父 Yann LeCun 於 2019 年所提出來的一種學習機制。此學習機制模仿模仿人類的學習行為，透過當前任務觀察所得到的特徵，並訓練一個目標任務的模型。而且學習過程中並不仰賴人類給定的標籤。簡單來說訓練過程是拿一個訓練好的模型透過非監督式技巧 pre-text task 訓練好模型，訓練完成後再接到下游任務做最後的模型微調 (fine tune)。

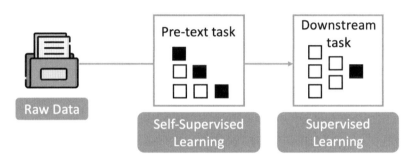

▲ 圖 1.13 自監督式學習

1.2.3 資料學三劍客

資料科學主要借助機器學習技術，使機器能夠進行預測或推論。近年來，資料科學家這一名詞實際上是由三類專業人士所組成的。首先是擁有數學和統計背景的專業人士，他們能夠敏感地從龐大的原始資料中挖掘有意義的資訊，並設計適合的模型以進行數據擬合。其次是擁有電腦科學背景的工程師，他們熟悉各種程式語言，能夠將複雜的數學模型轉化為可實現的程式碼，並協助整合與實際應用。最後一個關鍵角色是具備領域專業知識的人。他們了解特定領域的背景與需求，能夠協助解釋模型的結果並提供深入的領域見解。唯有這三種專業背景的結合，使得資料科學家能夠全面理解、處理和應用複雜的數據，從而推動科學研究和實際應用的進展。

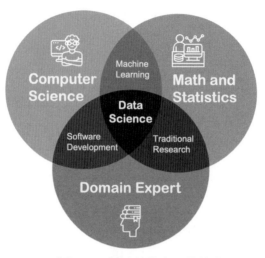

▲ 圖 1.14 資料科學家具備能力

　　透過 AI 我們能夠解決日常生活中的問題，因此必須與領域專家合作，協助資料清理和建立機器學習模型。總之要成為一位優秀的資料科學家，上述三種人的特質缺一不可。

1.2.4 機器學習流程

　　機器學習的完整流程可以分為以下幾個步驟。首先，需要定義問題，透過需求討論與評估確立清晰的目標，然後開始實施專案。接著進行資料搜集，由於不同領域收集到的原始數據可能需要整理且格式不統一。因此，第三步的資料清理變得極為重要，有了乾淨的資料可以極大提升模型的表現。當資料準備就緒後，建議在建模之前進行資料的視覺化分析，同時進行數據前處理和專業知識的特徵工程。對資料有了初步認識後，選擇適合的機器學習演算法進行模型的訓練和評估。在正式上線之前，透過測試集或交叉驗證等機制確認模型的泛化能力。確認模型沒有問題後，就可以將模型打包輸出，並與實際應用場域進行整合。最終階段是模型的部署和維運，持續利用場域蒐集到的新資料進行再訓練，形成一個不斷進化的開發循環。

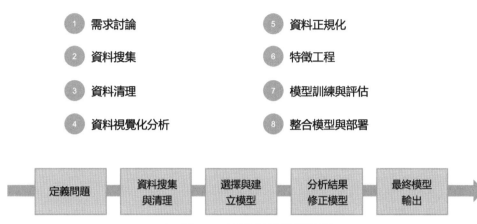

▲ 圖 1.15 完整機器學習流程

1.2.5 學 AI 該用哪種程式語言？

Python 是近年來發展最快、普及度逐漸提高的程式語言之一，也被廣泛認為是最容易上手的語言之一。其簡潔的語法設計強調可讀性，讓程式碼更貼近開發者的思維，適合初學者快速入門。儘管 R 語言也常用於統計分析、繪圖以及資料探勘，甚至建模，但如果你正在考慮學習哪一種程式語言，筆者強烈推薦 Python。

為什麼選擇 Python 呢？特別是在資料科學領域，它擁有以下幾項顯著的優勢：

- **簡潔的語法設計**：使得開發者能專注於解決問題，而非糾結於語法細節。

- **廣泛的開源套件**：如 NumPy、Pandas、Scikit-learn、TensorFlow 和 PyTorch 等，提供強大的資料處理、建模和深度學習功能。

- **強大的資料視覺化工具**：如 Matplotlib、Seaborn 和 Plotly，幫助快速生成高品質的圖表。

- **多領域應用能力**：除了資料科學，Python 還可以用於網頁開發、系統自動化和人工智慧。

- **活躍的社群支持**：擁有豐富的學習資源和討論社群，讓學習過程更具支援性。

- **跨平台能力**：Python 程式碼可以在 Windows、macOS 和 Linux 等多個作業系統上無縫執行。

本書的教學範例皆採用 Python，希望能幫助你從理論到實踐，學習如何應用機器學習技術解決實際問題。準備好了嗎？趕快打開電腦、拿起筆記本，開始為你的技術能力充電吧！

1.3 環境安裝指南

在開始學習之前，建立一個適合的開發環境是學習機器學習的第一步。良好的開發環境不僅能夠提升學習效率，還能讓你更專注於程式語言與機器學習技術的掌握。在本章節中，我們將介紹兩種常見的 Python 撰寫方式，以及如何安裝和配置不同的開發環境，為初學者提供清晰的指引，幫助你順利開始學習之旅。

第一種方式：.py 檔

.py 檔是 Python 的原始碼檔案格式，使用純文字編輯器（如 Notepad++、Sublime Text）或整合開發環境（IDE，如 PyCharm、Visual Studio Code、Spyder）進行編寫。撰寫完成後，需在終端機中透過 python 指令運行程式碼，並觀察執行結果。

使用情境：

- 適合撰寫完整的應用程式或模組。

- 方便管理大型專案的程式碼結構。

- 易於與版本控制系統（如 Git）整合。

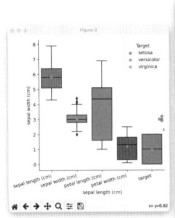

▲ 圖 1.16 使用 Visual Studio Code 開發

第二種方式：Jupyter Notebook / JupyterLab

Jupyter Notebook 和 JupyterLab 都是由 Jupyter 項目開發的互動式開發環境，允許將程式碼、執行結果、文字說明和圖表整合在同一個文件中。它的檔案格式為 .ipynb，非常適合用於資料科學的開發。在本書中，所有範例均採用 .ipynb 檔案格式，建議讀者使用 JupyterLab 這個互動式開發環境來進行資料科學的應用與學習。

使用情境：

- 非常適合資料分析、機器學習和教學用途。

- 方便進行即時程式碼執行和結果視覺化。

- 有助於分享和展示工作流程和結果。

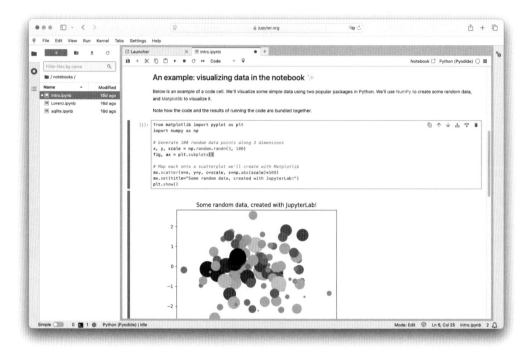

▲ 圖 1.17 JupyterLab 適合用於資料科學開發

　　為了讓讀者能快速開始使用 JupyterLab，接下來我們將介紹如何透過 Anaconda 快速建置學習環境。

1.3.1 Anaconda 介紹與安裝

　　在本節中，我們將引導如何安裝並啟動 JupyterLab，幫助各位快速進入機器學習的實作環境。這裡推薦新手使用 Anaconda，一個專為資料科學與機器學習設計的開源發行版本，它整合了多種工具與套件，簡化了安裝與配置的過程。

　　Anaconda 是一個專為資料科學、機器學習與數據分析設計的開源軟體發行包。它包含了 Python 和 R 的相關工具，並內建了眾多熱門的資料科學與機器學習套件，如 NumPy、Pandas、Matplotlib、Scikit-learn 等。Anaconda 提供了一個完整的開發環境，讓使用者能快速搭建並開始資料科學專案，而不需要手動安裝和配置大量的依賴套件。

▲ 圖 1.18 Anaconda 提供了一個完整的資料科學開發環境

Anaconda 的主要特點

- **整合式的環境管理**：使用內建的 conda 工具，輕鬆管理虛擬環境，讓不同專案間的套件和依賴不會互相干擾。

- **內建資料科學工具**：預裝了超過 150 個熱門的科學計算和機器學習套件，省去手動安裝的麻煩。

- **支援 Jupyter Notebook**：提供內建的 Jupyter Notebook，方便用戶進行互動式開發與分析。

- **跨平台**：支援 Windows、macOS 和 Linux，無論哪種作業系統都能輕鬆使用。

- **免費和開源**：個人使用者可以免費下載並使用 Anaconda，大多數功能在免費版中即可滿足需求。

下載並安裝 Anaconda

前往 Anaconda 官方網站（https://www.anaconda.com/download）並下載適合你作業系統的版本（Windows/macOS/Linux）。進入官網後，選擇對應的系統版本並下載安裝檔。建議選擇 Graphical Installer（圖形化安裝版），此版本對新手特別友善，透過直觀的操作介面即可完成安裝，無需額外的命令行操作。

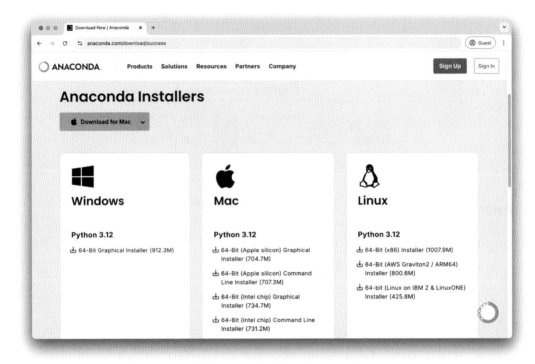

▲ 圖 1.19 下載並安裝 Anaconda

　　如果你的電腦中已經安裝了其他版本的 Python，建議先將其移除，因為安裝 Anaconda 時會自動附帶並安裝內建的 Python。為避免版本衝突，建議讀者在安裝 Anaconda 前先移除舊有的 Python 安裝版本。

　　安裝完成後，我們可以開啟 Anaconda Navigator，這是 Anaconda 提供的圖形化管理介面。接下來，進入 Anaconda 的主要管理介面，將引導各位如何使用它來設定與管理開發環境。

- **Mac 系統**：在啟動台（Launchpad）中找到並點擊 Anaconda Navigator 圖示即可啟動。

- **Windows 系統**：在「開始」功能表中找到 Anaconda Navigator，然後點擊啟動。

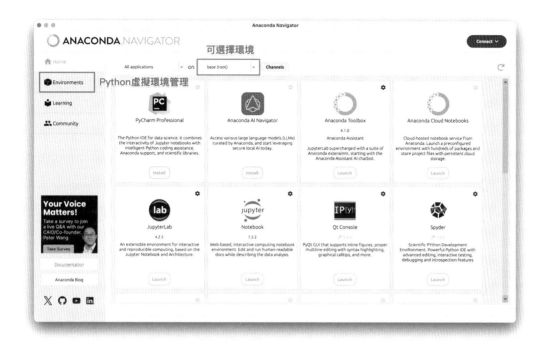

▲ 圖 1.20 Anaconda Navigator 集結所有資料科學常用工具

　　Anaconda Navigator 預設會提供一個名為 base 的環境，這是安裝 Anaconda 後系統自動建立的主要環境。base 環境 已經包含了大部分常用的資料科學與機器學習套件，例如 Numpy、Pandas、Matplotlib 和 Scikit-learn，適合初學者立即上手使用。 優點在於簡化了套件管理的過程，不需要額外配置便能直接開始學習和開發。

　　Anaconda Navigator 是一個圖形化的管理工具，提供多種功能來協助使用者管理 Python 環境與常見的開發工具。以下是其主要功能介紹：

Home（主頁）

　　主頁中央展示了多個應用程式，包括本教學會使用到的 JupyterLab 和 Jupyter Notebook，這些工具是資料科學與機器學習開發的常用環境。此外，還有其他工具，例如：

- **PyCharm**：一款專為 Python 開發設計的強大整合式開發環境（IDE）。

- **Spyder**：科學計算的 IDE，適合進行互動式開發。

- **Qt Console**：提供簡單但功能強大的 Python 編輯環境。

Environments（環境）

這個功能區域用於建立和管理虛擬環境，每個虛擬環境可以安裝不同版本的 Python 和對應的套件，確保專案之間的獨立性。

- 適合在進行多個專案時，避免不同套件版本之間的衝突。

- 支援新增、刪除和匯出環境，並方便地安裝常用的資料科學套件。

Learning（學習）

這裏提供豐富的學習資源，包括官方教學影片與文章，適合初學者快速上手 Anaconda 及相關工具。

Community（社群）

提供連結至 Anaconda 的官方社群，可以在這裡尋求支援、參與討論，或了解最新動態。

在安裝完成 Anaconda 後，我們可以透過 Anaconda Navigator 快速啟動 JupyterLab 介面。首先，在 Navigator 的主畫面中找到 JupyterLab 圖示，這是本書中主要使用的互動式開發工具之一。接著，點擊圖示下方的 Launch 按鈕，這將啟動一個本機伺服器，並自動在瀏覽器中打開 JupyterLab 的編輯界面，讓你立即進入資料分析與開發的世界。

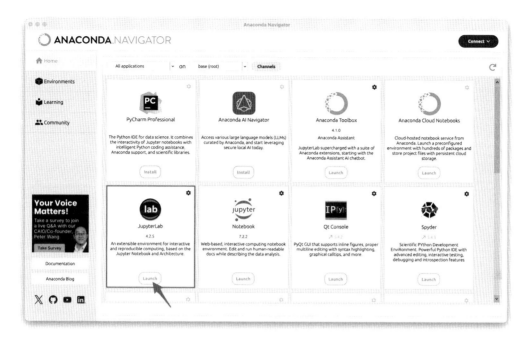

▲ 圖 1.21 啟動 JupyterLab

　　JupyterLab 的核心特色是以瀏覽器作為編輯環境，提供直觀且高效的操作介面。開啟後，瀏覽器中建立新的 Notebook，用於支援 Python 和其他語言的互動式開發；左側的檔案管理器讓你輕鬆瀏覽專案目錄並管理檔案；此外，JupyterLab 的程式碼單元格設計使得每段程式碼都能即時執行並顯示結果。同時，我們還可以在 Notebook 中插入文字說明、視覺化圖表，將程式碼與資料展示緊密結合，為我們的數據分析與開發提供強大的支援。

▲ 圖 1.22 點擊 Notebook 建立第一支資料分析程式

建立第一個 Notebook

Anaconda 是一個非常方便且易於上手的開發工具，特別適合初學者進行 Python 開發。想要建立一個新的空白專案時，只需在點擊「Python 3 (ipykernel)」即可創建一個新的 Jupyter Notebook，開始你的資料科學分析。當開啟 Notebook 後，將會看到以下幾個主要的操作區域：

1. **檔案與資料夾管理**：提供使用者瀏覽、建立、編輯和管理檔案及資料夾。

2. **工具列**：常用操作按鈕，例如新增檔案、執行程式碼和保存檔案。

3. **儲存格 (Cell)**：Notebook 的核心組件，用於撰寫程式碼或文字說明，並即時執行或顯示結果。

4. **儲存格工具列**：為每個儲存格提供額外操作選項，包括複製、刪除或調整順序，方便管理內容。

▲ 圖 1.23 Notebook 介面

在 JupyterLab 中，儲存格 (Cell) 是 Notebook 的核心組成單位，每個 Cell 都可以承載不同類型的內容，用於實現程式碼執行、文字說明和原始數據的記錄。Notebook 主要由以下三種類型的 Cell 組成。

1. Code Cell（程式碼儲存格）

2. Markdown Cell（文字說明儲存格）

3. Raw Cell（原始數據儲存格）

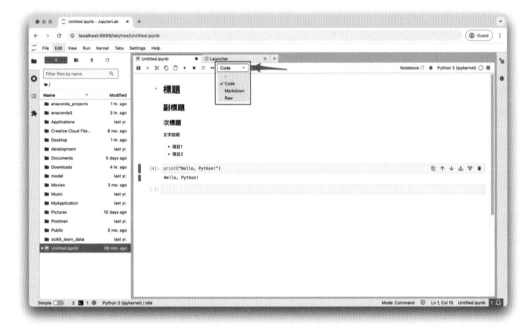

▲ 圖 1.24 Notebook 主要由三種類型的 Cell 組成

Code Cell（程式碼儲存格）

用於撰寫 Python 或其他支援的程式語言的程式碼。執行後，會顯示程式碼的輸出結果，適合用於撰寫數據分析、機器學習模型和其他應用程式碼。

▲ 圖 1.25 撰寫與運行 Python 程式

可以直接在程式區塊中輸入 Python 程式碼，並按下 Shift + Enter 鍵執行程式，又或是點選上方工具列執行按鈕，執行並即時查看運行結果。

Markdown Cell（文字說明儲存格）

支援 Markdown 語法，適合用來撰寫標題、清單或段落說明。這類儲存格使 Notebook 更具可讀性，方便進行教學或記錄分析過程。

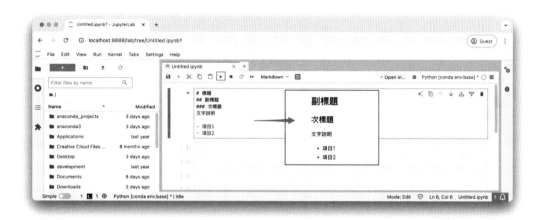

Raw Cell（原始數據儲存格）

用於存放不經過解析或執行的文字或程式碼，適合需要保留原始內容的情境。相比之下，Markdown Cell 更加實用且靈活，適合用於記錄文字說明、標題、清單或插入超連結等，能夠大幅提升 Notebook 的可讀性。因此，大多數使用者在進行文字記錄時，更傾向於選擇 Markdown 格式。

完成了基本的環境安裝後，我們能更快速且方便地開始撰寫相關程式，為資料科學的學習之路邁出重要一步。在接下來的內容中，本書每個章節的範例程式都將以 Notebook 的形式呈現，幫助讀者更加直觀地學習和應用所介紹的技術。

MEMO

發現資料的
秘密

▎ 2.1 資料的探索與準備

2.1.1 什麼是資料？

　　一般來說，資料可分為兩個主要部分。在監督式學習中，以分類問題為例，我們有輸入的特徵以及與每筆資料相對應的答案，稱為標記。人工智慧的領域旨在賦予機器學習解決問題的能力，而非我們直接告訴它應該如何處理問題。舉一簡單例子，假設我們需要預測明天是否下雨。我們的輸入特徵可以包括各觀測站的雲量和溫濕度，作為模型訓練的資料；而每筆資料的天氣資訊則對應是否下雨的標準答案。

- **特徵 (Feature)**：用來描述每一筆資料，通常會用 X 來表示

- **標籤 (Label)**：用來表示每一筆資料所對應的輸出，這個輸出樣式可以有不同的狀態 (可能是類別或者實數值等)，通常會用 Y 來表示。

X	Y
雲量、溫度、濕度	是否下雨

▲ 圖 2.1 資料的組成分為輸入 X(特徵) 與輸出 Y(標籤)

在機器學習中，最常見的數據形式是表格型數據。表格型數據通常存儲在 CSV 文件以行和列的形式組織，每列 (row) 代表一個樣本或觀測，每行 (col) 代表一個特徵或屬性。這種數據形式類似於電子表格或數據庫表格，易於理解和處理，適合各種數據分析和機器學習任務。表格型數據是機器學習中的一種結構化數據，具有固定的格式和標籤。每個樣本由多個特徵描述，而每個特徵則代表一個變數或屬性。例如，一個包含房地產訊息的資料集可能包括每棟房屋的面積、價格、位置等特徵。以下是機器學習中常見的幾種特徵類型：

數值型特徵（Numerical Features）

- **定義**：數值型特徵是指可以用數字表示的特徵，這些數字通常是連續的，它們可以採取任意數值表示。

- **例子**：房屋的面積、機台的溫度、產品的價格等。

- **處理方式**：數值型特徵可以進行數學運算，如加減乘除，並且可以應用統計方法進行分析。

類別型特徵（Categorical Features）

- **定義**：類別型特徵是指表示不同類別或分類的特徵，這些特徵通常是離散的。

- **例子**：房屋的類型（透天、公寓、大樓）、客戶的性別（男、女）、產品的類別（電子產品、家具、服裝等）。

- **處理方式**：類別型特徵需要進行編碼轉換，例如使用獨熱編碼（One-Hot Encoding）或標籤編碼（Label Encoding）來轉換成數值格式，便於機器學習算法使用。

除了數值型特徵和類別型特徵外，還存在許多其他特徵類型，這些特徵類型在不同的機器學習任務中扮演著重要的角色。例如，二元特徵、序列特徵、日期和時間特徵、文本特徵等都是常見的特徵類型，它們具有不同的特性和處理方式。讓我們進一步探索這些特徵類型，了解它們在機器學習中的應用和處理方法。

二元特徵（Binary Features）

- **定義**：二元特徵僅具有兩個可能的值，通常表示兩種狀態或選項。

- **例子**：性別（男 / 女）、婚姻狀態（已婚 / 未婚）、網站註冊（是 / 否）等。

- **描述**：二元特徵在數據中表示兩個互斥的類別，沒有中間值或其他可能的選擇。這種特徵常見於分類問題中，模型可以直接使用 0 和 1 表示不同的狀態。

序列特徵（Ordinal Features）

- **定義**：序列特徵具有明確的順序關係，但間距不一定相等，可以分為有序的類別。

- **例子**：教育程度（高中畢業、大學畢業、研究所畢業）、服務年限（0-1 年、1-5 年、5 年以上）等。

- **描述**：序列特徵描述了一個特定屬性的相對順序，但不能直接量化。它們在一些情況下可以被當作數值型特徵處理，但通常需要進行特殊處理以保留其順序訊息。

日期和時間特徵（Date and Time Features）

- **定義**：日期和時間特徵表示時間戳記或日期，用於描述事件發生的時間。

- **例子**：交易日期、生產時間等。

- **描述**：日期和時間特徵提供了關於事件發生時間的重要訊息。它們可以進行特殊的時間序列分析，也可以轉換為數值型特徵來方便模型處理。

文本特徵（Text Features）

- **定義**：文本特徵表示以自然語言形式存在的文本訊息，例如評論、新聞文章等。

- **例子**：商品評論、新聞標題、社群媒體貼文等。

- **描述**：文本特徵需要使用自然語言處理技術進行處理，轉換成數值形式以便模型處理。這些特徵通常需要進行文本分詞、向量化等處理，以提取有用的訊息並進行分析。

	日期和時間特徵	數值型特徵		類別型特徵		文本特徵
	日期	平均溫度	平均濕度	天氣狀況	是否漲潮	備註
1	2024-01-01	12.08	40.33	晴天	是	天氣陰沉，可能會有小雨。
2	2024-01-02	13.42	99.7	雨天	否	今天陽光明媚，適合外出活動。
3	2024-01-03	13.83	36.37	雨天	否	氣溫較低，注意保暖。
4	2024-01-04	15.37	90.19	晴天	是	濕度較高，室內請保持通風。
5	2024-01-05	21.95	57.02	陰天	是	今天陽光明媚，適合外出活動。
6	2024-01-06	16.32	59.12	陰天	否	氣溫較低，注意保暖。
7	2024-01-07	17.1	68.03	雨天	否	氣溫較低，注意保暖。
8	2024-01-08	19.95	53.73	雨天	否	大雨滂沱，請攜帶雨具。
9	2024-01-09	17.53	62.88	雨天	是	天氣陰沉，可能會有小雨。

▲ 圖 2.2 一份資料中可能包含多種數據格式

2.2 探索式資料分析

　　探索式資料分析（Exploratory Data Analysis, EDA）的主要概念是使用統計方法對資料進行視覺化分析。透過資料的探索性分析，我們能夠查看資料集中每個特徵彼此之間的重要程度，以及它們的資料分布狀況。培養良好的數據分析習慣有助於更深入地理解資料集的特性。此外，進行探索式資料分析的好處在於可以從多個角度全面瞭解資料的現況，這有助於後續進行模型分析時有更全面的基礎。

2.2.1 EDA 必要的套件

- 資料處理 – Pandas, Numpy

  ○ Pandas：Python 表格資料處理的重要工具

  ○ Numpy：針對多維陣列的平行運算進行優化的強大函式庫

- 繪圖相關 – Matplotlib, Seaborn

  ○ Matplotlib：Python 最常被使用到的繪圖套件

  ○ Seaborn：以 Matplotlib 為底層的高階繪圖套件

▲ 圖 2.3 Python 常用資料處理與視覺化套件

2.2.2 第一支 EDA 程式：資料集一覽

本章節的實作內容將以資料集為例，演示如何使用 Python 進行探索式資料分析。

本資料集可從 scikit-learn 獲取：

https://scikit-learn.org/stable/modules/generated/sklearn.datasets.load_iris.html

2.2.3 資料集描述

該資料集總共包含 4 個輸入特徵，分別是花萼長度、花萼寬度、花瓣長度和花瓣寬度。而輸出特徵則是花朵的品種，共有三個類別，分別為 0: 山鳶尾 setosa、1: 變色鳶尾 versicolor、2: 維吉尼亞鳶尾 virginica。

▲ 圖 2.4 資料集

2.2.4 載入資料集

首先我們載入資料探索式分析所需的套件。分別有進行數據處理的函式庫的 pandas、高階大量的維度陣列與矩陣運算的 numpy、處理資料視覺化的繪圖庫 matplotlib 與 seaborn。最後一個是資料集來源，本書範例我們採用 scikit-learn 所提供的鳶尾花分類的資料集。

➜ 程式 2.1 載入相關套件

```python
import pandas as pd
import numpy as np
import matplotlib.pyplot as plt
import seaborn as sns
from sklearn.datasets import load_iris
```

scikit-learn 套件中提供了一些方便的 Toy datasets，特別推薦初學者使用這些資料集進行練習，進行資料探索與建模。每個資料集的呼叫方法都相當簡單。以資料集為例，我們可以透過 API 輕鬆取得輸入和輸出。

➜ 程式 2.2 載入資料集

```python
# 載入鳶尾花資料集，as_frame=True 表示返回 pandas DataFrame 格式
iris = load_iris(as_frame=True)
# 輸入特徵
X_df = iris.data
# 輸出特徵
y_df = iris.target
```

關於資料及讀取的方式，scikit-learn 提供了多個 API 方法，包括：

- data：用於取得輸入特徵的資料。

- target：用於取得輸出特徵（目標）的資料。

- feature_names：用於取得輸入特徵的名稱。

- target_names：用於取得輸出的類別標籤，僅適用於分類資料集。

- DESCR：提供資料集的詳細描述。

首先我們載入資料集。為了方便分析我們將 numpy 格式的資料轉換成資料框（DataFrame）的格式進行資料探索。因為透過 pandas 的資料框格式我們更能用表格的形式觀察資料。透過以下程式碼，我們可以得知這份資料總共包含 150 筆數據，其中有 4 個輸入特徵，並且輸出標籤代表花的類別種類。

→ 程式 2.3 讀取指定欄位資料

```
# 將輸入特徵和輸出特徵合併成一個 DataFrame
df_data = pd.concat([X_df, y_df], axis=1)
df_data
```

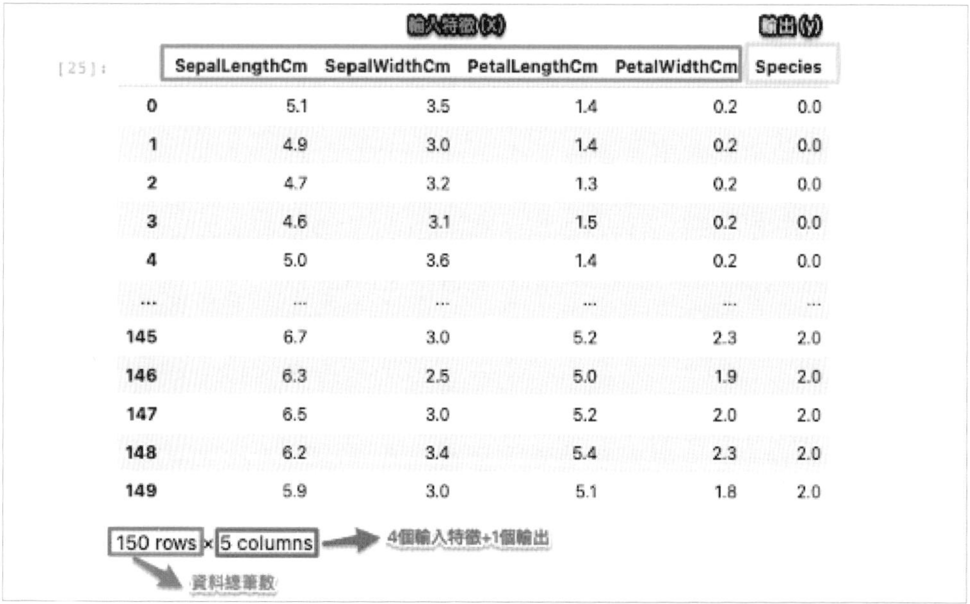

		輸入特徵(X)			輸出(y)
[25]:	SepalLengthCm	SepalWidthCm	PetalLengthCm	PetalWidthCm	Species
0	5.1	3.5	1.4	0.2	0.0
1	4.9	3.0	1.4	0.2	0.0
2	4.7	3.2	1.3	0.2	0.0
3	4.6	3.1	1.5	0.2	0.0
4	5.0	3.6	1.4	0.2	0.0
...	...	...	...	...	...
145	6.7	3.0	5.2	2.3	2.0
146	6.3	2.5	5.0	1.9	2.0
147	6.5	3.0	5.2	2.0	2.0
148	6.2	3.4	5.4	2.3	2.0
149	5.9	3.0	5.1	1.8	2.0

150 rows × 5 columns ➡ 4個輸入特徵+1個輸出
資料總筆數

▲ 圖 2.5 資料集表格資料

2.2.5 直方圖

直方圖是一種對數據分布情況的圖形表示，是一種二維統計圖表。我們可以使用 seaborn 套件的 histplot() 函數，將鳶尾花資料集中的四個特徵（花萼長度、花萼寬度、花瓣長度、花瓣寬度）的直方圖繪製在同一張圖上，每個特徵對應到一個子圖。同時，加入了核密度估計曲線以提供更詳細的分布資訊。

➜ 程式 2.4 繪製輸入特徵直方圖

```
# 創建 1 行 4 列的子圖，axes 用於存儲子圖的軸物件
fig, axes = plt.subplots(nrows=1, ncols=4)
# 設定整個圖表的尺寸
fig.set_size_inches(15, 4)
# 繪製每個特徵的直方圖，並加入核密度估計 (KDE)
sns.histplot(x="sepal length (cm)", data=df_data, ax=axes[0], kde=True)
sns.histplot(x="sepal width (cm)", data=df_data, ax=axes[1], kde=True)
sns.histplot(x="petal length (cm)", data=df_data, ax=axes[2], kde=True)
sns.histplot(x="petal width (cm)", data=df_data, ax=axes[3], kde=True)
```

- x="sepal length (cm)" 參數指定了要繪製直方圖的特徵。

- data=df_data 參數指定了使用的資料框，即資料的來源。

- ax=axes[0] 參數表示將繪製的直方圖放在事先定義的 axes 物件的第一個位置，這通常用於多子圖的情況。

- kde=True 參數表示在直方圖上加入核密度估計曲線，以更詳細地呈現特徵的分佈情況。

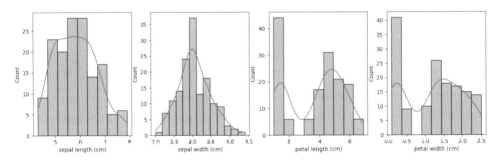

▲ 圖 2.6 鳶尾花資料集的四個特徵直方圖

　　同樣我們也能繪製輸出標籤的直方圖，這裡使用了 Seaborn 套件的 countplot() 函數來繪製直方圖。每個直方圖的高度表示對應玻璃類型的樣本數量。透過 hue="target" 參數將不同的花朵類別區分為不同的顏色長條。隨後透過 plt.legend() 函數設定圖例標籤名稱，使其清晰地顯示各類別對應的花朵名稱，並將圖例放置在右上角。這有助於直觀地了解不同類別的樣本數量，進一步提

供對資料集的觀察。從下圖的結果顯示，我們可以發現資料筆數總共為 150 筆，而每個類別均包含 50 筆樣本。

➜ 程式 2.5 繪製輸出標籤直方圖

```
# 使用 seaborn 的 countplot() 函數繪製直方圖
ax = sns.countplot(data=df_data, x='target', hue='target', palette='tab10')
# 設定圖例標籤名稱
plt.legend(title="target", labels=iris.target_names, bbox_to_anchor=(1. 05, 1),
loc='upper left')
# 在每個直方圖的上方顯示 count 數值
for container in ax.containers:
    ax.bar_label(container)
```

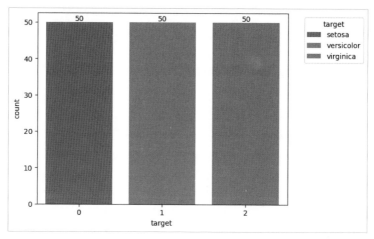

▲ 圖 2.7 觀察輸出標籤的樣本數量

2.2.6 核密度估計圖

核密度估計分為兩部分，即對角線部分和非對角線部分。在對角線部分，以核密度估計圖的方式呈現，用以觀察單一特徵的分佈情況。其中，x 軸對應該特徵的數值，y 軸對應該特徵的密度，即特徵出現的頻率。而在非對角線部分，則展現了兩個特徵之間的關聯散佈圖。這表示任選兩個特徵進行配對，以其中一個為橫座標，另一個為縱座標，將所有數據點繪製在圖上，用以衡量兩個變數的關聯程度。

➔ 程式 2.6 繪製核密度估計圖

```
sns.pairplot(df_data, hue="target", diag_kind="kde", palette='tab10')
```

- df_data 是包含特徵和目標變數的資料框。

- hue="target" 參數指定了目標變數（target）作為顏色的區分，每個不同的類別會以不同的顏色呈現。

- diag_kind="kde" 參數表示對角線部分使用核密度估計圖呈現單一特徵的分佈情況，而非直方圖。

- palette='tab10' 參數指定了使用 seaborn 內建的調色板 "tab10"，用於區分不同的類別。

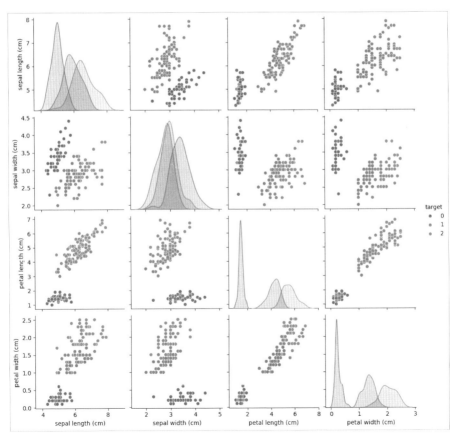

▲ 圖 2.8 核密度估計圖觀察輸入特徵分佈

2.2.7 相關性熱圖

關聯性分析旨在評估不同特徵之間的相互關係，通常使用相關性矩陣來呈現這些關係。在資料科學中，透過 pandas 的 corr() 函數可以迅速計算每個特徵之間的相關性程度，這些數值的範圍介於 -1 到 1 之間。數字越接近 1 表示正相關越高，而數字越接近 -1 則代表負相關越高。相關性矩陣的意義在於提供一個直觀的方式，讓我們快速了解不同特徵之間的相互關係。它具有以下幾種特點：

1. 發現特徵間的相依性：透過數值化的相關性指標，我們可以判斷一個特徵如何隨著其他特徵的變化而變化，進而發現它們之間的相依性。

2. 篩選特徵：當資料集中存在高度相關的特徵時，我們可以考慮在建模過程中僅選擇其中一個特徵，以減少冗餘訊息，提高模型效能。

3. 理解特徵對目標的影響：若某特徵與目標變數呈現高度相關，這表示該特徵對預測目標具有較大的影響，這種洞察有助於深入理解資料特性。

➡ **程式 2.7 繪製相關性熱圖**

```
# 計算資料集 df_data 的特徵之間的相關性矩陣
corr = df_data.corr()
# 生成一個遮罩，將相關性矩陣簡化為對角矩陣型，以避免重複顯示相關性
mask = np.triu(np.ones_like(corr, dtype=np.bool_))
# 使用 seaborn 的 heatmap 函數繪製相關性熱圖
sns.heatmap(corr, square=True, annot=True, mask=mask, cmap="RdBu_r")
```

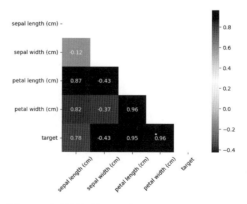

▲ 圖 2.9 相關性熱圖分析特徵之間的關聯程度

2.2.8 散佈圖

透過散佈圖，我們能夠在二維平面上觀察兩兩特徵之間的分佈狀況。當特徵的重要程度越高時，散佈圖能更明顯地呈現資料點的群聚效果。這意味著如果某特徵對資料的影響越大，我們在散佈圖上就能夠更清晰地觀察到數據點在該特徵上的分布趨勢，有助於理解特徵之間的關係及其對資料的影響。因此透過散佈圖分析，我們能夠直觀地捕捉到資料特徵之間的相互作用，進而深入瞭解其在資料集中的群聚和分布情況。我們可以使用 seaborn 的 lmplot() 函數繪製了花萼長度 ("sepal length (cm)") 與花萼寬度 ("sepal width (cm)") 的散佈圖，同時根據花的種類 ("target") 進行不同顏色的識別。

➔ 程式 2.8 繪製散佈圖

```
# 使用 seaborn 的 lmplot 函數繪製花萼長度與花萼寬度的散佈圖
sns.lmplot(x="sepal length (cm)", y="sepal width (cm)", hue='target', data=df_data, fit_
reg=False, legend=False)

# 使用 Matplotlib 的 legend 函數添加圖例
# title 參數指定圖例標題，loc 參數指定圖例位置為右上角，labels 參數指定每個類別的標籤
plt.legend(title='Target', loc='upper right', labels=iris.target_names)
```

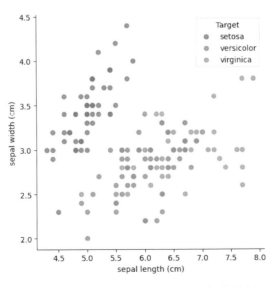

▲ 圖 2.10 花萼長度與花萼寬度的散佈圖

2.2.9 盒鬚圖

　　盒鬚圖（Box Plot），又被稱為盒狀圖或箱形圖，是一種統計圖表，用來顯示一組資料的分佈和統計特徵。透過盒鬚圖的分析，我們能夠評估每個特徵的資料分佈情況，同時檢視是否存在離群值。這種圖表巧妙地使用箱形的形狀展現數據的四分位數，提供了對資料分散程度的直觀洞察。盒鬚圖通常包括以下重要元素：

- **中位數（Median）**：在盒鬚圖中，中線代表資料的中位數，即經排序後的資料中間值。

- **四分位數（Quartiles）**：盒鬚圖劃分為四個區段，每個區段代表一個四分位數。第一個四分位數（Q1）表示資料的 25% 分位數，第二個四分位數（Q2）為中位數，而第三個四分位數（Q3）則為 75% 分位數。

- **箱子（Box）**：盒鬚圖的箱子上邊框表示 Q3，下邊框表示 Q1。箱子內部的長度代表資料的中間 50% 範圍，也被稱為四分位距（IQR，Interquartile Range）。

- **鬚（Whiskers）**：鬚通常延伸出箱子，表示資料的範圍。鬚的長度通常取決於資料的分佈和異常值。

- **異常值（Outliers）**：在盒鬚圖中，超出鬚範圍的資料點通常被視為異常值。這些異常值有助於我們發現資料中可能存在的極端情況。

　　這段程式碼使用 seaborn 的 boxplot() 函數繪製盒鬚圖。在盒鬚圖中，箱子的兩端分別表示第一個四分位數（Q1，涵蓋 25% 的資料）和第三個四分位數（Q3，涵蓋 75% 的資料）。箱子中間的線則代表中位數，即涵蓋前 50% 資料的位置。此外箱子中央的三角形表示平均數。在箱型圖上會出現在鬚末端值以外的原形點稱為異常值（離群值）。

→ 程式 2.9　繪製盒鬚圖

```
# 使用 seaborn 的 boxplot 函數繪製箱形圖
sns.boxplot(data=df_data, showmeans=True, orient="v", palette="tab10")
```

```
# 調整 x 軸刻度標籤的旋轉角度、水平對齊方式、字體大小
plt.xticks(rotation=15, horizontalalignment='right', fontsize=10)
# 調整圖表的布局，以確保各個元素不重疊
plt.tight_layout()
```

- showmeans=True：顯示箱形圖上的平均值標記。

- orient="v"：表示繪製垂直方向的箱形圖。

- palette="tab10"：使用 tab10 調色板，以區分不同類別的顏色。

盒鬚圖的四分位間距（IQR）是指 Q3 和 Q1 之間的差值，即 Q3 - Q1。這個值在一定程度上反映了資料的集中程度，若間距越小，表示資料越趨向集中。盒鬚圖的上下箱子外的水平線端點分別標示極大值和極小值，有助於觀察資料的範圍以及可能的異常值。另外需注意的是，盒鬚圖的最大值並非資料的實際最大值，而是用於區分異常值的最大值，計算方式為最大值等於 Q3 加上 1.5 倍的 IQR。同樣地，盒鬚圖的最小值也不是資料的實際最小值，而是用於區分異常值的最小值，計算方式為最小值等於 Q1 減去 1.5 倍的 IQR。這些值的計算有助於我們更清晰地了解資料分佈的範圍，同時檢視是否存在潛在的異常值。

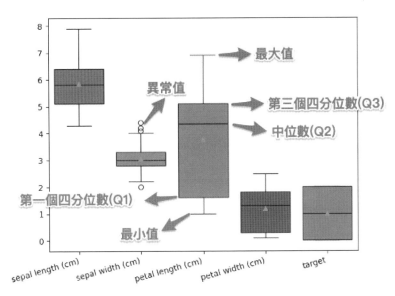

▲ 圖 2.11 盒鬚圖用於顯示一組資料的分佈和統計特徵

2.3 離群值的檢查與處理方法

在資料分析和機器學習中，離群值（Outliers）是指那些顯著偏離其他數據點的觀測值。這些異常值可能會對模型的性能產生不利影響，因此需要進行檢查和處理。本章節將介紹常見的檢查異常值的方法以及如何處理這些異常值。

2.3.1 檢查異常值的方法

在檢查異常值的方法中，我們可以採用兩種主要的策略：統計值檢查和視覺化檢查。統計值檢查透過計算數據的統計量來識別異常值，例如平均數、標準差、中位數和分位數。另一方面，視覺化檢查則透過圖形來直觀展示數據分佈及異常值位置，常見的方法包括直方圖、盒鬚圖和累積分布圖。

在接下來的內容中，我們將分別介紹統計值檢查和視覺化檢查的方法，並展示如何運用這些技術來對資料進行分析和處理，確保我們得到準確可靠的結果。

統計值檢查

- **平均數（Mean）**：計算數據的平均值，離群值會顯著影響平均數，使其偏向異常值。

- **標準差（Standard Deviation）**：衡量數據的分散程度，高於或低於一定標準差範圍的數據點可能是離群值。

- **中位數（Median）**：數據的中間值，較不受離群值影響，可以與平均數對比來發現異常。

- **分位數（Quantiles）**：如四分位數，可以幫助確定數據的分佈範圍，通常使用 IQR（四分位距）來檢查離群值。即數據點如果低於第一四分位數減去 1.5 倍 IQR，或高於第三四分位數加上 1.5 倍 IQR，則被認為是離群值。

以下範例程式使用 numpy 建立一組包含 10 個數值的 ndarray 進行離群值檢查。首先程式計算了數據的平均數、標準差和中位數，以了解數據的整體分佈情況。接著計算了數據的第一四分位數（Q1）和第三四分位數（Q3），並根據這些值計算四分位距（IQR）。最後使用 IQR，確定了離群值範圍，並檢查數據中是否有超出此範圍的離群值。

➡ 程式 2.10 以統計檢查離群值

```python
import numpy as np

# 建立一個包含 10 個數值的 ndarray
data = np.array([-1, 12, 14, 15, 16, 18, 19, 100, 20, 22])
# 計算平均數
mean = np.mean(data)
print(f" 平均數（Mean）：{mean}")
# 計算標準差
std_dev = np.std(data)
print(f" 標準差（Standard Deviation）：{std_dev}")
# 計算中位數
median = np.median(data)
print(f" 中位數（Median）：{median}")
# 計算四分位數
q1 = np.percentile(data, 25)
q3 = np.percentile(data, 75)
iqr = q3 - q1
print(f" 第一四分位數（Q1）：{q1}")
print(f" 第三四分位數（Q3）：{q3}")
print(f" 四分位距（IQR）：{iqr}")

# 計算離群值範圍
lower_bound = q1 - 1.5 * iqr
upper_bound = q3 + 1.5 * iqr
print(f" 離群值範圍：低於 {lower_bound} 或高於 {upper_bound}")

# 找出離群值
outliers = data[(data < lower_bound) | (data > upper_bound)]
print(f" 離群值：{outliers}")
```

輸出結果：

平均數（Mean）：23.5

標準差（Standard Deviation）：26.207823259477312

中位數（Median）：17.0

第一四分位數（Q1）：14.25

第三四分位數（Q3）：19.75

四分位距（IQR）：5.5

離群值範圍：低於 6.0 或高於 28.0

離群值：[-1 100]

視覺化檢查

- **直方圖（Histogram）**：展示數據的分佈情況，透過觀察分佈的尾部可以發現異常值。

- **盒鬚圖（Box Plot）**：直觀展示數據的中位數、四分位數及離群值，常用於發現並標記異常值。

- **累積分布圖（CDF）**：展示數據的累積分布情況，離群值在圖中會顯示為顯著偏離其他數據點的部分。

以下是延續前面的範例，展示如何使用直方圖、盒鬚圖和累積分布圖來視覺化檢查數據中的離群值。

➜ 程式 2.11 以視覺化檢查離群值

```python
import numpy as np
import matplotlib.pyplot as plt
import seaborn as sns

# 建立一個包含 10 個數值的 ndarray
data = np.array([-1, 12, 14, 15, 16, 18, 19, 100, 20, 22])
# 直方圖（Histogram）
plt.figure(figsize=(10, 4))
```

```python
plt.subplot(1, 3, 1)
plt.hist(data, bins=10, color='skyblue', edgecolor='black')
plt.title('Histogram')
plt.xlabel('Value')
plt.ylabel('Frequency')

# 盒圖（Box Plot）
plt.subplot(1, 3, 2)
sns.boxplot(data, color='skyblue')
plt.title('Box Plot')
plt.xlabel('Value')

# 累積分布圖（CDF）
plt.subplot(1, 3, 3)
sorted_data = np.sort(data)
cdf = np.arange(1, len(data) + 1) / len(data)
plt.plot(sorted_data, cdf, marker='.', linestyle='none')
plt.title('CDF')
plt.xlabel('Value')
plt.ylabel('CDF')

plt.tight_layout()
plt.show()
```

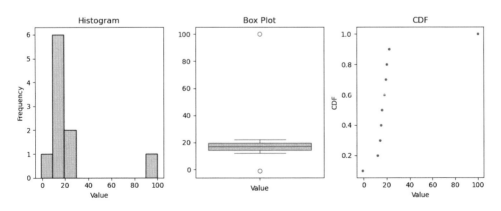

▲ 圖 2.12 視覺化檢查離群值結果

2.3.2 處理異常值的方法

　　離群值的檢查和處理是數據清洗的重要步驟，透過適當的方法檢查異常值並進行處理，可以提高數據品質，進而增強機器學習模型的預測能力。此外統計值檢查和視覺化檢查是兩種常用的檢查方法，而取代補值和整欄移除則是常見的處理方法。以下針對常見的處理異常值的方法進行解釋。

取代補值

- **中位數補值**：使用數據的中位數來替代離群值，這種方法適用於數據呈現常態分佈的情況，因為中位數不受離群值影響。

➔ 程式 2.12 中位數補值

```python
import numpy as np
import pandas as pd

# 建立一個包含 10 個數值的 ndarray
data = np.array([-1, 12, 14, 15, 16, 18, 19, 100, 20, 22])
df = pd.DataFrame(data, columns=['Value'])

# 計算 Q1 (25th percentile) 和 Q3 (75th percentile)
Q1 = df['Value'].quantile(0.25)
Q3 = df['Value'].quantile(0.75)

# 計算 IQR (Interquartile Range)
IQR = Q3 - Q1


# 計算上下限
lower_bound = Q1 - 1.5 * IQR
upper_bound = Q3 + 1.5 * IQR

# 找出離群值
outliers = (df['Value'] < lower_bound) | (df['Value'] > upper_bound)

# 計算中位數
median = df['Value'].median()
```

```
# 用中位數替代離群值
df.loc[outliers, 'Value'] = median

print(df)
```

輸出結果：

	Value
0	17
1	12
2	14
3	15
4	16
5	18
6	19
7	17
8	20
9	22

- **平均數補值**：使用數據的平均數來替代離群值，適用於數據分佈較均勻的情況。然而，應注意平均數容易受到離群值的影響，因此這種方法需要謹慎使用。

➜ 程式 2.13 平均數補值

```
import numpy as np
import pandas as pd

# 建立一個包含 10 個數值的 ndarray
data = np.array([-1, 12, 14, 15, 16, 18, 19, 100, 20, 22])
df = pd.DataFrame(data, columns=['Value'])


# 計算 Q1 (25th percentile) 和 Q3 (75th percentile)
```

```python
Q1 = df['Value'].quantile(0.25)
Q3 = df['Value'].quantile(0.75)

# 計算 IQR (Interquartile Range)
IQR = Q3 - Q1

# 計算上下限
lower_bound = Q1 - 1.5 * IQR
upper_bound = Q3 + 1.5 * IQR

# 找出離群值
outliers = (df['Value'] < lower_bound) | (df['Value'] > upper_bound)

# 計算平均數
median = df['Value'].mean()

# 用平均數替代離群值
df.loc[outliers, 'Value'] = median

print(df)
```

輸出結果：

	Value
0	23.5
1	12.0
2	14.0
3	15.0
4	16.0
5	18.0
6	19.0
7	23.5
8	20.0
9	22.0

- **眾數補值**：使用資料集中出現頻率最高的值來替代離群值，這種方法適用於類別型數據和某些數值型數據。眾數補值可以保留數據的代表性，尤其適合那些具有明顯趨勢的資料集。不過在多眾數情況下，需要根據具體情況選擇合適的眾數。

➜ 程式 2.14 眾數補值

```python
import numpy as np
import pandas as pd
from scipy import stats

# 建立一個包含 10 個數值的 ndarray
data = np.array([-1, 12, 14, 15, 16, 15, 19, 100, 20, 22])
df = pd.DataFrame(data, columns=['Value'])
# 計算 Q1 (25th percentile) 和 Q3 (75th percentile)
Q1 = df['Value'].quantile(0.25)
Q3 = df['Value'].quantile(0.75)
# 計算 IQR (Interquartile Range)
IQR = Q3 - Q1

# 計算上下限
lower_bound = Q1 - 1.5 * IQR
upper_bound = Q3 + 1.5 * IQR

# 找出離群值
outliers = (df['Value'] < lower_bound) | (df['Value'] > upper_bound)

# 計算眾數
mode = stats.mode(df['Value'])[0]

# 用眾數替代離群值
df.loc[outliers, 'Value'] = mode

print(df)
```

輸出結果：

```
   Value
0     15
```

1	12
2	14
3	15
4	16
5	15
6	19
7	15
8	20
9	22

整列移除

當資料集中異常值數量較多且分佈範圍廣時，可以考慮移除包含離群值的整列數據，這樣可以避免異常值對模型的影響。但這種方法可能會損失大量數據，因此需要權衡利弊。

➜ 程式 2.15 整列移除

```python
import numpy as np
import pandas as pd

# 建立一個包含 10 個數值的 ndarray
data = np.array([-1, 12, 14, 15, 16, 18, 19, 100, 20, 22])
df = pd.DataFrame(data, columns=['Value'])
# 計算 Q1 (25th percentile) 和 Q3 (75th percentile)
Q1 = df['Value'].quantile(0.25)
Q3 = df['Value'].quantile(0.75)
# 計算 IQR (Interquartile Range)
IQR = Q3 - Q1
# 計算上下限
lower_bound = Q1 - 1.5 * IQR
upper_bound = Q3 + 1.5 * IQR

# 找出離群值
outliers = (df['Value'] < lower_bound) | (df['Value'] > upper_bound)
```

```
# 移除包含離群值的整列並重置索引
df_cleaned = df[~outliers].reset_index(drop=True)

print(df_cleaned)
```

輸出結果：

	Value
0	12
1	14
2	15
3	16
4	18
5	19
6	20
7	22

2.4 資料清理和前處理

2.4.1 缺失值的處理

處理缺失值是數據分析和機器學習中重要的一步，因為缺失值可能會影響模型的性能和結果的可靠性。與上一章節所提到的離群值處理類似，處理缺失值也需要謹慎地選擇方法來填補或移除缺失數據。這兩者的處理方法可以互通，使用相似的補值手法，例如中位數、平均數和眾數等。在本章節中，我們將介紹以下處理缺失值的方法及其相關技巧：

- **刪除缺失值**：直接移除包含缺失值的記錄。

- **中位數補值**：使用數據的中位數來替代缺失值，適用於數據呈對稱分佈的情況。

- **平均數補值**：使用數據的平均數來替代缺失值，適用於數據分佈較均勻的情況，但需注意平均數易受離群值影響。

在進行方法說明之前，我們先用一個簡單的例子來創建一個包含缺失值的資料集。首先，我們建立一個包含身高和體重的資料集，共十筆，並將其轉換成 Pandas 資料格式，這樣可以方便後續的資料處理。在這個資料集中，身高欄位有兩筆缺失值（NA）。透過這個例子，我們可以更直觀地了解如何處理缺失值。

➜ 程式 2.16 建立包含缺失值的資料集

```python
import pandas as pd
import numpy as np

# 建立包含缺失值的資料集
data = {
    'Height': [145, 155, 165, 170, 175, np.nan, 180, 185, np.nan, 190],
    'Weight': [35, 45, 55, 60, 65, 70, 75, 80, 85, 90]
}

# 轉換成 Pandas 資料格式
df = pd.DataFrame(data)
df
```

本範例是一個包含身高和體重的資料集，其中身高欄位有兩個缺失值（NA）。接下來，我們將利用這個資料集來演示如何處理缺失值，包括刪除缺失值、中位數補值、平均數補值、眾數補值、插值法和迴歸法等多種方法。

	Height	Weight
0	145.0	35
1	155.0	45
2	165.0	55
3	170.0	60
4	175.0	65
5	NaN	70
6	180.0	75
7	185.0	80
8	NaN	85
9	190.0	90

▲ 圖 2.13 身高欄位有兩筆缺失值

刪除缺失值

當缺失值占比很小且數據量較大時，可以直接刪除含有缺失值的記錄。這種方法簡單直接，但可能會丟失一些有價值的訊息。dropna 是 Pandas 的一個方法，用於刪除包含缺失值的行或列。這裡的 inplace=True 參數表示直接在原資料框 df 上進行操作，而不是返回一個新的資料框。

➜ 程式 2.17 刪除含有缺失值的資料

```
df = pd.DataFrame(data)
df.dropna(inplace=True)
print(" 刪除缺失值後的資料：")
print(df)
```

輸出結果：

刪除缺失值後的資料：

	Height	Weight
0	145.0	35
1	155.0	45
2	165.0	55
3	170.0	60
4	175.0	65
6	180.0	75
7	185.0	80
9	190.0	90

中位數補值

要透過中位數補值，可以使用 Pandas 中的 fillna 方法。此方法有助於保留資料的整體分佈特性，特別是在資料常態分佈的情況下。中位數是指將一組數據按大小順序排列後，位於中間位置的數值，若數據總數為奇數，則中位數就是唯一的中間值；若總數為偶數，則中位數為中間兩個數的平均值。

→ 程式 2.18 使用中位數補值

```
df = pd.DataFrame(data)
# 計算中位數
median_height = df['Height'].median()
# 使用中位數補值
df['Height'].fillna(median_height, inplace=True)
print(" 身高的中位數：", median_height)
print("\n 使用中位數補值後的資料：")
print(df)
```

從以下結果可以發現，兩個缺失的身高數據都被補上了中位數 177.5。此方法的好處在於它不會引入太大的偏差，因為中位數不受極端值的影響。但要注意，中位數補值可能會導致數據的分佈改變，特別是當缺失值的比例較大時，可能會對數據的統計性質產生影響。

輸出結果：

身高的中位數：172.5

使用中位數補值後的資料：

	Height	Weight
0	145.0	35
1	155.0	45
2	165.0	55
3	170.0	60
4	175.0	65
5	172.5	70
6	180.0	75
7	185.0	80
8	172.5	85
9	190.0	90

平均數補值

平均數補值是一種常見的缺失值處理方法，它將缺失的數值用整個資料集的平均值來填補。此方法適用於數據分佈較均勻且缺失值不多的情況。由於平均數容易受到離群值的影響，因此在數據分佈不均或含有大量離群值時，需謹慎使用此方法。

➔ 程式 2.19 使用平均數補值

```
df = pd.DataFrame(data)
# 計算平均數
mean_height = df['Height'].mean()
# 使用平均數補值
df['Height'].fillna(mean_height, inplace=True)
print(" 身高的平均數：", mean_height)
print("\n 使用平均數補值後的資料：")
print(df)
```

輸出結果：

身高的平均數：170.625

使用平均數補值後的資料：

	Height	Weight
0	145.000	35
1	155.000	45
2	165.000	55
3	170.000	60
4	175.000	65
5	170.625	70
6	180.000	75
7	185.000	80
8	170.625	85
9	190.000	90

除了中位數和平均數補值之外，還有一些其他常見的缺失值補值方法，這些方法可以根據數據的特性和分佈情況來選擇：

- **最近鄰居補值**：該方法使用具有相似特徵的觀測值來填補缺失值。對於每個缺失值，找到與其特徵最相似的觀測值，並將其對應的特徵值用於補值。最常見的手法是搭配 KNN 演算法。

- **眾數補值**：使用數據的眾數來替代缺失值，特別適用於類別型數據。

- **迴歸補值**：透過建立一個迴歸模型來預測缺失值。對於每個缺失值，使用其他特徵來預測缺失特徵的值。

- **隨機補值**：對於每個缺失值，從該特徵的非缺失值中隨機抽取一個值來填補。這可以保持原始數據的分佈。

- **插值補值**：根據數據的順序或時間順序，使用插值技術來填補缺失值。常見的插值方法包括線性插值、多項式插值等。

2.4.2 類別資料的處理

在資料分析與機器學習中，資料除了數值型特徵外，還包含類別型特徵。因為機器學習演算法僅能處理數值型資料。因此，我們必須將人類易懂的文字標籤轉換為電腦易讀的數字格式。類別型資料包括輸入特徵和輸出標籤，如性別、地區和產品類型等。有效處理這些類別型資料，可以顯著提升模型的性能和準確性。本章節將深入探討多種類別資料的處理技巧，包括標籤編碼（Label Encoding）、順序編碼（Ordinal Encoding）、獨熱編碼（One-Hot Encoding）、頻率編碼（Frequency Encoding）和特徵組合（Feature Combination）。透過這些方法，我們能將類別型資料轉換為模型可接受的數值形式，並最大化保留資料的原始訊息和結構。接下來，我們將詳細介紹每種技術的原理、應用場景和實作方法。

標籤編碼（Label Encoding）

標籤編碼是將名目資料轉換為數字格式的一種方法，通常在訓練分類器時使用，目的是將輸出的標籤 (y) 進行編碼。例如，在機械異常檢測中，會有多種不同的故障類型，這些類型之間沒有明確的順序關係。名目資料可以區分不同的組別，例如性別可以區分為「男」和「女」。這些名目內容本身具有意義，但編碼後的數字大小並不代表任何意義，也無法進行排序。例如，將「男」編碼為「1」，「女」編碼為「0」，這些數字僅用於區別不同類別，而不表示數字大小的比較。我們可以使用 scikit-learn 中的 LabelEncoder() 類別完成標籤編碼。

➔ 程式 2.20 使用 LabelEncoder 為串列進行編碼

```python
from sklearn.preprocessing import LabelEncoder

# 建立 LabelEncoder 物件
le = LabelEncoder()
# 性別資料
gender = ['男', '女', '女', '男', '男']
# 進行標籤編碼
encoded_gender = le.fit_transform(gender)
print(f'原始資料：{gender}')
print(f'編碼後資料：{encoded_gender}')
# 解碼
decoded_gender = le.inverse_transform(encoded_gender)
print(f'解碼後資料：{decoded_gender}')
```

上述程式碼中，我們首先匯入 LabelEncoder，並建立一個 LabelEncoder 物件。接著，我們有一個性別資料列表 gender，使用 fit_transform() 方法對其進行編碼。最後，顯示編碼前後的結果，並示範如何將編碼後的數據解碼回原始資料。

輸出結果：

原始資料：['男','女','女','男','男']

編碼後資料：[1 0 0 1 1]

解碼後資料：['男' '女' '女' '男' '男']

編碼後的結果可以透過呼叫 classes_ 屬性來取得自動編好後的對應的標籤數字。另外，在統計處理時可以累加次數方便計算出現頻率，例如統計男性有 3 人，女性有 2 人，或者按次數多少排列，找出最多人選擇的選項。我們可以使用 numpy 套件，並呼叫 np.unique() 方法對編碼後的性別資料進行統計。該方法返回兩個陣列：一個是唯一值，另一個是每個唯一值的出現次數。接著，使用 zip() 函數將唯一值的解碼結果（使用 le.inverse_transform）和其對應的次數配對，並轉換為字典格式，存儲在 gender_counts 中。

➜ 程式 2.21 統計性別出現次數

```python
import numpy as np

# 查看編碼後的順序
encoded_classes = le.classes_
print(f' 編碼後的順序 : {encoded_classes}')
# 統計次數
unique, counts = np.unique(encoded_gender, return_counts=True)
gender_counts = dict(zip(le.inverse_transform(unique), counts))

print(f' 性別統計次數 : {gender_counts}')
```

最後顯示每個性別在資料中的出現次數。這樣可以幫助我們了解不同類別的分佈情況。

輸出結果：

編碼後的順序 : [' 女 '' 男 ']

性別統計次數 : {' 女 ': 2, ' 男 ': 3}

順序編碼（Ordinal Encoding）

順序編碼（Ordinal Encoding）與標籤編碼（Label Encoding）類似，都是將特徵的每個類別轉換成數值。不同之處在於，順序編碼適用於具有「大小」、「長短」或「排名」順序的特徵。這些特徵的類別之間有明確的順序關係，因此可以用數值來表示這些順序。例如，教育程度可以按「小學」、「中學」、「大學」進行編碼，數值可以反映這些類別之間的順序關係。

在這段程式碼中，我們首先匯入了 OrdinalEncoder，並定義了一個包含星期資料的列表 days。接著，建立 OrdinalEncoder 物件並指定類別順序。最後使用 fit_transform() 方法對資料進行順序編碼。

➔ 程式 2.22 使用 OrdinalEncoder 為串列進行編碼

```python
from sklearn.preprocessing import OrdinalEncoder
# 星期資料
days = [['Monday'], ['Wednesday'], ['Friday'], ['Sunday']]
# 建立 OrdinalEncoder 物件，並指定順序
encoder = OrdinalEncoder(categories=[['Sunday', 'Monday', 'Tuesday', 'Wednesday',
'Thursday', 'Friday', 'Saturday']])
# 進行順序編碼
encoded_days = encoder.fit_transform(days)
print(f' 原始資料 :\n {days}')
print(f' 編碼後資料 :\n {encoded_days}')
# 解碼
decoded_days = encoder.inverse_transform(encoded_days)
print(f' 解碼後資料 :\n {decoded_days}')
```

使用順序編碼可以讓模型理解這些類別之間的相對大小或順序，更準確地進行預測和分類。這種編碼方法在處理具有自然排序的類別資料時特別有用。

輸出結果：

原始資料：

[['Monday'], ['Wednesday'], ['Friday'], ['Sunday']]

編碼後資料：

[[1.] [3.] [5.] [0.]]

解碼後資料：

[['Monday'] ['Wednesday'] ['Friday'] ['Sunday']]

在為類別型特徵進行編碼時，直覺上會想到使用 LabelEncoder 方法。然而，如果一個資料集中有多個類別型特徵，則需要逐一呼叫 LabelEncoder 來轉換這些特徵。這樣的操作既繁瑣又容易出錯。官方建議，當輸入特徵有多個類別型資料時，可以使用 OrdinalEncoder，一次性對所有特徵進行標籤編碼。這

樣不僅提高了效率，也能保證所有特徵被一致地轉換。以下範例展示如何使用
OrdinalEncoder 同時處理多個不同類別特徵，如性別、顏色和尺寸：

➔ 程式 2.23 使用 OrdinalEncoder 為多組串列進行編碼

```python
from sklearn.preprocessing import OrdinalEncoder

# 定義資料集，包括性別、顏色和尺寸
data = [
    ['男', '紅色', '大'],
    ['女', '綠色', '中'],
    ['女', '藍色', '小'],
    ['男', '藍色', '大'],
    ['男', '綠色', '中']
]

# 定義每個特徵的順序類別
categories = [
    ['男', '女'],              # 性別
    ['紅色', '綠色', '藍色'],  # 顏色
    ['小', '中', '大']         # 尺寸
]

# 建立 OrdinalEncoder 物件並設置類別順序
encoder = OrdinalEncoder(categories=categories)
# 進行順序編碼
encoded_data = encoder.fit_transform(data)
print(f'原始資料：{data}')
print(f'編碼後資料：{encoded_data}')

# 解碼
decoded_data = encoder.inverse_transform(encoded_data)
print(f'解碼後資料：{decoded_data}')
```

輸出結果：

原始資料：

　[['男','紅色','大'], ['女','綠色','中'], ['女','藍色','小'], ['男','藍色',
　'大'], ['男','綠色','中']]

編碼後資料：

[[0. 0. 2.] [1. 1. 1.] [1. 2. 0.] [0. 2. 2.] [0. 1. 1.]]

解碼後資料：

[[' 男 '' 紅色 '' 大 '] [' 女 '' 綠色 '' 中 '] [' 女 '' 藍色 '' 小 '] [' 男 '' 藍色 '' 大 '] [' 男 '' 綠色 '' 中 ']]

要取得編碼後的順序，可以直接呼叫 OrdinalEncoder 的 categories_ 屬性，該屬性會返回每個特徵的類別順序。

→ **程式 2.24 取得 OrdinalEncoder 編碼後的順序**

```
# 取得編碼後的順序
categories_after_encoding = encoder.categories_
print(f' 編碼後的順序 :\n {categories_after_encoding}')
```

我們使用 encoder.categories_ 屬性來取得每個特徵的類別順序。這個屬性返回的是一個列表，每個元素都是該特徵的類別順序。當編碼時後沒有指定每個類別的順序，透過這個方法，我們可以清楚地了解編碼後的數值對應的原始類別順序。

輸出結果：

編碼後的順序：

[array([' 男 ', ' 女 '], dtype=object), array([' 紅色 ', ' 綠色 ', ' 藍色 '], dtype=object), array([' 小 ', ' 中 ', ' 大 '], dtype=object)]

獨熱編碼（One-Hot Encoding）

獨熱編碼是一種將類別資料轉換為數值形式的方法，特別適用於機器學習模型需要的輸入格式。這種方法將每個類別轉換為二進位向量，其中只有一個位置為 1，其餘位置為 0。這樣的編碼方式避免了數值大小對模型的影響，確保類別之間沒有內在的順序或大小差異。

在獨熱編碼中,每個類別特徵都被轉換為一組二進位變數。假設我們有一個顏色特徵,包括三種顏色:紅色、綠色和藍色。使用獨熱編碼後,這些顏色會被轉換為如下形式:

▲ 圖 2.14 三種顏色使用獨熱編碼結果

這樣做的優點在於避免了將類別轉換為數字時引入的潛在順序關係。例如,將紅色編碼為 1,綠色編碼為 2,藍色編碼為 3,這樣可能會誤導模型認為藍色比紅色和綠色更重要。以下範例定義了一個資料集,其中包含三個特徵:性別、顏色和尺寸。接著,使用 OneHotEncoder 物件對資料集進行編碼。通過 fit_transform() 方法,我們對資料集進行獨熱編碼,並將結果轉換為陣列格式。最後印出編碼前後的資料,以及編碼後的特徵名稱,以便觀察獨熱編碼的效果。

→ 程式 2.25 使用 OneHotEncoder 對多個特徵進行編碼

```python
from sklearn.preprocessing import OneHotEncoder
import pandas as pd

# 定義資料集,包括性別和顏色
data = [['男', '紅'], ['女', '綠'], ['女', '藍'], ['男', '藍'], ['男', '綠']]

# 建立 OneHotEncoder 物件
encoder = OneHotEncoder(sparse_output=False)

# 進行獨熱編碼
encoded_data = encoder.fit_transform(data)

# 獲取編碼後的特徵名稱
feature_names = encoder.get_feature_names_out(['性別', '顏色'])

# 轉換為 DataFrame 以便查看
encoded_df = pd.DataFrame(encoded_data, columns=feature_names)
```

```
print(f' 原始資料 : \n{pd.DataFrame(data, columns=[" 性別 ", " 顏色 "])}\n')
print(f' 編碼後資料 : \n{encoded_df}')
```

　　我們可以從編碼結果觀察到此方法能有效地避免數值編碼帶來的順序問題，適合用於類別之間沒有順序關係的情況，並且能提升機器學習模型的準確性和穩定性。然而，其缺點在於當類別數量較多時，會產生高維度的稀疏矩陣，這會增加計算成本和存儲空間需求，並且可能導致模型訓練速度變慢。此外，當新的類別出現在訓練數據中未見過時，需要重新訓練編碼器，這使得處理動態變化的類別特徵變得更加複雜。

輸出結果：

原始資料：

　　性別 顏色

0　男　紅

1　女　綠

2　女　藍

3　男　藍

4　男　綠

編碼後資料：

　　性別 _ 女　性別 _ 男　顏色 _ 紅　顏色 _ 綠　顏色 _ 藍

0　0.0　1.0　1.0　0.0　0.0

1　1.0　0.0　0.0　1.0　0.0

2　1.0　0.0　0.0　0.0　1.0

3　0.0　1.0　0.0　0.0　1.0

4　0.0　1.0　0.0　1.0　0.0

頻率編碼（Frequency Encoding）

　　鑑於獨熱編碼會大幅度增加特徵數量，並造成資料中出現大量 0 的問題，頻率編碼是一種常用且簡單的解決方法。頻率編碼透過計算每個類別出現的頻率,將其轉換為相應的數值表示。這樣不僅能有效減少特徵數量,還能保留類別分佈的訊息。以下舉一個簡單例子,假設有一個顏色資料集,其中「紅」在資料中出現了兩次,因此編碼為「2」;「綠」出現了三次,因此編碼為「3」,以此類推。

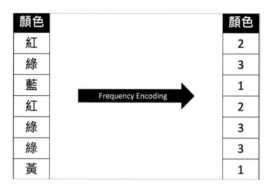

▲ 圖 2.15 三種顏色使用頻率編碼結果

頻率編碼的實作過程非常簡單且快速,適合於大型資料集和高基數類別。下面我們用一個例子來展示如何進行頻率編碼。首先,我們定義了一個包含顏色的資料集,然後將其轉換為 pandas 的 DataFrame 格式。接著,使用 value_counts() 方法計算每個顏色在資料集中出現的次數。這些次數代表該顏色的頻率,並將其映射回原始資料集中的顏色列,生成新的頻率編碼特徵列。

➔ 程式 2.26 使用 Frequency Encoding 對顏色特徵進行編碼

```python
import pandas as pd
# 定義特徵顏色資料集
data = {
    '顏色': ['紅', '綠', '藍', '紅', '綠', '綠', '黃']
}
df = pd.DataFrame(data)
# 計算頻率編碼
freq = df['顏色'].value_counts()
df['顏色_FreqEnc'] = df['顏色'].map(freq)
print(df)
```

雖然頻率編碼的優點在於特徵維度不會增加,且數值本身具有含意,表示類別在資料中的出現頻率。但其缺點是若出現相同頻率的類別會被賦予相同的數值,這可能會導致不同類別且完全不同含意的資料被相同數值表示,從而失去原類別的本來涵義。例如,藍色和黃色都被編碼為 1,雖然它們在頻率上相同,但實際上它們代表不同的顏色。

輸出結果:

```
  顏色 顏色_FreqEnc
0 紅        2
1 綠        3
2 藍        1
3 紅        2
4 綠        3
5 綠        3
6 黃        1
```

特徵組合(Feature Combination)

最後一種常見的編碼方法,用於創建新的特徵,並提高模型的預測能力。這種方法透過將多個類別特徵組合在一起,形成新的複合特徵,來捕捉特徵之間的相互關係。例如,如果我們有兩個類別特徵「顏色」和「尺寸」,可以將這兩個特徵組合成一個新的特徵「顏色_尺寸」,如「紅_大」、「綠_小」等。

→ 程式 2.27 使用 Frequency Encoding 對顏色特徵進行編碼

```python
import pandas as pd

# 定義資料集,包括顏色和尺寸
data = {
    '顏色': ['紅', '綠', '藍', '紅', '綠'],
    '尺寸': ['大', '中', '小', '中', '大']
}

df = pd.DataFrame(data)
```

```
# 創建特徵組合
df[' 顏色 _ 尺寸 '] = df[' 顏色 '] + '_' + df[' 尺寸 ']

print(df)
```

這種方法能夠顯示單個特徵無法表達的隱含訊息，例如特徵之間的交互作用。此外特徵組合也可能導致特徵數量急劇增加，特別是當原始特徵有很多類別時。因此，在使用特徵組合時，需要權衡新增特徵帶來的好處和特徵維度增加的潛在問題。

輸出結果：

	顏色	尺寸	顏色 _ 尺寸
0	紅	大	紅 _ 大
1	綠	中	綠 _ 中
2	藍	小	藍 _ 小
3	紅	中	紅 _ 中
4	綠	大	綠 _ 大

組合後的特徵需要進一步編碼才能用於機器學習模型。因此可以使用標籤編碼將特徵轉換為數值格式。這樣的處理方式能夠有效地保留特徵間的相互關係，並將其轉換為機器學習模型可接受的數值格式，以提高模型的預測能力和準確性。

在本章節中，我們詳細探討了各種常見的類別編碼方法，包括標籤編碼、順序編碼、獨熱編碼和頻率編碼。這些方法在處理類別型資料時各有優勢和適用場景。此外，資料科學競賽中還常見其他類別編碼方式，如目標編碼（Target Encoding）、均值編碼（Mean Encoding）、嵌入編碼（Embedding Encoding）和雜湊編碼（Hashing Encoding）。這些方法提供了靈活和有效的處理選項，幫助我們在各種情境下更好地處理和利用類別資料，提高模型的性能和預測準確性。

2.5 數據正規化與標準化

在數據科學和機器學習中，資料的特徵值常來自於不同的單位和範圍。這樣的差異可能會導致模型在訓練過程中對某些特徵過於敏感或不敏感，進而影響預測結果。因此，為了消除不同單位可能帶來的影響，我們需要對數據進行正規化（Normalization）和標準化（Standardization）處理，使得不同變項之間具有可比性。

正規化將原始數據按比例縮放至 [0,1] 的區間中，且不改變原本的分佈情形。標準化的概念則是將數據的平均值調整為 0，標準差調整為 1。經過標準化處理後，數據會更符合常態分佈，並且可以減小離群值對模型的影響。而正規化與標準化只是一個概念，在實務上有許多統計手法協助我們對資料進行轉換。

2.5.1 正規化 (Normalization)

正規化是一種常見的數據預處理方法，主要目的是將原始數據按比例縮放至 [0,1] 的區間中。這種處理方式不會改變數據的分佈情形，只是將數據的範圍調整到統一的尺度。正規化適用於特徵範圍差異較大，但數據本身並不服從常態分佈的情況。例如，在圖像處理中，像素值通常會被正規化至 [0,1] 的區間，以便於進一步的分析和處理。

常見的最小最大值正規化的公式如下：

$$x' = \frac{x - min(x)}{\max(x) - min(x)}$$

▲ 公式 2.1 最小最大值正規化的公式

其中：

- x 是原始數據

- x' 是正規化後的數據

- $min(x)$ 和 $\max(x)$ 分別是數據的最小值和最大值

正規化主要在需要將數據的特徵值調整到一個固定的範圍內,進而有助於模型的穩定性和效率。這種技術通常應用在那些對特徵值範圍敏感的算法中,例如某些優化算法、神經網路等。此外,正規化也常用於加速模型的收斂過程,特別是對於那些需要大量迭代運算的模型而言。簡而言之,當我們希望將數據的尺度統一或限制輸出範圍時,正規化是一個實用且有效的選擇。

2.5.2 標準化(Standardization)

標準化則是另一種重要的數據預處理方法,目的是將數據轉換為均值為 0,標準差為 1 的標準常態分佈。經過標準化處理後,資料會較符合常態分佈,這對於一些假設數據服從常態分佈的算法(如線性迴歸、邏輯迴歸、支援向量機等)尤為重要。標準化還有助於減小離群值對於模型的影響,因為它將數據的尺度統一,進而使得模型對所有特徵同等看待。

常見的平均 & 變異數標準化的公式如下:

$$x' = \frac{x - \mu}{\sigma}$$

▲ 公式 2.2 平均 & 變異數標準化的公式

其中:

- x 是原始數據

- x' 是標準化後的數據

- i 是資料集的平均值

- $ó$ 是資料集的標準差

標準化(Standardization),又稱 Z-score 正規化,是資料前處理的一種技術,其目的是將數據轉換成具有相同單位的形式,使得原本具有不同單位的數據可以進行比較。主要使用時機包括數據存在多雜訊或顯著差異,以及在演算法需要使用特徵間的距離和離散程度進行計算時。因此,無論是在數據預處理階段還是在模型訓練階段，正規化和標準化都是非常重要的概念，有助於提升模型的性能和穩定性。透過這些方法，我們可以更好地處理和分析數據，使得在機器學習中獲得更加準確和可靠的結果。

2.5.3 為何需要特徵縮放與轉換？

在機器學習領域，某些演算法對特徵範圍以及分佈非常敏感。例如，基於距離的算法如 k- 最近鄰（K-Nearest Neighbors, KNN）和支援向量機（Support Vector Machine, SVM），以及基於梯度下降的優化算法，都會因特徵值範圍的差異而受到影響。特徵縮放與轉換可以使模型的訓練過程更加穩定和快速，並提高模型的性能。 具體來說，特徵縮放和轉換能夠：

- **提升模型的收斂速度**：在梯度下降等優化算法中，特徵值範圍一致可以使得收斂速度更快。

- **提高模型的準確性**：透過消除不同特徵之間的尺度差異，可以避免模型過度依賴某些特徵，進而提升整體預測準確性。

- **減少異常值的影響**：標準化可以減少異常值對模型的影響，因為異常值在標準化後的數據中不會顯得特別突出。

以下是在機器學習中，**需要**進行正規化或標準化的機器學習演算法：

基於距離的演算法

- **K 最近鄰算法（K-Nearest Neighbors, KNN）**：KNN 依賴於距離度量，特徵範圍的差異會影響距離計算。

- **支援向量機（Support Vector Machine, SVM）**：SVM 對數據的特徵範圍敏感，標準化可以提升分割超平面的效果。

- **K-means 聚類**：K-means 使用歐氏距離來計算樣本之間的距離，因此需要特徵具有相同的尺度。

基於梯度下降的演算法

- **線性迴歸（Linear Regression）**：標準化可以加速梯度下降的收斂速度。

- **邏輯迴歸（Logistic Regression）**：同樣受益於標準化的特性，梯度下降更快。

- **神經網路（Neural Networks）**：特徵標準化可以穩定網路的訓練過程，促進更快的收斂。

降維相關的演算法

- **主成分分析（Principal Component Analysis, PCA）**：PCA 是一種常用的線性降維算法，它將數據轉換為一組新的正交特徵，這些新特徵稱為主成分。在應用 PCA 之前，通常需要對數據進行標準化，確保每個特徵都具有相同的尺度，從而避免某些特徵在主成分計算中佔主導地位。

- **t- 分佈隨機鄰域嵌入（t-Distributed Stochastic Neighbor Embedding, t-SNE）**：t-SNE 是一種非線性降維算法，通常用於將高維數據映射到二維或三維空間以進行可視化。在應用 t-SNE 之前，同樣需要對數據進行標準化或正規化，以確保數據處於適當的範圍。

- **線性判別分析（Linear Discriminant Analysis, LDA）**：LDA 旨在找到將數據在類別之間區分開來的最佳投影。在應用 LDA 之前，需要確保數據滿足常態分佈和相等的協方差矩陣假設，這可能需要對數據進行標準化或正規化。

以下是在機器學習中，**不需要**進行正規化或標準化的機器學習演算法：

基於樹的算法

- **決策樹（Decision Trees）**：決策樹對數據的特徵尺度不敏感，因為它根據特徵的值進行分裂，而不是距離或梯度。

- **隨機森林（Random Forest）**：隨機森林是多個決策樹的集成，依賴於決策樹的特性，不需要標準化。

- **梯度提升機（Gradient Boosting Machines, GBM）**：包括 XGBoost、LightGBM、catboost 等，同樣基於決策樹，不需要標準化。

基於樹的演算法之所以不需要進行正規化或標準化，是因為它們的模型設計或運作方式不受特徵的尺度影響，或者已經內建了對特徵的尺度變換機制。

2.5.4 特徵縮放與轉換

本章節的實作內容將以鳶尾花資料集為例，演示如何使用 Python 進行資料前處理。在 scikit-learn 中，提供了多種資料前處理方法，其中包括標準化和正規化。這些方法可以在 sklearn.preprocessing 模組中找到。透過實際操作，我們將展示如何運用這些方法來處理鳶尾花資料集，使其適合於機器學習模型的應用。

本資料集可從 scikit-learn 獲取：

https://scikit-learn.org/stable/modules/generated/sklearn.datasets.load_iris.html

首先，我們載入所需的套件並且讀取鳶尾花資料集。這個資料集包含三個不同品種的鳶尾花，每個品種有四個特徵：花瓣長度、花瓣寬度、花萼長度和花萼寬度。輸入特徵資料存儲在 iris.data 中，我們的目標是對這四個特徵進行資料的正規化。

➜ 程式 2.28 載入資料集

```python
from sklearn.datasets import load_iris

# 載入鳶尾花資料集
iris = load_iris()
# 輸入特徵
X = iris.data
```

```
# 輸出
y = iris.target
```

在進行模型訓練之前，我們需要對訓練資料集和測試資料集分別進行正規化或標準化。我們可以使用 scikit-learn 提供的 train_test_split() 方法來將資料切分為訓練集和測試集。在這個方法中，我們可以設定一些參數，以便更靈活地切割資料集。

➜ **程式 2.29 將資料切分成訓練集與測試集**

```
from sklearn.model_selection import train_test_split
from sklearn.preprocessing import StandardScaler

# 將資料集分為訓練集和測試集
X_train, X_test, y_train, y_test = train_test_split(X, y, test_size=0.3, random_
state=42)

print('Shape of training set X:', X_train.shape)
print('Shape of testing set X:', X_test.shape)
```

其中，test_size 參數用於設定測試集的比例。例如，設定為 0.3 表示將資料集按照 7:3 的比例分成訓練集和測試集。預設情況下，資料將會進行隨機切割，即 shuffle=True。若希望每次程式執行時切割結果都一致，可以設定亂數隨機種子 random_state。此外，stratify 參數用於進行分層隨機抽樣，在原始資料集的樣本標籤分佈不均衡時特別有用。這可以確保分類問題中每個類別的樣本數量分佈與原始資料集一致，避免因資料不平衡而導致模型訓練時的偏差。

輸出結果：

Shape of training set X: (105, 4)

Shape of testing set X: (45, 4)

當已經載入鳶尾花資料集，且確保資料是乾淨且無缺失值後，接下來的步驟是進行資料前處理。讓我們進一步深入了解幾種常用的資料前處理方法：

MinMax Scaler（最小最大值正規化）

MinMax Scaler 將數據縮放到一個給定的範圍（通常是 0 到 1）。其核心思想是將每個特徵的最小值轉換為 0，最大值轉換為 1，其他值線性地映射到這個區間中。首先初始化了一個 MinMax Scaler，然後對訓練集進行縮放。

➜ 程式 2.30 最小最大值正規化於訓練集

```python
from sklearn.preprocessing import MinMaxScaler

# 初始化 MinMax Scaler
scaler = MinMaxScaler()

# 對訓練集進行縮放
X_train_scaled = scaler.fit_transform(X_train)

# 印出縮放前後的數據範圍
print('資料集 X 的最小值 : ', X_train.min(axis=0))
print('資料集 X 的最大值 : ', X_train.max(axis=0))

print('\nMinMax Scaler 縮放過後訓練集的最小值 : ', X_train_scaled.min(axis=0))
print('MinMax Scaler 縮放過後訓練集的最大值 : ', X_train_scaled.max(axis=0))
```

縮放後，我們印出訓練集的最小值和最大值，並比較縮放前後的變化。可以看到，縮放後的數據範圍變為 [0, 1]。

輸出結果：

資料集 X 的最小值：[4.3 2.　1.1 0.1]

資料集 X 的最大值：[7.7 4.2 6.7 2.5]

MinMax Scaler 縮放過後訓練集的最小值：[0. 0. 0. 0.]

MinMax Scaler 縮放過後訓練集的最大值：[1. 1. 1. 1.]

訓練集的 Scaler 擬合完成後，我們可以將相同的轉換應用於測試集。

➜ 程式 2.31 最小最大值正規化於測試集

```
# 將縮放應用於測試集
X_test_scaled = scaler.transform(X_test)

# 顯示縮放後測試集的數據範圍
print('\nMinMax Scaler 縮放過後測試集的最小值 : ', X_test_scaled.min(axis=0))
print('MinMax Scaler 縮放過後測試集的最大值 : ', X_test_scaled.max(axis=0))
```

我們使用同一個 Scaler 對測試集進行縮放，並印出縮放後的測試集數據範圍。這樣可以確保訓練集和測試集的數據都在相同的尺度上，使模型在測試時的預測結果更加準確和一致。

輸出結果：

StandardScaler 縮放過後測試集的最小值：[0.02777778 0.125

-0.01724138 0.04166667]

StandardScaler 縮放過後測試集的最大值：[0.83333333 0.83333333

0.89655172 0.95833333]

如果需要將縮放後的數據還原成原始數據，可以使用 inverse_transform() 方法。這在模型預測後需要將預測值還原成原始尺度時特別有用。

➜ 程式 2.32 對測試集還原成原始數據

```
# 將縮放的資料還原
X_test_inverse = scaler.inverse_transform(X_test_scaled)
```

MaxAbs Scaler（最大絕對值正規化）

MaxAbs Scaler 是將每個特徵的最大絕對值縮放為 1。具體而言，對於每個特徵，計算其絕對值的最大值，然後將該值作為縮放因子，將該特徵的所有值除以該縮放因子。這樣，每個特徵的值都會縮放到 [-1, 1] 的範圍內。

➜ 程式 2.33 最大絕對值正規化於訓練集

```
from sklearn.preprocessing import MaxAbsScaler

# 初始化 MaxAbs Scaler
```

```
scaler = MaxAbsScaler()

# 對訓練集進行縮放
X_train_scaled = scaler.fit_transform(X_train)

# 打印縮放前後的數據範圍
print(' 資料集 X 的最小值 : ', X_train.min(axis=0))
print(' 資料集 X 的最大值 : ', X_train.max(axis=0))

print('\nMaxAbs Scaler 縮放過後訓練集的最小值 : ', X_train_scaled.min(axis=0))
print('MaxAbs Scaler 縮放過後訓練集的最大值 : ', X_train_scaled.max(axis=0))
```

輸出結果：

資料集 X 的最小值：[4.3 2.2 1. 0.1]

資料集 X 的最大值：[7.9 4.4 6.9 2.5]

MaxAbs Scaler 縮放過後訓練集的最小值：[0.5443038 0.5 0.14492754 0.04]

MaxAbs Scaler 縮放過後訓練集的最大值：[1. 1. 1. 1.]

各位讀者可以自行嘗試對測試集進行縮放，並觀察其效果。此外，你也可以嘗試將縮放後的數據還原，以了解如何將數據還原回原始尺度。

Standard Scaler（平均 & 變異數標準化）

Standard Scaler 的目標是將每個特徵的數據縮放到平均值為 0、標準差為 1 的分佈中。使得每個特徵的數據都會縮放到相同的尺度上，並消除了不同特徵之間的差異。

➜ 程式 2.34 平均 & 變異數標準化於訓練集

```
from sklearn.preprocessing import MaxAbsScaler

# 初始化 MaxAbs Scaler
scaler = MaxAbsScaler()

# 對訓練集進行縮放
```

```
X_train_scaled = scaler.fit_transform(X_train)

# 打印縮放前後的數據範圍
print(' 資料集 X 的最小值 : ', X_train.min(axis=0))
print(' 資料集 X 的最大值 : ', X_train.max(axis=0))

print('\nMaxAbs Scaler 縮放過後訓練集的最小值 : ', X_train_scaled.min(axis=0))
print('MaxAbs Scaler 縮放過後訓練集的最大值 : ', X_train_scaled.max(axis=0))
```

輸出結果：

資料集 X 的平均值：[5.84285714 3.00952381 3.87047619 1.23904762]

資料集 X 的標準差：[0.82932642 0.41691013 1.71313824 0.73917525]

Standard Scaler 標準化過後訓練集的平均值：[2.57148800e-15
-9.89254974e-16 -2.91830052e-16 1.20538500e-16]

Standard Scaler 標準化過後訓練集的標準差：[1. 1. 1. 1.]

各位讀者可以自行嘗試對測試集進行縮放，並觀察其效果。此外，你也可以嘗試將縮放後的數據還原，以了解如何將數據還原回原始尺度。

Robust Scaler（中位數與四分位數標準化）

Robust Scaler 的核心思想是將每個特徵的數據縮放到中位數為 0、四分位距為 1 的分佈中。具體來說，對於每個特徵，它將數據減去中位數，然後除以四分位距（即 Q3 - Q1）。這樣做的好處是，Robust Scaler 能夠處理數據中的離群值，因為它是根據中位數和四分位距進行縮放的，這些統計量對離群值不敏感。

➔ 程式 2.35 中位數與四分位數標準化於訓練集

```
import numpy as np
from sklearn.preprocessing import RobustScaler

# 初始化 Robust Scaler
scaler = RobustScaler()

# 對訓練集進行縮放
X_train_scaled = scaler.fit_transform(X_train)
```

```
# 打印縮放前後的數據範圍
print('資料集 X 的中位數 : ', np.median(X_train, axis=0))
print('資料集 X 的四分位距 : ', np.percentile(X_train, 75, axis=0) - np.percentile(X_
train, 25, axis=0))

print('\nRobust Scaler 縮放過後訓練集的中位數 : ', np.median(X_train_scaled, axis=0))
print('Robust Scaler 縮放過後訓練集的四分位距 : ', np.percentile(X_train_scaled, 75,
axis=0) - np.percentile(X_train_scaled, 25, axis=0))
```

輸出結果：

資料集 X 的中位數：[5.8 3. 4.3 1.3]

資料集 X 的四分位距：[1.3 0.5 3.4 1.4]

Robust Scaler 縮放過後訓練集的中位數：[0. 0. 0. 0.]

Robust Scaler 縮放過後訓練集的四分位距：[1. 1. 1. 1.]

各位讀者可以自行嘗試對測試集進行縮放，並觀察其效果。此外，你也可以嘗試將縮放後的數據還原，以了解如何將數據還原回原始尺度。

在 scikit-learn 中，Scaler 是用於特徵縮放的一種工具，可以將特徵數據轉換成具有特定特性或範圍的形式。以下針對 scaler 中的 fit_transform() 和 transform() 兩個方法進行說明：

fit_transform() 方法

- fit_transform() 方法結合了兩個步驟：fit（擬合）和 transform（轉換）。在進行數據轉換之前，首先需要對 Scaler 進行擬合。這意味著 Scaler 會計算訓練數據的統計量（例如 min 和 max），並在後續的轉換中使用這些統計量。

- 這個方法通常在訓練數據上使用，因為它同時完成了擬合和轉換，並且可以根據訓練數據的統計特性來進行轉換。

transform() 方法

- transform() 方法僅進行數據轉換，而不進行擬合過程。

- 在使用 transform() 方法之前，必須先對 Scaler 進行擬合，通常使用 fit() 方法來完成這一步。

- transform() 方法接受一個資料集作為輸入，然後根據先前對 Scaler 進行擬合時計算的統計量進行轉換。

- 這個方法通常在測試數據或其他新數據上使用，因為在之前的擬合過程中已經得到了 Scaler 的統計特性，所以可以直接使用 transform() 方法來對新數據進行相同的特徵縮放轉換，確保與訓練數據具有相同的特性。

MEMO

第 **2** 部分

機器學習
入門

非監督式學習：
資料分群分類

▌ 3.1 何謂非監督式學習？

　　在機器學習中，非監督式學習是一種不需要標準答案的學習方式。在訓練過程中，模型將自動從資料中學習特徵間的關聯性，而無需預先標註的目標值。其中一種常見的非監督式學習任務是分群（Clustering），其中機器試圖自動發現資料中的結構和群集。它的主要優點在於不需要預先標註大量的訓練資料，而是藉由自主學習特徵和結構，從資料中發現有價值的資訊。這使得非監督式學習在面對未知結構的資料集時，具有很好的適應性和廣泛的應用價值。

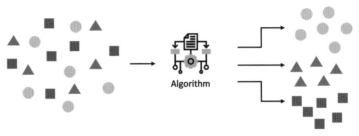

▲ 圖 3.1 非監督式學習不需要預先標註資料

非監督式學習的特點

- **無標準答案**：與監督式學習不同，非監督式學習在訓練時不需要提供預先標註的目標值。

- **自主學習**：模型透過學習資料的特徵和模式，自主發現資料的結構，而不是受到標準答案的引導。

常見的非監督式學習分群演算法

- **K-means 聚類（K-means Clustering）**：將資料分為 K 群，使每個資料點屬於與其最近的集群中心。

- **層次聚類（Hierarchical Clustering）**：透過樹狀結構將資料點組織成層次，形成群集的階層性結構。

- **DBSCAN（Density-Based Spatial Clustering of Applications with Noise）**：基於資料點周圍的密度來檢測群集，能夠識別具有不同形狀和大小的群集。

3.2 K-means 簡介

3.2.1 K-means 如何分群？

透過分群分類演算法，我們能夠有效地將多維度的資料進行分類，而 K-means 演算法是其中一種直觀且簡單的方法，容易實作且適用於各種領域。

1. 初始化：開始時需要指定希望分成的群數 K，然後隨機挑選 K 個資料點的值作為群組的中心點。這些中心點可以是資料集中的實際資料點或是隨機生成的。

2. 分配資料點：將每一個資料點分配給距離其最近的中心點所屬的群組。這是透過計算每個資料點到所有中心點的距離，並將其歸類到距離最短的那個群。

3. 計算平均值：對於每一個群組，重新計算其所有成員資料點的平均值，作為新的中心點。這個平均值是根據資料點的特徵值來計算的。

4. 重複步驟 2、3：重複進行資料點的分配和中心點的更新，直到收斂條件滿足（例如中心點不再變動或達到預定的迭代次數）為止。

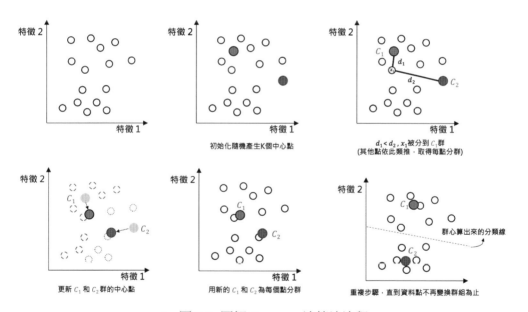

▲ 圖 3.2 圖解 K-means 演算法流程

K-means 演算法的優勢在於其簡單性和執行效能，然而其結果可能受到初始中心點的選擇和群組形狀的影響。因此在應用 K-means 演算法時，常常需要進行多次實驗，選擇效果最好的結果。

3.2.2 K-means 的最佳化目標

最佳化是指尋找最優解或最佳解決方案的過程。在演算法中，最佳化的目標是生成最佳解，以解決特定的問題或達到特定的目標。對於分群算法，最佳化的目標是產生最高品質的分群結果，即將資料分為最具意義或相似性的群集。

K-means 算法的目標是尋找一組簇中心，使得所有資料點到其所屬的簇中心的距離之和（也稱為總體群內平方誤差）最小化。換句話說，K-means 的目標是最小化簇內的變異性，同時最大化簇間的差異性，從而實現對資料的有效分群。

$$\sum_{i=0}^{n} \mathop{min}_{\mu_i \in C}(\left\| x_i - \mu_j \right\|^2)$$

▲ 公式 3.1 K-means 目標是使總體群內平方誤差最小

在使用 K-means 分群時，有一些重要的注意事項值得考慮，這些注意事項可以幫助我們獲得更穩定和有效的分群結果。

初始值設定 - Random Initialization

K-means 的初始值對分群結果影響極大。初始值的不同可能導致不同的分群結果，甚至可能陷入局部最優解而非全域最優解。為了解決這個問題，一種常見的做法是多次運行 K-means 算法，每次使用不同的初始值，最後選擇效果最好的結果。

群數的選擇

由於 K-means 是非監督式學習，因此在開始分群之前並不知道最佳的群數。這需要根據資料的特性來調整。一種評估群數的方法是使用輪廓係數，這是一個衡量群內距離和群間距離的指標。輪廓係數越高，表示群分得越開且群內越聚集。

群的特徵量化

分群的目的是為了更好地理解資料特性。因此，在分群後，我們可以對每個群進行特徵量化，以更好地理解每個群的特點。建議設定的群數應小於訓練特徵的維度，這樣可以確保各群之間的差異更加顯著。

3.3 K-means 實務應用：群眾消費行為分群

在本章節中，將探索並分析一份來自 Kaggle 的群眾消費行為公開資料集，目的要深入了解一家零售商店的顧客群體，並透過資料分析將顧客區分為不同的群體。我們將運用 K-means 演算法，進行對顧客的分群，以更全面地瞭解他們的消費行為和需求。

本資料集可從 Kaggle 獲取：

https://www.kaggle.com/datasets/vjchoudhary7/customer-segmentation-tutorial-in-python

3.3.1 資料集描述

本範例目標是透過對這些特徵的分析，找出顧客群體之間的模式和區別，以提供更精準和個性化的服務，使經營者能夠優化零售商店的營運策略。接下來，我們將深入探討如何應用 K-means 演算法，進行有效的顧客分群，並透過視覺化和數據探索進行更深入的洞察。這份資料集總共含有 200 筆不同顧客的消費數據，其包含了以下特徵：

- 顧客 ID（Customer ID）

- 顧客性別（Gender）

- 顧客年齡（Age）

- 顧客年收入（Annual Income，以千美元為單位）

- 顧客消費得分（Spending Score，範圍在 1 到 100 之間，基於顧客的行為和消費習慣）

3.3.2 載入資料集

首先從資料集中提取了顧客的年收入和消費得分兩個特徵，並將它們存儲在變數 X 中，以便進行分群分析。其中，'Annual Income (k$)' 表示顧客的年收入（單位為千元），而 'Spending Score (1-100)' 則表示顧客的消費得分，該得分是根據他們的消費行為和花費習慣給出的。透過對這兩個特徵進行分析，我們可以了解不同顧客之間的消費模式和收入水平，進一步進行分群分析並提供相應的行銷策略和服務。大家也可以嘗試觀察其他特徵，觀察顧客群體的特徵和行為。

➜ 程式 3.1 載入群眾消費行為資料集

```
import pandas as pd

df_data = pd.read_csv('../dataset/auto_mpg.csv')
X = df_data[['Annual Income (k$)', 'Spending Score (1-100)']].values
```

在進行資料分群分析之前，我們通常會先進行數據可視化，以便觀察資料之間的分布和相關性。這段程式碼使用 matplotlib 函式庫繪製了一個散佈圖，以顯示顧客的年收入和消費得分之間的關係。在圖中，橫軸代表顧客的年收入（單位：千元），縱軸代表顧客的消費得分（範圍：1-100）。每個點代表一個顧客，其位置根據其年收入和消費得分而定。透過觀察散佈圖，我們可以初步了解這兩個特徵之間的分布情況，以及是否存在某種相關性或集群結構。

➜ 程式 3.2 繪製散佈圖觀察資料分布

```
from matplotlib import pyplot as plt

plt.scatter(df_data['Annual Income (k$)'], df_data['Spending Score (1-100)'])
plt.scatter(df_data['Annual Income (k)'])
plt.ylabel('Spending Score (1-100)')
```

根據視覺化的結果，我們可以隱約觀察到資料大致可以分成五群。不過，這僅僅是透過肉眼觀察得出的結果，我們需要實際透過分群演算法和統計分析來確定到底應該分成幾群才是最合適的。

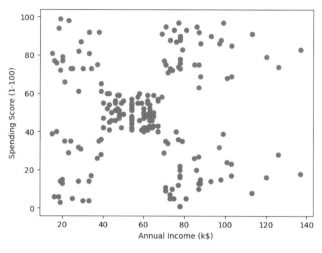

▲ 圖 3.3 散佈圖視覺化結果

3.3.3 建立 K-means 模型

K-means 演算法在 scikit-learn 套件中提供了方便的封裝，使使用者能夠輕鬆使用 API 來實作分群分類。使用者可以透過調整參數、設定群數等方式來應用 K-means 演算法，並根據實際需求進行分群分析。

➜ 程式 3.3 建立 K-means 模型

```
# 引入 KMeans 演算法模型
from sklearn.cluster import KMeans

# 初始化 KMeans 模型，指定分為 5 個群體，使用 'k-means++' 方法初始化群體中心，並設定隨機種子
以保證結果的可重現性
kmeansModel = KMeans(n_clusters=5, init='k-means++', random_state=42)
# 使用模型進行擬合，X 為特徵資料
kmeansModel.fit(X)
# 進行預測，得到每個樣本所屬的群體標籤
clusters_pred = kmeansModel.predict(X)
```

以下是一些重要的參數和方法的說明：

參數 (Parameters)：

- n_cluster：K 的大小，也就是分群的類別數量。

- init：指定初始化群體中心的方法，{'k-means++', 'random'}。

  ○ 'k-means++'：根據樣本對總體慣性的貢獻選擇初始群體中心

  ○ 'random'：隨機選擇資料集中的點作為初始中心

- random_state：亂數種子，設定常數能夠保證每次分群結果都一樣。

- n_init：預設為 10 次隨機初始化，選擇效果最好的一種來作為模型。

- max_iter：迭代次數，預設為 300 代。

屬性 (Attributes)：

- inertia_：inertia_：float，計算各個樣本到其所屬群中心點的距離的平方和。

- cluster_centers_：檢視分群後各群的中心點。

方法 (Methods)：

- fit(X)：尋找 K 個集群分類的中心點。

- predict(X)：預測並回傳類別。

- fit_predict(X)：先呼叫 fit 做集群分類，之後在呼叫 predict 預測最終類別並回傳輸出。

- transform(X)：回傳的陣列每一行是每一個樣本到 kmeans 中各個中心點的 L2(歐幾里得) 距離。

- fit_transform(X)：先呼叫 fit 再執行 transform。

3.3.4 inertia 評估分群結果

在設定了 K 個分群後，該演算法能夠迅速找到 K 個中心點，並成功完成資料分群。一旦模型擬合完成，我們可以計算各個樣本到其所屬群中心點的距離的平方和，這個值被稱為 inertia。Inertia 的數值越大，表示分群的效果越差。因此透過檢查 inertia 的數值，我們可以評估 K-means 演算法的聚類結果。

➜ 程式 3.4 計算 inertia 評估分群好壞

```
# 計算各個樣本到其所屬群中心點的距離的平方和
print(kmeansModel.inertia_)
```

輸出結果：

44448.45544793371

若想要檢視 K-means 演算法分群後各群的中心點，可參考以下程式碼。此程式碼將顯示 K-means 模型所計算得到的每個群集的中心點座標。這些座標提供了有助於理解群集特性的重要資訊，可用來進一步分析和詮釋每個群集的特點。

➜ 程式 3.5 檢視分群後各群的中心點

```
# 檢視 K=5 每一群的中心點
print(kmeansModel.cluster_centers_)
```

輸出結果：

[[55.2962963 49.51851852]

 [86.53846154 82.12820513]

 [25.72727273 79.36363636]

 [88.2   17.11428571]

 [26.30434783 20.91304348]]

3.3.5 視覺化分群結果

以下程式碼透過散佈圖呈現了分群的視覺化結果。每個分群以顏色和標籤區分，同時使用不同的標記形狀進行表示。這些散佈圖清晰顯示了資料點在二維平面上的分布情況，X軸代表顧客年收入，Y軸則代表顧客消費得分。每一群以獨特的形狀呈現，而各群的中心點則以星號標記醒目呈現。這樣的視覺化方式有助於更深入理解分群效果，並觀察各群之間的差異。

➔ 程式 3.6 使用散佈圖視覺化分群

```python
import matplotlib.pyplot as plt

# 根據分群結果繪製散佈圖，每個分群使用不同的顏色和標籤
plt.scatter(X[clusters_pred == 0, 0], X[clusters_pred == 0, 1], s=50, c='green',
marker='.', label='Cluster 1')
plt.scatter(X[clusters_pred == 1, 0], X[clusters_pred == 1, 1], s=50, c='yellow',
marker='1', label='Cluster 2')
plt.scatter(X[clusters_pred == 2, 0], X[clusters_pred == 2, 1], s=50, c='red',
marker='^', label='Cluster 3')
plt.scatter(X[clusters_pred == 3, 0], X[clusters_pred == 3, 1], s=50, c='purple',
marker='s', label='Cluster 4')
plt.scatter(X[clusters_pred == 4, 0], X[clusters_pred == 4, 1], s=50, c='blue',
marker='d', label='Cluster 5')
# 繪製每個分群的中心點
plt.scatter(kmeansModel.cluster_centers_[:, 0], kmeansModel.cluster_centers_[:, 1],
s=100, c='black', marker='*', label='Centriods')
# 圖表標題和座標軸標籤
plt.title('Customer groups')
plt.xlabel('Annual Income')
plt.ylabel('Spending Score')
# 顯示圖例
plt.legend()
# 顯示圖表
plt.show()
```

從下圖的分析結果顯示，該零售商店的顧客可以被區分為五個不同的群集，每個群集呈現出獨特的消費行為模式。其中，第二群可視為商店的主要目標客群，因為他們不僅具有高收入水平，還在商店的消費上表現出相對高的水平。

- **第一群**：在收入和消費方面都屬於平均水平

- **第二群**：收入高且消費也高

- **第三群**：收入較低但消費較多

- **第四群**：收入高但消費較少

- **第五群**：收入低，消費也較少

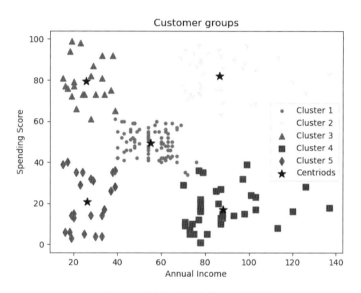

▲ 圖 3.4 顧客消費行為分群結果

3.3.6 如何選擇最佳的 K 值

要尋找最適當的群集數目，我們以每個群集成員與其中心點之間的平方距離總和（inertia）作為 K 值選擇的評估指標，計算方式可參考 3.3.4 評估分群結果的章節。我們透過建立一個迴圈，從考慮一個群集開始計算 inertia 值，然後逐漸增加考慮的群集數目，一直到十個群集。最後，我們選擇擁有最小 inertia 值的 K 值，這有助於我們選擇最為適合的群集數目。

➜ **程式 3.7 計算每個 K 值對應模型的 inertia**

```
# 這段程式碼使用 K-means 演算法建立了一系列模型，每個模型對應著不同的群集數目 (k)
# k 的範圍設定在 1 到 9 之間
kmeans_list = [KMeans(n_clusters=k, init='k-means++', random_state=42).fit(X) for k in
range(1, 10)]


# 建立一個列表儲存每個模型對應的 inertia 值，即每個群集數目下的成員到中心的平方距離總和
inertias = [model.inertia_ for model in kmeans_list]
```

在計算每個 K 值對應模型的 inertia 之後，我們可以利用手肘法（Elbow Method）來進一步判斷最適合的 K 值。手肘法的核心思想是觀察 K 值逐漸增加時 inertia 的變化情況，透過畫出 Elbow graph，我們能夠在曲線彎曲的地方找到一個視覺上的「肘部」，即彎曲點。這個彎曲點所對應的 K 值通常被視為最適合的分群數量，因為在此點後增加 K 值對模型性能的提升效果逐漸減緩。

➜ **程式 3.8 手肘法評估 K 值**

```
import matplotlib.pyplot as plt

# 設定圖形大小
plt.figure(figsize=(8, 3.5))
# 繪製 Elbow graph
plt.plot(range(1, 10), inertias, "bo-")
# 設定標籤和標題
plt.xlabel("k", fontsize=14)
plt.ylabel("Inertia", fontsize=14)
# 標註 Elbow 點
plt.annotate('Elbow', xy=(5, inertias[5]), xytext=(0.55, 0.55),
             textcoords='figure fraction', fontsize=16,
             arrowprops=dict(facecolor='black', shrink=0.1))
# 設定座標軸範圍
plt.axis([1, 9, 0, 280000])
# 顯示圖形
plt.show()
```

透過手肘法的結果顯示，在選擇 K=5 時，我們可以取得一個相對合理的參考點，這能夠在模型的複雜性和解釋性之間取得平衡，使 K-means 分群更為有效。從圖中觀察，當 K 值逐漸增加時，inertia 會相應減小，但在實際情況下，當 K 趨近於樣本數（n）時，inertia 會趨近於零。因此，我們不能只選擇 inertia 最小的 K，而是應該注意到 elbow point 的位置，即在 inertia 迅速下降轉為平緩的那個 K 值。這個 elbow point 提供了一個有助於選擇 K 值的參考，平衡了模型的效能和適應性。

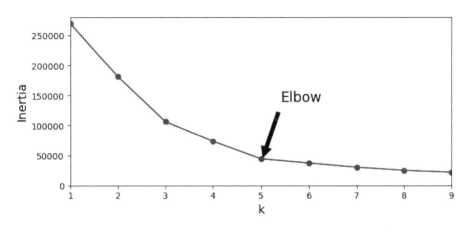

▲ 圖 3.5 彎曲點所對應的 K 值通常被視為最適合的分群數量

3.4 降維技術在機器學習中的應用

降維是一種用於減少數據維度的技術，它在非監督式學習中是一個重要的部分。隨著數據量的增長，數據的維度也隨之增大，這不僅增加了模型的複雜度，還會影響模型的泛化能力，尤其是在樣本數據不足的情況下。過多的特徵不僅難以理解和呈現，還會導致模型的過擬合。透過降維技術，我們可以將原始高維數據轉換為低維數據，保留重要訊息的同時，減少雜訊和冗餘。這不僅有助於提高模型的性能，還能使數據更加易於視覺化和可解釋性。

3.4.1 降維的概念

降維的原理可以類比於檔案壓縮的概念。想像一下，我們有一個龐大的檔案，這個檔案包含了大量的數據，可能是文本、影像或其他形式的訊息。這個檔案過大，不易存儲和傳輸。因此，我們使用壓縮技術將其壓縮成一個較小的檔案。壓縮後的檔案雖然尺寸大幅減小，但保留了原始數據的核心訊息，這使得我們在需要時能夠解壓縮並完整還原成原本的檔案內容。這就是降維的核心精神：在不喪失原有訊息的前提下，對數據進行壓縮和簡化。

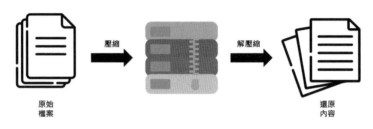

▲ 圖 3.6 降維就好比檔案壓縮的概念

這與神經網路中的自編碼器（AutoEncoder）機制非常相似。自編碼器透過編碼器和解碼器的結構，將高維數據壓縮到低維的隱藏層表示，然後再從隱藏層還原回原始數據。在這個過程中，隱藏層的低維表示相當於數據的壓縮版本，而解碼器則負責將其還原。自編碼器可以拆解成編碼器（Encoder）和解碼器（Decoder）兩個神經網路。首先，編碼器將輸入資料經過神經網路後壓縮成一個較小維度的向量 Z，然後將 Z 輸入到解碼器中，並將 Z 還原成原始大小。

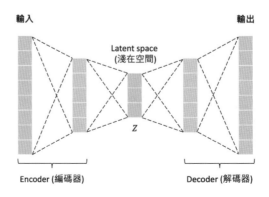

▲ 圖 3.7 自編碼器架構

　　降維的目的大致可分為兩個方面：壓縮資料和資料視覺化。壓縮資料有助於減少特徵的個數，去除特徵間的共線性問題，降低模型的計算量和執行時間，減少雜訊對於模型的影響，並確保特徵間相互獨立及特徵組合及抽象化。資料視覺化則能幫助我們更直觀地理解數據的內部結構和模式。

壓縮資料

　　壓縮資料的第一個目的是減少特徵的個數，這樣可以降低模型的複雜度，尤其是在樣本數據較少的情況下。特徵過多不僅會增加模型的計算量和執行時間，還可能導致模型的過擬合，使其在新數據上的泛化能力變差。透過降維技術，我們可以去除特徵間的共線性問題，確保每個特徵都能提供獨立的資訊，並提高模型的穩定性和準確性。以下圖為例，在 x_1 和 x_2 高度相關情形下，我們可以將二維平面空間的資訊投影到一條直線上，將二維數據降低成一維數列。

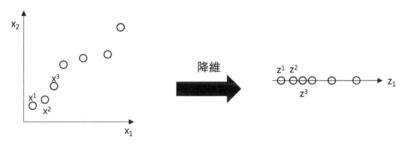

▲ 圖 3.8 把平面數據點 x(i) 投影到一維數列

　　此外，降維還可以減少數據中的雜訊。雜訊是指那些對模型沒有實質貢獻的變異部分，這些部分可能來自於測量誤差或其他隨機因素。通過降維技術，我們可以濾除這些雜訊，保留數據的核心訊息，從而提高模型的性能和可靠性。降維還有助於特徵的組合及抽象化，將原始數據中的特徵轉換為新的、具有更高解釋力的特徵，這些新特徵通常能夠更好地捕捉數據的內在結構和模式。

資料視覺化

　　此外，進行資料降維可以幫助資料視覺化。二維資料可以用 XY 平面圖表示，三維資料可以用 XYZ 立體圖表示，但大於三維的空間難以視覺化呈現。資料視覺化是降維技術的另一個重要應用。高維數據難以透過傳統的視覺化方法呈現和理解，因此我們需要通過降維技術將高維數據轉換為低維數據，使其更易於視覺化。這樣，我們可以更直觀地觀察數據的內部結構和模式，發現數據中的潛在規律和異常點。。

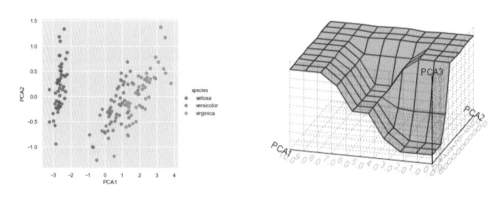

▲ 圖 3.9 資料降維可以幫助資料視覺化

　　例如，透過 PCA 或 t-SNE，我們可以將高維數據投影到 2D 或 3D 空間中，方便生成易於理解的圖形。這些圖形不僅有助於我們對數據的初步探索和理解，還可以用於向其他人展示和解釋數據分析的結果。在實際應用中，資料視覺化已被廣泛應用於各種領域，如金融分析、醫學診斷和市場營銷等。

　　接下來，我們將探討兩種常見的降維方法：主成分分析（PCA）和 t- 隨機鄰近嵌入法（t-SNE），並深入了解它們的演算法流程和應用場景。

3.4.2 主成分分析（PCA）

　　主成分分析（PCA）是一種常見的線性降維技術，透過找出數據中的主成分來減少數據的維度。這些主成分是原始數據中變異性最大的方向，透過投影到這些方向上，我們能以最小的訊息損失來壓縮數據。PCA 的演算法流程包括以下步驟：

　　1. **標準化數據**：確保每個特徵具有相同的尺度。

2. **計算共變異數矩陣**：描述不同特徵間的相關性。

3. **特徵分解**：求出共變異數矩陣的特徵值和特徵向量。

4. **選擇主成分**：依據特徵值大小選擇主要成分，保留數據的大部分變異訊息。

5. **轉換數據**：將原始數據投影到選定的主成分上，得到降維後的資料集。

首先，我們需要標準化數據，以確保每個特徵具有相同的尺度。接著計算共變異數矩陣（covariance matrix）來描述不同特徵間的相關性。透過特徵分解，我們可以求出共變異數矩陣的特徵值（eigenvalues）和特徵向量（eigenvector）。通常選擇特徵值較大的前幾個主成分，這些主成分能捕捉到數據中的大部分變異訊息。最後，將原始數據投影到選定的主成分上，得到降維後的數據。

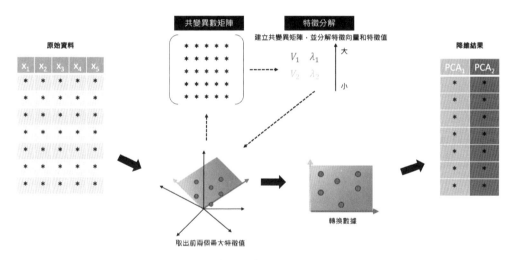

▲ 圖 3.10 主成分分析流程（五維→二維）

PCA 是一種直觀且有效的降維方式，能有效壓縮數據並減少冗餘。然而，在某些資料集降維後可能會出現資料集群混亂的情況，這是因為 PCA 通過求共變異數矩陣進行奇異值分解，會受到數據差異性的影響，難以很好地表現相似性和分佈。PCA 是一種線性降維方法，對於特徵間存在非線性關聯的數據，可能導致欠擬合，影響模型的性能。因此，PCA 適合用於處理線性關聯數據，但對於非線性數據需謹慎使用。此外 PCA 假設數據具有高斯分佈，這在現實應用中未必成立。為了解決這些問題，我們可以考慮使用 t-SNE，一種非線性降維技術，提供了一種更適合高維數壓縮的方法。

3.4.3 t- 隨機鄰近嵌入法（t-SNE）

t-SNE（t-Distributed Stochastic Neighbor Embedding）是一種非線性降維技術，特別適合於高維數據的可視化。它能夠有效地保留數據的局部結構，使得高維數據在低維空間中的分佈更加直觀。PCA 和 t-SNE 是兩種不同的降維方法。PCA 的優點在於簡單，新的點要映射時只需代入公式即可得出降維後的點。然而，t-SNE 在新的點進來時，無法重新計算新點與舊點之間的關係，因此無法投影新點。t-SNE 的優點在於能保留原本高維距離較遠的點在降維後依然保持遠的距離，這使得群體在降維後依然保持其特性。t-SNE 的演算法流程包括以下步驟：

1. **計算高維空間中的相似度**：將高維資料間轉換成以高斯分佈為相似度的條件機率。

2. **計算低維空間中的相似度**：將要轉換成的低維資料使用 t 分佈為相似度的條件機率。

3. **最小化 KL 散度**：通過梯度下降法最小化高維空間和低維空間中相似度分佈的 KL 散度，進而保留數據的局部結構。

t-SNE 使用更複雜的數學公式來表達高維數據與低維數據之間的關係。具體來說，它通過高斯分佈的機率密度函數來近似高維數據，而低維數據則使用 t 分佈來近似。這兩種分佈的選擇是基於它們在不同維度空間中對數據相似性的有效表現。在 t-SNE 算法中，高維度的相似度計算公式是用高斯分佈的機率密度函數來近似數據點 x_i 和 x_j 之間的相似度。首先計算數據點之間的歐氏距離平方，然後將這個距離代入高斯分佈函數中，最後通過正規化確保所有相似度之和為 1。最後得出的相似度能反映數據點在高維空間中的鄰近關係。

$$p_{ij} = \frac{\exp\frac{\left(-\|x_i - x_j\|^2\right)}{2\sigma^2}}{\sum\frac{\exp(-\|x_k - x_l\|^2)}{2\sigma^2}}$$

▲ 公式 3.2 高斯分佈的機率密度函數

低維度的相似度計算公式是用 t 分佈來近似低維空間中的相似度。首先計算數據點 y_i 和 y_j 之間的歐氏距離平方，然後將這個距離代入 t 分佈函數中，通過正規化確保所有相似度之和為 1。t 分佈具有更長的尾部，能更好地保留數據點之間的相對距離，特別適合用於保持數據的局部結構，使得在高維空間中距離較遠的點在低維空間中依然保持較遠的距離。這種特性使得 t-SNE 能夠在低維空間中更直觀地展示高維數據的內部結構和模式。

$$q_{ij} = \frac{\left(1 + \|y_i - y_j\|^2\right)^{-1}}{\sum\left(1 + \|y_k - y_l\|^2\right)^{-1}}$$

▲ 公式 3.3 t 分佈的機率密度函數

為了使高維度和低維度之間的機率分佈最相近，t-SNE 會最小化所有資料點間的 KL 散度（Kullback-Leibler Divergence），這也叫做相對熵（Relative Entropy）。KL 散度經常用來衡量兩個分佈之間的相似度。t-SNE 透過使用 KL 散度作為目標函數，並使用隨機梯度下降法（Stochastic Gradient Descent）來求解最佳解，以確保低維空間中的數據分佈能夠最大程度地保留高維數據的局部結構。

$$KL(P\|Q)) = D(P\|Q) = \sum P(x)\log\frac{P(x)}{Q(x)}$$

▲ 公式 3.4 使用 KL 散度衡量兩個分佈之間的相似度，並作為目標函數

t-SNE 是一種非線性降維技術，其核心優勢在於能夠保留高維數據中的局部結構，確保降維後相近的數據點依然相近，而距離遠的數據點在低維空間中仍然保持遠距離。這使得 t-SNE 在可視化複雜數據時特別有效，即使是原本分開的

數據群在投影後依然能保持其分離狀態。接下來的章節，我們將實際透過 scikit-learn 來實作 PCA 和 t-SNE 這兩個降維演算法，幫助大家更好地理解和應用這些技術。

3.5 降維實務應用：手寫數字降維視覺化

在這個實作中，我們將使用手寫數字圖像資料集，將高維度的灰階圖像降維到二維平面，並比較兩種降維方法（PCA 和 t-SNE）在該資料集上的效果。我們將觀察和分析這兩種方法在視覺化手寫數字時的表現，了解它們如何保留數據的內部結構和相似性，並評估它們在處理非線性數據時的能力。透過這些比較，我們能更好地理解這些降維技術的應用場景和適用性。

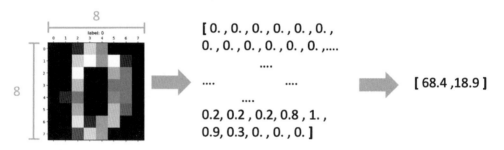

▲ 圖 3.11 將 64 維資料轉為 2 維並投射在平面上

3.5.1 資料集描述

我們採用的是 scikit-learn 內建的手寫數字資料集，其中包含豐富的手寫數字圖像。每張圖像的解析度為 8x8 像素，對應著數字 0 到 9 中的某一個。總共包含 1797 筆資料，每筆資料都是一張 8x8 的灰階圖片，代表著手寫數字範圍從 0 到 9。

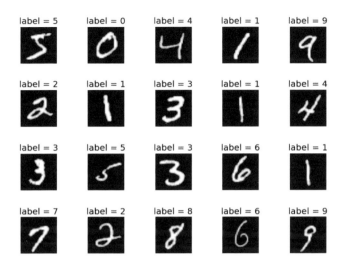

▲ 圖 3.12 手寫數字辨識

本資料集可從 scikit-learn 獲取：

https://scikit-learn.org/stable/modules/generated/sklearn.datasets.load_digits.
html

3.5.2 載入資料集

首先，使用 scikit-learn 中的 load_digits() 函數載入了手寫數字資料集。
這個資料集包含了手寫數字的圖像，每張圖像都是 8x8 像素的灰階圖片。藉由
digits.data 和 digits.target，我們分別取得了輸入特徵 X 和對應的輸出 y。最後印
出 X 的資料維度，我們可以觀察到這個資料集總共包含 1797 筆資料，每筆資料
都是一維陣列，其長度為 64，以 ndarray 表示。

➜ 程式 3.9 載入資料集

```python
from sklearn.datasets import load_digits

# 載入手寫數字資料集
digits = load_digits()
# 輸入特徵
X = digits.data
```

```
# 輸出
y = digits.target

print('X shape:', X.shape)
```

輸出結果：

X shape: (1797, 64)

　　資料成功讀取後我們可以將每一筆資料繪製出來。這裡使用 Matplotlib 庫的 matshow() 函數將 64 像素的一維陣列轉換成 8x8 的灰度圖像。在這個例子中，我們可以修改 index 的值，來指定顯示資料集中的某一筆資料，在本例中我們設定 index=0，即第一筆資料。

➜ 程式 3.10 視覺化資料

```
import matplotlib.pyplot as plt

index = 0
plt.gray()
plt.matshow(X[index].reshape(8,8))
plt.title(f'label: {y[index]}')
plt.show()
```

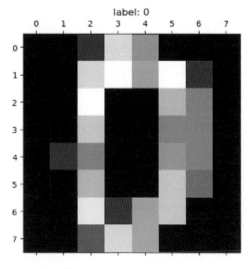

▲ 圖 3.13 視覺化第一筆圖像

3.5.3 將資料切分成訓練集與測試集

在進行 PCA 降維之前，我們需要將資料集分割成訓練集和測試集，這樣可以測試降維在測試集上的轉換能力。我們可以使用 scikit-learn 中的 train_test_split() 函數，將輸入特徵 X 和輸出變數 y 按照指定的比例分割成訓練集和測試集。其中，test_size 參數指定了測試集所占的比例，此處設為 0.3，即 30% 的資料被保留用於測試。此外，random_state 參數的使用確保了每次執行這段程式時得到相同的切割結果，確保結果的可重複性。

→ 程式 3.11 將資料切分成訓練集與測試集

```python
from sklearn.model_selection import train_test_split

# 將資料集分為訓練集和測試集
X_train, X_test, y_train, y_test = train_test_split(X, y, test_size=0.3, random_state=42)

print('Shape of training set X:', X_train.shape)
print('Shape of testing set X:', X_test.shape)
```

在本範例中，我們將訓練集的大小設定為 70%，即 1257 筆資料用於模型的訓練，而剩下的 540 筆資料則被保留用於測試，以驗證模型的在未看過的資料的轉換能力。

輸出結果：

Shape of training set X: (1257, 64)

Shape of testing set X: (540, 64)

3.5.4 建立 PCA 模型

在這段程式碼中，我們使用了 PCA 來將高維度的手寫數字圖像數據降維到二維平面。首先，我們從 sklearn.decomposition 模組中匯入 PCA，並將其初始化為 2 個主成分。接著，我們對訓練資料集 X_train 進行 PCA 降維操作，並將結果存儲在 train_reduced 中。最後，我們可以印出 PCA 的方差比和方差值，這些指標幫助我們理解降維後的數據在新維度中的分佈情況，以及每個主成分所解釋的變異程度。

→ 程式 3.12 對訓練集進行 PCA 降維

```python
from sklearn.decomposition import PCA

# 初始化 PCA，設定 n_components=2 表示降維到二維空間
pca = PCA(n_components=2)
# 使用 PCA 對訓練集進行降維
train_reduced = pca.fit_transform(X_train)

print('PCA 方差比：', pca.explained_variance_ratio_)
print('PCA 方差值：', pca.explained_variance_)
```

以下是一些重要的參數和方法的說明：

參數 (Parameters)：

- n_components：指定 PCA 降維後的特徵維度數目。

- whiten：是否進行白化（True/False）。白化是指對降維後的數據進行正規化，使每個特徵的方差為 1，平均值為 0。默認值為 False。

- random_state：設定亂數種子，確保每次 PCA 結果一致。

屬性 (Attributes)：

- explained_variance_：降維後各主成分的方差值，主成分方差值越大越重要。

- explained_variance_ratio_：各主成分的方差值佔總方差值的比例，比例越大越重要。

- n_components_：保留的特徵數量。

方法 (Methods)：

- fit(X, y)：訓練模型，將數據放入模型中進行學習。

- fit_transform(X, y)：訓練模型並返回降維後的數據。

- transform(X)：對訓練好的數據進行降維。

輸出結果：

PCA 方差比：[0.14620299　0.1367047]

PCA 方差值：[175.32811227　163.93766126]

- 方差比 (variance ratio)：是指每個主成分所解釋的方差佔總方差的比例，用於衡量每個主成分的貢獻程度。

- 方差值 (variance)：是每個主成分的方差，代表了每個主成分所包含的訊息量。

我們可以對 PCA 降維後的結果進行視覺化。以下程式碼使用 plt.scatter 繪製二維散佈圖，其中 train_reduced[:, 0] 和 train_reduced[:, 1] 表示降維後數據的兩個主成分。

➡ 程式 3.13 視覺化訓練集 PCA 降維結果

```
# 繪製散佈圖
scatter = plt.scatter(train_reduced[:, 0], train_reduced[:, 1], c=y_train, cmap=plt.
cm.Paired)
# 添加圖例
plt.legend(*scatter.legend_elements(), title="Digits", bbox_to_anchor=(1, 0.8))
plt.xlabel('PCA 1')
plt.ylabel('PCA 2')
plt.show()
```

結果圖顯示了手寫數字圖像數據經 PCA 降維到二維後的分佈情況。每個點代表一個手寫數字，顏色對應於不同的數字類別。從圖中可以看到，大部分同類數字聚集在一起，但也有一些重疊和混合的情況。

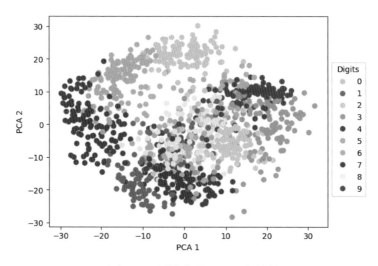

▲ 圖 3.14 訓練集於 PCA 降維結果

➔ 程式 3.14 視覺化測試集 PCA 降維結果

```
# 對測試集進行降維轉換
test_reduced = pca.transform(X_test)

# 繪製散佈圖
scatter = plt.scatter(test_reduced[:, 0], test_reduced[:, 1], c=y_test, cmap=plt.
cm.Paired)
# 添加圖例
plt.legend(*scatter.legend_elements(), title="Digits", bbox_to_anchor=(1, 0.8))
plt.xlabel('PCA 1')
plt.ylabel('PCA 2')
plt.show()
```

　　我們同樣可以對測試集進行降維，這裡使用 transform() 方法將測試數據轉換到之前在訓練集上擬合的主成分空間。這樣的轉換會根據訓練集中找到的擬合參數來處理未見過的測試數據。最後，我們可以比較訓練集和測試集降維後的視覺化結果是否呈現一致趨勢。從結果圖中可以看出，在手寫辨識資料集中，PCA 的線性降維效果不理想，有些數據的集群被混在一起。這是因為 PCA 只能捕捉數據的線性關係，而對於非線性關係的數據則表現欠佳。接下來我們將嘗試非線性降維技術，看看是否能改善效果。

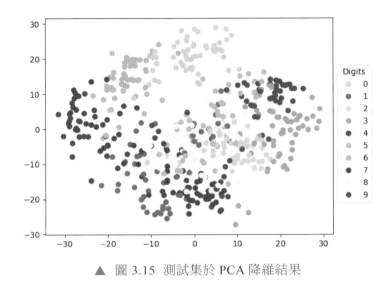

▲ 圖 3.15 測試集於 PCA 降維結果

3.5.5 建立 t-SNE 模型

我們可以使用 scikit-learn 的 TSNE 類別，並將其初始化為 2 個主成分，然後使用 fit_transform() 方法對訓練資料集 X_train 進行降維。設置 random_state=42 確保每次結果一致。降維後的數據存儲在 train_reduced 中，可以進一步用於視覺化或其他分析。

➜ 程式 3.15 對訓練集進行 t-SNE 降維

```
from sklearn.manifold import TSNE

# 使用 t-SNE 對訓練集進行降維
train_reduced=TSNE(n_components=2,random_state=42).fit_transform(X_train)
```

以下是一些重要的參數和方法的說明：

參數 (Parameters)：

- n_components：指定 t-SNE 降維後的特徵維度數目。

- perplexity：最佳化過程中考慮鄰近點的數量，預設值為 30，建議範圍是 5 到 50。

- learning_rate：學習速率，通常設置在 10 到 1000 之間，預設值為 200。

- n_iter：迭代次數，預設值為 1000。

- random_state：設定亂數種子，確保每次 t-SNE 結果一致。

屬性 (Attributes)：

- embedding_：返回降維後的結果。

- kl_divergence_：返回最小化過程中最終的 KL 散度值。

- n_iter_：返回實際運行的迭代次數。

方法 (Methods)：

- fit_transform(X, y)：訓練模型並返回降維後的數據。

➡ 程式 3.16 視覺化訓練集 t-SNE 降維結果

```
# 繪製散佈圖
scatter = plt.scatter(train_reduced[:, 0], train_reduced[:, 1], c=y_train, cmap=plt.
cm.Paired)
# 添加圖例
plt.legend(*scatter.legend_elements(), title="Digits", bbox_to_anchor=(1, 0.8))
plt.xlabel('T-SNE 1')
plt.ylabel('T-SNE 2')
plt.show()
```

　　使用 t-SNE 對訓練集進行降維後，結果顯示各手寫數字的數據點在二維平面上形成了明顯的分群，與 PCA 相比，t-SNE 更能有效捕捉數據中的非線性結構，使不同類別的數據點更加分離。這種清晰的分群效果使得 t-SNE 在視覺化和數據分群上具有顯著優勢。實務上，可以將 t-SNE 降維結果直接用於非監督式 K-means 分群，找到十個不同的中心點，或使用監督式學習進行分類器訓練和預測。

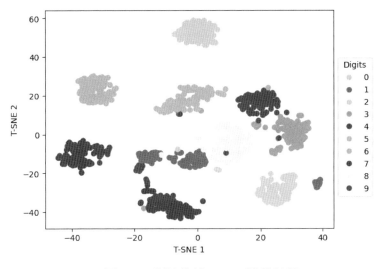

▲ 圖 3.16 訓練集於 t-SNE 降維結果

　　必須注意的是，t-SNE 不適用於新資料。PCA 降維可以適用於新資料，只需呼叫 transform() 函式即可。然而，由於演算法的限制，scikit-learn 套件中的 t-SNE 演算法並沒有 transform 函式可供使用。因此，t-SNE 僅適用於一次性的數據降維和視覺化，無法直接應用於持續更新的新數據。這是因為 t-SNE 每次運行時都需要重新計算數據點之間的相似度和嵌入，無法保證新數據和原始數據的嵌入一致性。

MEMO

線性模型

4.1 線性迴歸

4.1.1 線性迴歸簡介

線性迴歸是一種統計模型，用於建模一個或多個自變數和應變數之間的線性關係。當只有一個自變數時，稱為簡單線性迴歸，而當有多個自變數時，則稱為多元迴歸。其基本形式可以表示為：

$$y = ax + b$$

▲ 公式 4.1　簡單線性迴歸

其中，y 是應變數，x 是自變數，a 為斜率（表示 x 的變動對 y 的影響），b 為截距（表示 x 為零時的 y 值）。

在下圖中，簡單線性模型假設應變數 y 和自變數 x 之間存在線性的關係，而這種關係可以用一條直線來描述。斜率 a 表示當自變數 x 增加一個單位時，應變數 y 的變動量，而截距 b 則表示 x 為零時的 y 值。簡言之，這條直線以斜率和截距的形式，反映了 x 和 y 之間的線性關係。其中損失函數（Loss Function）是用來評估模型預測值和實際觀測值之間的差異，它是訓練過程中最小化的目標。

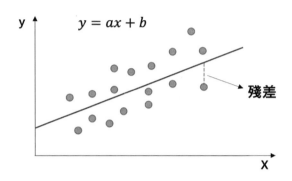

▲ 圖 4.1　線性迴歸的目標是找到一條直線，使殘差最小化

4.1.2　線性迴歸的損失函數

在線性迴歸中，我們的目標是找到最適合數據的模型參數 a 和 b。這牽涉到損失函數，其表示模型預測值與實際觀測值之間的差異，也被稱為殘差。我們的目標是最小化這個差異，通常使用平均絕對誤差（MAE）或均方誤差（MSE）作為損失函數。

平均絕對誤差（Mean Absolute Error, MAE）

MAE 是實際觀測值和預測值之間絕對誤差的平均值。對於第 i 個樣本，MAE 的計算方式如下：

$$MAE = \frac{1}{n}\sum_{i=1}^{n}|y_i - \hat{y}_i|$$

▲ 公式 4.2　平均絕對誤差

均方誤差（Mean Squared Error, MSE）

MSE 是實際觀測值和預測值之間誤差的平方的平均值。MSE 對大誤差給予更高的懲罰，計算方式如下：

$$MSE = \frac{1}{n} \sum_{i=1}^{n} (y_i - \hat{y}_i)^2$$

▲ 公式 4.3 均方誤差

4.1.3 線性模型求解方法：閉式解與梯度下降

線性模型的求解通常有兩種主要方法，分別是閉式解（Closed-form）和梯度下降（Gradient Descent）。當特徵較少時，閉式解是較為適合的方法，透過特定的公式求解出模型參數 θ。這種方法也被稱為線性模型最小平方法的閉式解。當面對較為複雜的問題時，梯度下降成為一個更為靈活且廣泛適用的解法，因為大多數問題並無明確的數學公式解。在這種情況下，我們透過梯度下降找到一個函數 f(x)，以最小化誤差，實現模型的優化。

閉式解（Closed-form）

閉式解通常採用最小平方法（Least Squares Method）。在線性迴歸中，最小平方法的目標是找到模型參數，使模型預測值與實際觀測值的平方誤差總和最小。這個優化問題可以透過對損失函數（這裡是均方誤差）的偏導數進行求解，從而獲得閉式解的公式。具體而言，線性迴歸的閉式解可透過矩陣運算求解。以一元線性迴歸為例，閉式解的公式如下：

$$\theta = (x^T X)^{-1} X^T y$$

▲ 公式 4.4 閉式解的公式

- θ 是模型參數的向量（包含截距和斜率）。

- X 是特徵矩陣，包含每個樣本的特徵。

- Y 是目標向量，包含每個樣本的實際觀測值。

　　我們以一個實際例子來說明。假設某地區的房價與坪數之間呈現線性關係，這可以用以下圖中的三個點表示。如果我們希望透過房子的坪數預測房價，我們的目標是找到一條直線，使其與這三個點的差異越小越好。如何找到這條直線呢？首先我們隨機選取一條直線，然後計算這三點的損失（loss）。損失函數可以根據需求自行定義，這裡以均方誤差（MSE）作為計算方式。透過一系列計算，我們得到一個損失值，即 MSE。

　　接下來，我們微調這條直線的角度，再次計算新的 MSE。我們可以觀察到新的 MSE 值比之前更小。換言之，這條新的直線更好地擬合了訓練集中 A、B、C 三點所反映的房屋坪數與房價之間的線性關係。

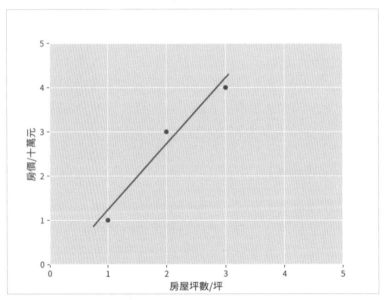

▲ 圖 4.2 房屋坪數與房價之間的線性關係

　　在本例二維空間中，我們有無數條可能的直線。我們的目標是從這些直線中選擇一條最佳的，即最能最小化誤差的預測模型。因此，我們的目標是最小化 MSE，即損失函數。線性迴歸的整體目標就是找到最小化損失函數的解法，其中之一就是最小平方法。由於 MSE 等於殘差平方和的 1/n 倍，其中 n 是常數，不影響極小化，所以最終的求解是滿足最小化殘差平方和的目標。

梯度下降（Gradient Descent）

當面對更複雜的問題，或是特徵數量龐大的情況時，最小平方法可能變得不太實用。這時梯度下降成為更為靈活且廣泛適用的解法。梯度下降的主要概念是透過迭代，逐步調整模型參數，以降低損失函數的值。下圖中每一個點代表訓練集中的一個樣本，其中 x 軸表示輸入值，y 軸表示輸出值。我們的目標是找到一條直線，最好地反映出 x 與 y 之間的關係。由於在二維空間中有無數條直線可供選擇，我們的挑戰是找到最能最小化每個樣本點到這條直線的距離平方和的直線。

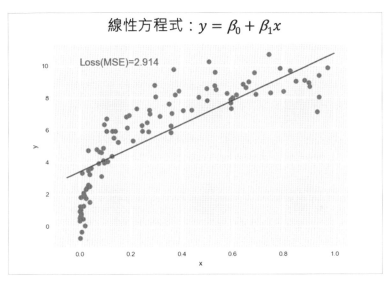

▲ 圖 4.3 透過梯度下降法從資料中擬合一條線使 MSE 最小化

首先，我們假設 條直線的方程是 $y = \beta_0 + \beta_1 x$。給定 β_0 和 β_1 初始值後，我們得到的直線可能無法很好地擬合數據點。透過梯度下降的迭代過程，我們不斷調整 β_0 和 β_1，使得這條直線更貼近數據點的分布。梯度下降的核心概念是計算損失函數的梯度，即對參數的偏導數。這個梯度告訴我們損失函數在參數空間中的變化方向。我們朝著梯度的反方向進行參數更新，以降低損失函數的值。迭代的過程中，我們不斷調整參數，直到損失達到最小值或滿足預定的迭代次數。

$$minimize\ \beta0,\ \beta1\ J(\beta0,\ \beta1)$$

$$\beta i := \beta i - \eta \frac{\partial J}{\partial \beta i}$$

▲ 公式 4.5 梯度下降法的更新步驟

梯度下降的公式表達了每次迭代中參數的調整方式，其中 η（學習速率）的適當選擇非常重要。學習速率控制了更新步伐的大小，避免步伐過大影響模型的收斂。梯度下降的過程透過不斷優化模型參數，使其能夠更好地擬合訓練數據，提高預測能力。

4.2 線性迴歸實務應用：同步機勵磁電流預測

在這個應用案例中，我們將使用線性迴歸模型來預測同步機的勵磁電流。同步機是一種交流電動機，其勵磁電流的正確控制可以影響機器的效率和穩定性。透過建立一個預測模型，我們可以在實際操作中更好地調整和控制同步機的勵磁電流，以提高效率並減少能源浪費。

本資料集可從 UCI Machine Learning Repository 獲取：

https://archive.ics.uci.edu/dataset/607/synchronous+machine+data+set

4.2.1 資料集描述

這份資料集總共包含 557 筆資訊，每筆資料都包含了同步機在不同運行情境下的負載電流、功率、功率誤差、激磁電流變化等參數。這些資料將被用來建立一個線性迴歸模型，以預測機器的激磁電流。

輸入特徵：

- I_y（負載電流）

- PF（功率）

- e_PF（功率誤差）

- d_If（同步機激磁電流變化）

輸出：

- I_f（同步機激磁電流）

4.2.2 載入資料集

首先我們使用 Python 中的 Pandas 套件讀取同步機資料集。我們使用 read_csv() 方法將資料載入 DataFrame 中。接著，我們從資料中提取了輸入特徵和目標變數。在這個案例中，特徵包括負載電流（I_y）、功率因數（PF）、功率因數誤差（e_PF）、以及同步機激磁電流變化（d_if）。而目標變數則為同步機的激磁電流（I_f）。這樣的資料準備是為了建立線性迴歸模型，透過輸入特徵來預測同步機的激磁電流。

➜ 程式 4.1 載入資料集

```
import pandas as pd

# 讀取資料集
df_data = pd.read_csv('../dataset/auto_mpg.csv')

# 提取輸入特徵和目標變數
X = df_data[['I_y', 'PF', 'e_PF', 'd_if']].values
y = df_data['I_f'].values
```

資料成功讀取後我們可以呼叫 describe() 方法對資料框進行描述性統計分析，目的是了解資料集中數值的分佈情況。該方法會計算每個數值變數的基本統計數據，包括平均值、標準差、最小值、第一四分位數、中位數、第三四分位數和最大值。這些統計數據可以幫助我們瞭解數據的中心趨勢、離散程度和分佈形狀，進而進一步分析和理解資料的特性。

➜ 程式 4.2 觀察資料集統計分佈

```
df_data.describe()
```

從結果中可以觀察到每個特徵的統計分佈情況。首先，在第一列的 "count" 中顯示了資料的筆數，總共有 557 筆資料。接著，透過中位數可以大致了解每個特徵的數值範圍。我們可以發現，負載電流（I_y）的極值是最大的，因為其最小值為 3，最大值為 6。相較之下，其他特徵的數值範圍都相對較小。

	I_y	PF	e_PF	d_if	I_f
count	557.000000	557.000000	557.000000	557.000000	557.000000
mean	4.499820	0.825296	0.174704	0.350659	1.530659
std	0.896024	0.103925	0.103925	0.180566	0.180566
min	3.000000	0.650000	0.000000	0.037000	1.217000
25%	3.700000	0.740000	0.080000	0.189000	1.369000
50%	4.500000	0.820000	0.180000	0.345000	1.525000
75%	5.300000	0.920000	0.260000	0.486000	1.666000
max	6.000000	1.000000	0.350000	0.769000	1.949000

▲ 圖 4.4 資料統計分佈情況

我們可以將上述的統計表格透過箱形圖的方式視覺化，這將使我們更容易觀察資料的分佈情況。箱形圖能夠直觀地展示數據的中位數、四分位數、極端值以及離群值等統計量，這有助於我們了解每個特徵的數據分佈情況，並識別可能存在的異常值。

➜ 程式 4.3 箱形圖分析

```python
import matplotlib.pyplot as plt
import seaborn as sns

# 定義特徵名稱串列
x_feature_names = ['I_y', 'PF', 'e_PF', 'd_if', 'I_f']
# 創建一個 1x5 的子圖佈局，每個特徵將有一個獨立的子圖
fig, axes = plt.subplots(nrows=1, ncols=5, figsize=(15, 3))
# 將每個特徵的箱形圖分別繪製在不同的子圖中
for i, feature in enumerate(x_feature_names):
    col = i % 5   # 行索引
```

```
# 使用 seaborn 繪製箱形圖
sns.boxplot(y=df_data[feature], ax=axes[col], showmeans=True)
axes[col].set_title(f'Boxplot of {feature}')  # 設置子圖標題
axes[col].set_ylabel('')  # 設置 y 軸標籤為空

# 調整子圖之間的間距和布局
plt.tight_layout()
plt.show()
```

透過觀察箱形圖，我們能夠快速評估數據的集中趨勢、離散程度以及是否存在離群值。箱形圖的上下臂代表了數據的分布範圍，而箱體內的水平線則表示了中位數，中間的三角形則表示了平均值。從下圖的可視化結果中，我們清晰地觀察到每個特徵的分佈都相當均勻，且沒有出現離群值。

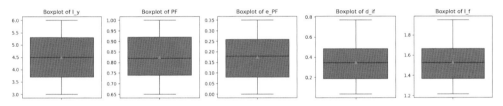

▲ 圖 4.5 箱形圖分析

4.2.3 將資料切分成訓練集與測試集

以下程式碼示範如何使用 scikit-learn 中的 train_test_split() 方法，並將資料集的特徵（X）和目標變數（y）分割成訓練集和測試集。這個分割的過程是為了建立一個機器學習模型時必要的步驟。通常我們將資料的大部分用於訓練模型，並保留一小部分用於測試模型的預測能力。在這個例子中，我們將資料集的 30% 作為測試集，其餘 70% 用於訓練。test_size=0.3 的參數表示測試集的比例為 30%，random_state=42 確保每次執行時隨機分割的方式都相同，以確保結果的重現性。

➜ 程式 4.4 將資料切分成訓練集與測試集

```
from sklearn.model_selection import train_test_split

# 將資料集分為訓練集和測試集
X_train, X_test, y_train, y_test = train_test_split(X, y, test_size=0.3, random_
state=42)
print('Shape of training set X:', X_train.shape)
print('Shape of testing set X:', X_test.shape)
```

最後我們可以印出切分後的訓練集和測試集的資料維度，以確認資料切割的結果。

輸出結果：

Shape of training set X: (389, 4)

Shape of testing set X: (168, 4)

4.2.4 特徵標準化

在機器學習中，特徵標準化是一個重要的步驟，它確保不同特徵的數值範圍在相近的尺度上。這是因為大多數機器學習模型都基於數學運算，而這些運算可能受到特徵數值範圍的影響，使模型難以收斂或者對某些特徵更加敏感。在本範例中，我們使用 scikit-learn 中的 MinMaxScaler 對輸入特徵進行縮放。縮放的過程涉及將每個特徵的數值轉換到一個指定的範圍（通常是 0 到 1）。具體過程是透過將每個特徵的最小值變換為 0，最大值變換為 1，然後將其他數值線性轉換到這個範圍內。這樣處理後，每個特徵都被縮放到相似的尺度範圍。

➜ 程式 4.5 特徵標準化

```
from sklearn.preprocessing import MinMaxScaler

scaler = MinMaxScaler()
X_train = scaler.fit_transform(X_train)
X_test = scaler.transform(X_test)
```

在上述程式碼中，我們首先建立了一個 MinMaxScaler 的特徵縮放器，然後使用 fit_transform() 方法在訓練集上計算最小值和最大值，並將其應用於訓練集標準化。同樣，我們使用已經計算好的最小值和最大值，對測試集進行標準化，確保訓練集和測試集的特徵都處於相同的尺度。

4.2.5 建立 Linear Regression 模型

我們可以使用 scikit-learn 中的 LinearRegression 建立、訓練和預測的過程。首先，我們建立了一個線性迴歸模型的實例，接著使用訓練集對模型進行擬合。這使得模型能夠學習如何將輸入特徵映射到相應的激磁電流。一旦模型被訓練，我們就可以使用測試集進行預測，得到對激磁電流的估計值。

➜ 程式 4.6 建立 Linear Regression 模型

```python
from sklearn.linear_model import LinearRegression

# 建立線性迴歸模型
linear_model = LinearRegression()
# 模型訓練
linear_model.fit(X_train, y_train)
# 模型預測
y_pred = linear_model.predict(X_test)
```

以下是一些重要的參數和方法的說明：

參數 (Parameters)：

- fit_intercept：決定是否模型包含截距，若設置為 True，表示模型考慮截距項；若設置為 False，表示直線過原點。

屬性 (Attributes)：

- coef_：取得模型的係數，即特徵的權重。

- intercept_：取得截距，表示當所有特徵均為零時，模型的預測值。

方法 (Methods)：

- fit(X, y)：放入特徵 X 與目標變數 y 進行模型擬合，訓練模型。

- predict(X)：進行預測，根據輸入的特徵 X 預測目標變數的值。

- score(X, y)：使用 R2 Score 進行模型評估。

4.2.6 評估模型

在模型訓練結束後，我們需要進行模型的評估以確保其在新資料上的預測能力。在這個例子中，我們使用了 R2 分數和均方誤差（MSE）這兩個常見的評估指標。首先，我們印出了模型在訓練集上的表現，計算了 R2 分數和均方誤差。R2 分數是一個統計上用來評估迴歸模型預測能力的指標，它的值介於 0 到 1 之間，越接近 1 表示模型預測越好。均方誤差則是預測值與實際值之間的平方誤差的平均值，它越小表示模型的預測越準確。

接著，我們在測試集上進行相同的評估，同樣計算了 R2 分數和均方誤差。這能夠讓我們了解模型在未見過的資料上的表現，並判斷模型是否能夠成功泛化。簡單來說，這些評估指標提供了對模型預測能力的全面了解，有助於評估模型的優劣並進行進一步的優化。

➡ 程式 4.7 評估訓練結果

```python
from sklearn.metrics import mean_squared_error

# 在訓練集上進行預測並印出評估指標
print(" 訓練集 ")
y_train_pred = linear_model.predict(X_train)
print("R2 Score: ", linear_model.score(X_train, y_train))
print("MSE: ", mean_squared_error(y_train, y_train_pred))

# 在測試集上進行預測並印出評估指標
print(" 測試集 ")
y_test_pred = linear_model.predict(X_test)
print("R2 Score: ", linear_model.score(X_test, y_test))
print("MSE: ", mean_squared_error(y_test, y_test_pred))
```

　　透過分析這些參數，我們希望能夠了解不同機器運行情境下的激磁電流變化，並使用建立的模型來預測未來機器的性能表現。

輸出結果：

訓練集

R2 Score: 1.0

MSE: 3.054554597658481e-32

測試集

R2 Score: 1.0

MSE: 2.8760553836182724e-32

　　訓練好模型後，我們可以測試和驗證其預測能力。透過散點圖分析模型的表現，其中 X 軸表示真實答案（ground truth），Y 軸表示預測值（predictions），每個點代表測試資料的一筆觀測。這種分析方法能夠清晰呈現真實值和預測值之間的關係，有助於評估模型的準確度和效能。

➜ 程式 4.8 驗證模型在測試集的預測能力

```python
import matplotlib.pyplot as plt
import numpy as np

# 繪製散點圖
plt.scatter(y_test, y_test_pred, color='blue', label='True vs Predicted')

# 繪製對角虛線
max_val = max(np.max(y_test), np.max(y_test_pred))
min_val = min(np.min(y_test), np.min(y_test_pred))
plt.plot([min_val, max_val], [min_val, max_val], 'r--', lw=2, label='Diagonal line')

# 設定圖形標題和軸標籤
plt.title('Regression Analysis')
plt.xlabel('Ground truth')
plt.ylabel('Predictions')
# 添加圖例
plt.legend()
plt.show()
```

下圖中的每個藍色點代表測試集中的一筆資料。當預測值與真實答案完全相符時,點會落在紅色虛線上。從結果可以看出,該資料集在線性模型上的擬合效果非常良好,顯示模型對於測試資料的預測能力相當準確。

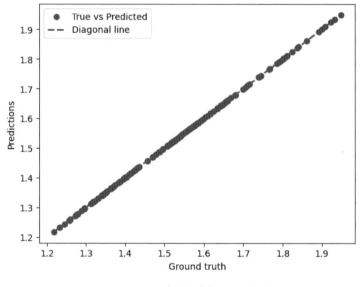

▲ 圖 4.6 分析測試集預測能力

4.2.7 迴歸係數分析

最後我們來探討解釋線性迴歸模型的方法。一種常見的方法是分析迴歸模型的係數,這可以幫助我們理解自變數對應變數的影響。在簡單線性迴歸模型中,自變數的係數可以直接表示自變數對應變數的影響程度,例如,當自變數增加 1 個單位時,應變數會增加多少個單位。在多元線性迴歸模型中,則需要考慮多個自變數的影響,通常透過控制其他變數的影響來分析某一個自變數對應變數的影響。這種方法有助於我們全面理解各個自變數對應變數的貢獻和關聯。

➜ 程式 4.9 迴歸係數分析

```
import pandas as pd
import numpy as np
```

```python
import matplotlib.pyplot as plt

# 建立一個空的 DataFrame
df = pd.DataFrame()
# 將線性模型係數的絕對值存入 'coef' 欄位
df['coef'] = np.abs(linear_model.coef_)
# 定義特徵名稱並存入 'feature' 欄位
df['feature'] = ['I_y', 'PF', 'e_PF', 'd_if']
# 按照 'coef' 欄位進行升序排序
df_sorted = df.sort_values('coef', ascending=True)

# 設定圖形大小
plt.figure(figsize=(6, 2))
# 繪製水平條形圖，條形顏色設定為藍色
plt.barh(df_sorted['feature'], df_sorted['coef'], color='#028bfb')
# 移除圖框
plt.box(False)
plt.show()
```

　　以下分析線性迴歸模型的結果，並透過水平條形圖將各個特徵的係數大小視覺化呈現出來。係數表示了模型中各個特徵對於目標變數的影響程度，絕對值越大表示影響越大。從結果可以看出，特徵 d_if（同步機激磁電流變化）的係數明顯大於其他三個特徵，這說明該特徵對於預測同步機勵磁電流是非常關鍵的。這表示當同步機激磁電流變化時，對應的勵磁電流會有顯著的變化，該特徵在模型中具有很大的影響力，因此在預測中起到了重要作用。其他特徵 e_PF、PF 和 I_y 雖然也有影響，但相對來說其影響力較小。這種視覺化的分析方法，有助於我們更直觀地理解各個特徵對預測結果的重要性。

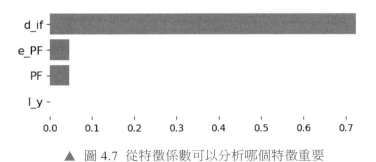

▲ 圖 4.7 從特徵係數可以分析哪個特徵重要

4.3 邏輯迴歸

4.3.1 邏輯迴歸簡介

邏輯迴歸（Logistic Regression）是對線性迴歸模型的改進，特別針對處理分類問題的需求。線性迴歸主要用於預測連續數值，然而在處理二元或多元分類的情境中，我們需要一種能夠輸出機率並有效執行分類的模型。

邏輯迴歸的基本模型結構可描述如下：

1. **模型假設**：邏輯迴歸基於一個假設，即特徵的線性組合能夠有效地分離兩個類別。這意味著將輸入特徵乘以權重並加總，然後透過一個適當的轉換函數（通常是 sigmoid 函數）將結果轉換為機率。

2. **模型方程式**：對於一個具有 n 個特徵的樣本，邏輯迴歸的模型方程式可以表示為：

$$P(Y=1) = \frac{1}{1+e^{-(\beta_0 + \beta_1 x_1 + ... + \beta_n x_n)}}$$

▲ 公式 4.6 邏輯迴歸方程式

其中，P(Y=1) 是屬於類別 1 的機率，e 是自然對數的底數，$\beta_0, \beta_1, \cdots, \beta_n$ 是模型的權重參數，$x_1, x_2, \cdots, x_n$ 是相應的特徵。

3. **Sigmoid 函數**：邏輯迴歸使用 Sigmoid 函數（也稱為邏輯函數）將線性組合轉換為 0 到 1 之間的機率值。Sigmoid 函數的表達式為：

$$\sigma(z) = \frac{1}{1+e^{-z}}$$

▲ 公式 4.7 Sigmoid 函數

其中，z 是線性組合的輸入，通常表示為：

$$z = w_1x_1 + w_2x_2 + \ldots + w_nx_n + b$$

▲ 公式 4.8 z 是線性組合的輸入

在這裡，w 代表模型的權重，x 代表特徵，b 是截距項。通過此線性組合後的 z 值，再經由 Sigmoid 函數轉換，得到一個範圍在 0 到 1 的輸出，表示輸入樣本屬於某一類別的機率。當輸出接近 1 時，表示模型判斷該樣本屬於「正類」的可能性較高；而當輸出接近 0 時，則代表屬於「負類」的可能性較高。

4. **模型參數學習**：模型的參數（權重）透過最大概似估計（Maximum Likelihood Estimation, MLE）或梯度下降等優化算法進行學習。目標是最大化對數似然函數，從而找到最適合數據的權重。

5. **決策邊界**：通常，當 P(Y=1) 大於某一閾值時，模型預測樣本屬於類別 1；否則，預測樣本屬於類別 0。這個閾值通常被設置為 0.5。

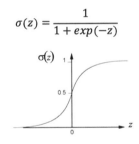
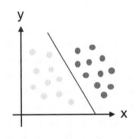

▲ 圖 4.8 邏輯迴歸用於分類問題

4.3.2 邏輯迴歸學習機制

邏輯迴歸是一個基本的二元線性分類器，其目標是找到一個適當的後驗機率（posterior probability）。當機率 P(C1 | x) 大於 0.5 時，模型輸出預測類別 1；反之，當機率小於 0.5 時，模型輸出預測為類別 2。若我們假設資料符合高斯機

率分佈,那麼後驗機率可以表示為 σ(z)。其中, z=w·x+b,x 為輸入特徵,而 w 與 b 則是透過訓練得到的權重(weight)與偏權值(bias)。

$$Function\,set : f_{w,b}(x) = P_{w,b}(c_1 \vee x)$$

▲ 公式 4.9 邏輯迴歸的後驗機率預測函數

以下是邏輯迴歸的運作機制,若以圖像方式呈現,其結構如下所示。我們的模型包含兩組參數,一組是 w,我們稱之為權重(weight),另一組是常數 b,被稱為偏權值(bias)。假設有兩個輸入特徵,將這兩個輸入分別與 w 相乘再加上 b,我們可以得到 z。透過 sigmoid 函數將 z 輸入,我們得到的輸出即為後驗機率。

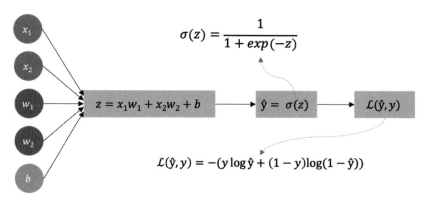

▲ 圖 4.9 邏輯迴歸在二元分類的運作機制

4.3.3 邏輯迴歸的損失函數

在邏輯迴歸中,我們所定義的損失函數旨在最小化所有訓練資料交叉熵(cross entropy)的總和。我們的目標是使模型的輸出盡可能接近目標答案。因此,我們可以將這個最小化的目標表示為一個函數:

$$Cross\,Entropy\,Loss = \frac{1}{N}\sum_{i=1}^{N}\left[y_i \log(\hat{y}_i) + (1-y_i)\log(1-\hat{y}_i) \right]$$

▲ 公式 4.10 交叉熵計算公式

其中，*N* 是訓練樣本的總數，y_i 是實際類別，$\hat{y}_i$ 是模型預測的類別機率。

我們的最終目標是找到一組最佳的參數，使得損失函數的值最小化。為了實現這一點，我們使用梯度下降（Gradient Descent）算法。對損失函數對權重進行偏導後，我們可以得到權重更新的公式：

$$w_j = w_j - \alpha \frac{\partial \, Loss}{\partial \, w_j}$$

▲ 公式 4.11 梯度下降法

其中，w_j 代表第 j 個權重，α 是學習速率，$\partial Loss/\partial w_j$ 是損失函數對權重的偏導數。透過這個公式，我們在每一次迭代中調整權重，逐步最小化損失函數，實現邏輯迴歸模型的訓練。

4.3.4 多分類邏輯迴歸

在 scikit-learn 中，邏輯迴歸分類器也可以用於處理多類別的分類問題。有兩種主要的方法來實現多元邏輯迴歸，分別是 one-vs-rest（OvR）和 many-vs-many（MvM）。這兩種方法都是將所有類別的資料視為二元分類問題進行模型訓練，其中 OvR 和 MvM 的區別在於具體的訓練方式。

one-vs-rest (OvR)

在 OvR 中，每個類別都被視為一個二元分類問題。以三個類別 A、B、C 為例，分別抽取 A 類別的資料作為正集，而將 B、C 類別的資料作為負集，進行一個邏輯迴歸的訓練。同樣地，以 B 類別和 C 類別為正集，其他類別為負集，進行兩次訓練。這樣總共會有三個二元分類器，分別針對 A、B、C 三個類別。在預測時，將資料傳遞給這三個分類器，最終選擇預測分數最高的類別。

many-vs-many (MvM)

與 OvR 不同，MvM 每次只會選擇兩個類別進行訓練，因此對於 k 個類別的資料，需要建立 k(k-1)/2 個二元分類器。以三個類別 A、B、C 為例，我們會

建立 (A、B)、(A、C) 和 (B、C) 這三組二元分類器。在預測階段,將新資料傳遞給這些二元分類器,然後以多數決的方式得出最終預測結果。

4.4 邏輯迴歸實務應用:鳶尾花朵分類

邏輯迴歸儘管名稱中包含「迴歸」一詞,實際上它主要被應用在分類問題上,目標是找到一條直線,以區分不同的類別。在本範例中,我們將使用資料集進行邏輯迴歸的實驗,並透過線性分類器有效地將資料集中的三個類別互相區隔開來。

本資料集可從 scikit-learn 獲取:

https://scikit-learn.org/stable/modules/generated/sklearn.datasets.load_iris.html

4.4.1 資料集描述

資料集是由英國統計學家 Ronald Fisher 爵士於 1936 年建立。該資料集包含了在加斯帕半島上採集的鳶尾花花瓣和花萼的長寬數據,共 150 筆資料,並標記為山鳶尾、變色鳶尾和維吉尼亞鳶尾三個品種。

輸入特徵:

- SepalLengthCm:花萼長度 (cm)

- SepalWidthCm:花萼寬度 (cm)

- PetalLengthCm:花瓣長度 (cm)

- PetalWidthCm:花瓣寬度 (cm)

輸出:

- 三種不同品種的花朵

- setosa:山鳶尾

- versicolor：變色鳶尾

- virginica：維吉尼亞鳶尾

4.4.2 載入資料集

資料集常被用作資料科學的示範，因此我們以 scikit-learn 中的機器學習資料集為例進行說明。首先，讓我們載入所需的套件並載入鳶尾花資料集。這個資料集包含三個不同品種的鳶尾花，每個品種有四個特徵：花瓣長度、花瓣寬度、花萼長度和花萼寬度。我們的目標是利用這些特徵來預測花的品種。輸入特徵資料存儲在 iris.data 中，而輸出標籤則存儲在 iris.target 中。

➜ 程式 4.10 載入資料集

```
from sklearn.datasets import load_iris

# 載入鳶尾花資料集
iris = load_iris()
# 輸入特徵
X = iris.data
# 輸出
y = iris.target
```

資料視覺化在資料科學中扮演著重要的角色。想要了解更多有關資料集的視覺化分析，可以參考章節 2.2 中的第一支 EDA 程式：資料集一覽。

4.4.3 將資料切分成訓練集與測試集

資料準備好後，我們接著將資料集分為訓練集和測試集，以便進行模型的訓練和評估。同時我們對特徵進行標準化，確保它們具有相似的尺度，有助於模型的訓練和預測的穩定性。在機器學習中，標準化是一個常見的步驟，可以幫助提高模型的性能，並減少不同尺度對模型的影響。

➔ 程式 4.11 將資料切分成訓練集與測試集

```python
from sklearn.model_selection import train_test_split
from sklearn.preprocessing import StandardScaler

# 將資料集分為訓練集和測試集
X_train, X_test, y_train, y_test = train_test_split(X, y, test_size=0.3, random_
state=42)

# 特徵標準化
scaler = StandardScaler()
X_train = scaler.fit_transform(X_train)
X_test = scaler.transform(X_test)

print('Shape of training set X:', X_train.shape)
print('Shape of testing set X:', X_test.shape)
```

輸出結果：

Shape of training set X: (105, 4)

Shape of testing set X: (45, 4)

4.4.4 建立 Logistic regression 模型

接著我們可以開始建立和訓練邏輯迴歸模型。在這段程式碼中，我們使用了 OvR（One-vs-Rest）的多元分類策略來建立邏輯迴歸模型。這個策略將多類別問題轉換為二元分類問題，每個類別都訓練一個獨立的二元分類器。該模型透過 fit() 方法在訓練集上進行訓練，然後使用測試集進行預測。透過這個過程，我們可以評估模型的性能並進行後續分析。

➔ 程式 4.12 建立 Logistic regression 模型

```python
from sklearn.linear_model import LogisticRegression

# 建立邏輯迴歸模型
logistic_model = LogisticRegression(multi_class='auto', solver='liblinear',random_
state=42)
# 模型訓練
```

```
logistic_model.fit(X_train, y_train)
# 模型預測
y_pred = logistic_model.predict(X_test)
```

以下是一些重要的參數和方法的說明：

參數 (Parameters)：

- penalty：正規化方式，可選擇 l1 或 l2，有助於防止模型過擬合。

- C：控制正規化的強度，數值越大表示正規化效果越弱，預設為 1。

- n_init：模型的初始化次數，預設為 10 次，選擇效果最好的一種初始化結果作為模型。

- solver：優化器的選擇，可選擇 newton-cg、lbfgs、liblinear、sag、saga，預設為 liblinear。

- multi_class：分類方式的選擇，可選擇 ovr (one-vs-rest，OvR) 或 multinomial (many-vs-many，MvM)，預設為 auto，模型會在訓練中選擇最好的分類方式。

- max_iter：梯度下降的最大迭代次數，預設為 100 代。

- class_weight：用於處理資料不平衡問題，預設為 None。

- random_state：亂數種子，僅在 solver 為 sag 或 liblinear 時有用。

屬性 (Attributes)：

- coef_：取得模型的斜率。

- intercept_：取得模型的截距。

方法 (Methods)：

- fit(X, y)：將訓練資料 X、標籤 y 用於模型擬合。

- predict(X)：預測並回傳預測類別。

- predict_proba(X)：預測每個類別的機率值。

- score(X, y)：計算模型在測試資料上的預測準確度。

4.4.5 評估模型

最後我們使用 score() 函數來評估模型在訓練集和測試集上的準確度，以評估模型的性能。評估模型的好壞是機器學習中最重要的步驟之一。score() 方法透過比較模型對每個樣本的預測結果與實際標籤的一致性，來衡量模型的預測準確度。該方法返回一個介於 0 和 1 之間的值，數值越接近 1 表示模型的整體預測準確度越高。

→ 程式 4.13 評估訓練結果

```
train_accuracy = logistic_model.score(X_train, y_train)
test_accuracy = logistic_model.score(X_test, y_test)

print(' 訓練集準確度 : ', train_accuracy)
print(' 測試集準確度 : ', test_accuracy)
```

從以下結果我們可以觀察到模型在訓練集與測試集大約接近九成的準確度。透過模型評估不僅可以幫助我們了解模型在訓練集上的表現，還能檢視模型在未見過的測試集上的泛化能力。這種評估有助於識別模型是否過擬合或欠擬合，進而指導我們進一步調整和優化模型參數，以提高其預測準確度。

輸出結果：

訓練集準確度：0.8857142857142857

測試集準確度：0.9111111111111111

　　我們還可以透過混淆矩陣來分析模型在測試集上的預測表現。混淆矩陣提供了一個詳細的視覺化結果，顯示了模型預測的正確和錯誤分類數量，幫助我們更好地了解模型在不同類別上的準確度和錯誤分佈情況。本範例透過 pandas 庫的 crosstab() 函數生成混淆矩陣，然後利用 seaborn 庫中的 heatmap() 函數將其視覺化為熱圖。

➜ 程式 4.14　測試集混淆矩陣

```python
import pandas as pd
from sklearn.metrics import confusion_matrix
import seaborn as sns
import matplotlib.pyplot as plt

def plot_confusion_matrix(actual, pred, labels):
    # 使用 pd.crosstab 函數生成混淆矩陣
    confusion_matrix = pd.crosstab(actual, pred,
                                   rownames=['Actual'],
                                   colnames=['Predicted'])

    # 使用 seaborn 繪製熱圖，顯示混淆矩陣
    sns.heatmap(confusion_matrix, xticklabels=labels, yticklabels=labels,
                square=True, annot=True, cbar=False)

# 呼叫 plot_confusion_matrix 函數，將模型在測試集上的實際值和預測值傳入
y_label_names = ['setosa', 'versicolor', 'virginica']
plot_confusion_matrix(y_test, y_pred, labels=y_label_names)
```

　　從結果可以看出，Setosa 和 Virginica 的預測正確率非常高，所有樣本都被正確分類。而 Versicolor 中存在一些誤分類，模型將其中的四個樣本錯誤地分類為 Virginica。在改進模型時，可以考慮更深入地研究這兩類花的區分特徵，或者使用更多的數據和特徵來提高模型的識別能力。

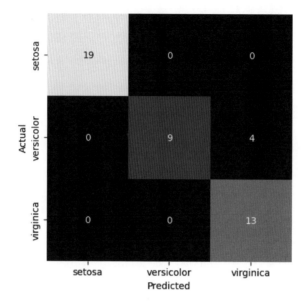

▲ 圖 4.10 測試集混淆矩陣分析

鄰近規則分析

5.1 k- 近鄰演算法

5.1.1 KNN 演算法原理

　　K 最近鄰（K Nearest Neighbors，簡稱 KNN）是一種監督式學習算法，被廣泛應用於分類和迴歸問題。其基本思想是，對於一個新的資料點，KNN 算法會找出距離該點最近的 k 個鄰居，並根據這些鄰居的標籤（對於分類）或數值（對於迴歸）進行預測。

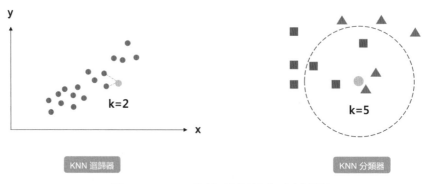

▲ 圖 5.1 KNN 可以解決迴歸和分類問題

以下是基本的 KNN 演算法流程：

- **距離度量**：KNN 使用距離來評估資料點之間的相似性。通常使用歐氏距離（Euclidean distance）或其他距離度量方法。

- **選擇 k 個鄰居**：對於每個新的資料點，從資料集中找出與其最近的 k 個鄰居。這些鄰居的選擇取決於距離度量。

- **多數表決（分類）或平均（迴歸）**：對於分類問題，KNN 會根據 k 個鄰居的類別，進行多數表決，將新資料點歸類為最常見的類別。對於迴歸問題，KNN 會根據 k 個鄰居的數值進行平均，得到預測結果。

在 KNN 演算法中，k 是一個超參數，也被稱為鄰居的數量。這個超參數決定了在進行預測時將考慮多少個最近的鄰居。

5.1.2 KNN 於分類和迴歸任務

KNN 分類器

在分類問題中，KNN 是一種常見的機器學習模型，它以多數決原則進行預測。以下是 KNN 分類器的基本流程：

1. **決定 k 值**：使用者需事先指定 k 的大小，即要考慮多少個最近的鄰居。

2. **計算距離**：對於新的資料點，計算它與資料集中每個樣本之間的距離。

3. **找出最近的 k 個鄰居**：選取計算出的距離中最小的 k 個值對應的樣本，這些樣本即為最近的鄰居。

4. **多數決決定分類**：檢查這 k 個最近的鄰居中屬於哪個類別的樣本最多，將新資料分類為該類別。

5. **調整 k 值**：如果無法確定分類結果，可能需要調整 k 的大小，重新進行預測。

K 的大小對模型的分類結果產生影響，具體表現在權衡局部細節和整體趨勢之間。例如，當 k=3 時，模型將考慮離新資料最近的 3 個鄰居，而當 k=5 時，則會考慮最近的 5 個鄰居。這將影響模型的靈敏度和泛化能力。

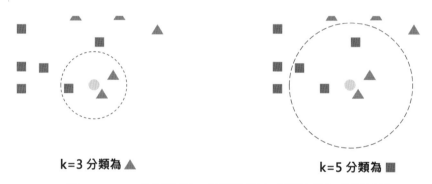

k=3 分類為 ▲   k=5 分類為 ◼

▲ 圖 5.2 KNN 分類器採 k 個鄰近樣本多數決做為分類結果

KNN 迴歸器

KNN 不僅可以用於分類問題，還可應用於迴歸問題。在迴歸模型中，KNN 的預測結果是一個連續的數值，其基本原理是取 k 個最近鄰居的輸出值的平均值。以一個具體例子來說，當 k 設為 2 時，假設我們有一組輸入特徵 x 與對應的輸出值 y。當有一筆新的 x 資料進來時，KNN 迴歸器會尋找最接近的 2 個 x 資料，然後將這兩筆資料的輸出值取平均，作為新資料的預測結果。這種方法使得 KNN 在解決迴歸問題上同樣具有彈性與實用性。

▲ 圖 5.3 KNN 迴歸器採 k 個鄰近點平均作為預測輸出

5.1.3 KNN 度量距離的方法

在 K 最近鄰算法中，為了確定哪些資料點是鄰近的，我們首先需要度量它們之間的相似度。其中，歐幾里得距離（Euclidean distance）是一種常用的方法，用於量化兩點之間的相似程度。此外，scikit-learn 中的 KNN 模型預設使用明可夫斯基距離（Minkowski distance），同時還有其他一些距離度量方法，包括曼哈頓距離、柴比雪夫距離、夾角餘弦、漢明距離和傑卡德相似係數等，這些方法都能評估資料點之間的距離遠近，從而影響模型的鄰近程度判斷。在 KNN 中，選擇合適的距離度量方法對模型的性能具有重要影響。常用的向量距離計算方法包括：

- **歐幾里得距離（Euclidean Distance）：**

歐幾里得距離是最常見的距離度量方式，計算兩點之間的直線距離。

$$Distance(A, B) = \sqrt{\sum_{i=1}^{n} (A_i - B_i)^2}$$

▲ 公式 5.1 歐幾里得距離

- **曼哈頓距離（Manhattan Distance）**：

曼哈頓距離是由兩點之間的水平和垂直距離組成，也稱為 L1 距離。

$$Distance(A,B)=\sum_{i=1}^{n}\left|A_i-B_i\right|$$

▲ 公式 5.2　曼哈頓距離

- **切比雪夫距離（Chebyshev Distance）**：

切比雪夫距離是兩個點在各個維度上坐標差的最大值。

$$Distance(A,B)=max_{i=1}^{n}\left|A_i-B_i\right|$$

▲ 公式 5.3　切比雪夫距離

- **明可夫斯基距離（Minkowski Distance）**：

明可夫斯基距離是歐幾里得距離和曼哈頓距離的一般化，當 p=2 時等同於歐幾里得距離，當 p=1 時等同於曼哈頓距離。

$$Distance(A,B)=(\sum_{i=1}^{n}\left|A_i-B_i\right|^p)^{\frac{1}{p}}$$

▲ 公式 5.4　明可夫斯基距離

- **夾角餘弦相似度（Cosine Similarity）**：

夾角餘弦相似度是基於兩個向量之間的夾角來評估相似度，值域在 [−1, 1] 之間，1 表示完全相似。

$$Similarity(A,B)=\frac{\sum_{i=1}^{n}A_iB_i}{\sqrt{\sum_{i=1}^{n}A_i^2}\sqrt{\sum_{i=1}^{n}B_i^2}}$$

▲ 公式 5.5　夾角餘弦相似度

5.1.4 比較 KNN 與 K-means 差異

KNN（K Nearest Neighbors）和 K-means 是兩種不同的機器學習算法，雖然都包含 "k" 這個參數，但兩者的應用場景、目的和運作方式有很大區別。以下是 KNN 和 K-means 的主要差異：

應用領域

- **KNN**：用於監督式學習，依賴已標籤的訓練數據，主要用於分類和迴歸問題。對於每一個新的資料點，KNN 尋找最接近的鄰居，以多數決或平均值的方式進行預測。

- **K-means**：用於非監督式學習，無需已標籤的訓練數據，主要用於集群分析。K-means 試圖將資料集分為 k 個簇，每個簇的中心點代表著該簇的特徵。

目的

- **KNN**：預測新數據點的類別或數值。擁有已標籤的訓練資料集，以預測新數據點所屬的類別。

- **K-means**：將資料集分成 k 個簇，使得每個資料點與其所屬簇的中心點之間的距離最小化。

k 的含義

- **KNN**：k 表示要考慮的最近鄰居的數量。選擇合適的 k 值非常重要，影響模型決策。

- **K-means**：k 表示集群的數量，即希望將資料分為多少組。這也需要預先設定。

5.2 KNN 實務應用：葡萄酒品種分類

在這個實際應用案例中，我們將運用 KNN 演算法來對義大利地區釀製的葡萄酒進行分類。這份數據提供了對三種不同品種葡萄酒的化學成分進行的詳細分析，其中包括每種葡萄酒中 13 種成分的含量。透過這些化學成分的數據，我們希望建立一個 KNN 分類模型，能夠準確地將這三種不同品種的葡萄酒進行區分。這將使我們能夠根據其化學特性對葡萄酒進行自動分類，進而深入了解不同葡萄酒的組成和區別。

本資料集可從 scikit-learn 獲取：

https://scikit-learn.org/stable/modules/generated/sklearn.datasets.load_wine.html

5.2.1 資料集描述

這份資料集總共包含了 176 筆資料，每個資料都包含了 13 個特徵，這些特徵代表了葡萄酒中不同成分的含量。我們的目標是透過這些特徵，建立一個模型來預測葡萄酒的品種。在這個問題中，我們有三種不同品種的葡萄酒，因此這是一個多類別的分類問題。我們希望透過這些特徵來區分葡萄酒屬於這三種不同品種中的哪一種。

輸入特徵：

- Alcohol（酒精濃度）

- Malic acid（蘋果酸）

- Ash（灰分）

- Alcalinity of ash（灰分的鹼性）

- Magnesium（鎂）

- Total phenols（總酚）

- Flavanoids（類黃酮）

- Nonflavanoid phenols（非類黃酮酚）

- Proanthocyanins（原花青素）

- Color intensity（酒的顏色的深淺程度）

- Hue（酒的顏色鮮明度）

- OD280/OD315 of diluted wines（稀釋酒的蛋白質含量）

- Proline（脯氨酸）

輸出標籤：

- 三種不同品種的葡萄酒

  ○ Class 0：品種一

  ○ Class 1：品種二

  ○ Class 2：品種三

5.2.2 載入資料集

首先，利用 scikit-learn 中的 load_wine() 函數來載入葡萄酒資料集。這個資料集包含了葡萄酒相關數據，可以用於預測各種不同品種的酒類。透過設置 as_frame=True，可以將資料載入為 pandas DataFrame 格式，這樣方便進行後續的資料處理和分析。

➔ 程式 5.1 載入資料集

```
from sklearn.datasets import load_wine

# 載入葡萄酒資料集
data = load_wine(as_frame=True)
# 將資料轉換為 DataFrame
df_data = data.frame
df_data
```

	alcohol	malic_acid	ash	alcalinity_of_ash	magnesium	total_phenols	flavanoids	nonflavanoid_phenols	proanthocyanins	color_intensity	hue	od280/od315_of_diluted_wines	proline	target
0	14.23	1.71	2.43	15.6	127.0	2.80	3.06	0.28	2.29	5.64	1.04	3.92	1065.0	0
1	13.20	1.78	2.14	11.2	100.0	2.65	2.76	0.26	1.28	4.38	1.05	3.40	1050.0	0
2	13.16	2.36	2.67	18.6	101.0	2.80	3.24	0.30	2.81	5.68	1.03	3.17	1185.0	0
3	14.37	1.95	2.50	16.8	113.0	3.85	3.49	0.24	2.18	7.80	0.86	3.45	1480.0	0
4	13.24	2.59	2.87	21.0	118.0	2.80	2.69	0.39	1.82	4.32	1.04	2.93	735.0	0
...	...	...	...	...	...	...	...	...	...	...	...	...	...	...
173	13.71	5.65	2.45	20.5	95.0	1.68	0.61	0.52	1.06	7.70	0.64	1.74	740.0	2
174	13.40	3.91	2.48	23.0	102.0	1.80	0.75	0.43	1.41	7.30	0.70	1.56	750.0	2
175	13.27	4.28	2.26	20.0	120.0	1.59	0.69	0.43	1.35	10.20	0.59	1.56	835.0	2
176	13.17	2.59	2.37	20.0	120.0	1.65	0.68	0.53	1.46	9.30	0.60	1.62	840.0	2
177	14.13	4.10	2.74	24.5	96.0	2.05	0.76	0.56	1.35	9.20	0.61	1.60	560.0	2

178 rows × 14 columns

▲ 圖 5.4 資料集 DataFrame 讀取結果

我們可以觀察每個酒類品種的數量，並評估資料集中輸出標籤的平衡程度。在這段程式碼中，我們利用 Seaborn 套件的 countplot() 函數繪製直方圖。每個直方圖的高度表示相對應類別的樣本數量。為了進一步提升圖表的資訊呈現，我們使用 bar_label() 函數在每個直方圖的上方顯示了 count 數值。

➔ 程式 5.2 統計輸出類別數量

```python
import matplotlib.pyplot as plt
import seaborn as sns

# 使用 seaborn 的 countplot() 函數繪製直方圖
ax = sns.countplot(data=df_data, x='target', hue='target', palette='tab10')
# 在每個直方圖的上方顯示 count 數值
for container in ax.containers:
    ax.bar_label(container)
```

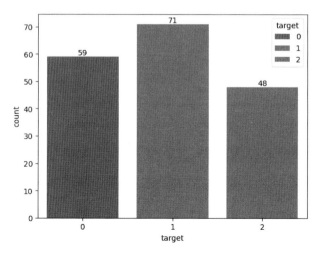

▲ 圖 5.5 三種不同品種的葡萄酒數量統計

了解標籤的種類與數量後，我們可以使用長條圖來觀察每個特徵的分佈情況。同時，我們也可以根據輸出的標籤來分析不同品種的酒類在資料的特徵分佈是否有明顯差異。

➜ 程式 5.3 直方圖分析特徵分佈

```python
# 定義特徵名稱串列
x_feature_names = data['feature_names']

# 建立多個子圖表
fig, axes = plt.subplots(5, 3, figsize=(15, 20))

# 繪製直方圖
for ax, name in zip(axes.flatten(), x_feature_names):
    sns.histplot(data=df_data, x=name, hue="target", kde=True,
palette="tab10", ax=ax)
```

根據圖中的結果，我們觀察到在 Alcohol（酒精濃度）、Total phenols（總酚）和 Flavanoids（類黃酮）這三個特徵中，不同類型的酒的數據分佈存在明顯差異。這意味著這些特徵可能是區分不同酒類的關鍵因子，能夠足以區別各種不同的類別。

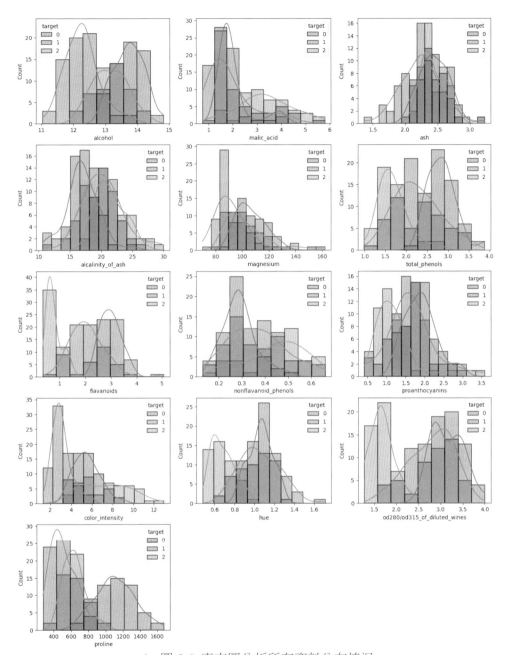

▲ 圖 5.6 直方圖分析所有資料分布情況

5.2.3 將資料切分成訓練集與測試集

在資料的預處理階段，我們需要將資料集切割為訓練集和測試集，以便在訓練模型時有一部分資料可以用來驗證模型的效果。首先，我們從 df_data 中提取出輸入特徵 X，這包含了資料集中 178 筆樣本的 13 種不同成分的含量。同時，我們也提取輸出 y，代表了每個樣本對應的葡萄酒品種的標籤。再來使用 train_test_split() 函數，將輸入特徵 X 和輸出特徵 y 分為訓練集和測試集，其中 test_size 參數指定了測試集的比例，這裡設為 0.3，即 30% 的資料用於測試。另外，random_state 參數確保每次執行這段程式時得到相同的切割結果，以確保結果的可重現性。

➜ 程式 5.4 將資料切分成訓練集與測試集

```python
from sklearn.model_selection import train_test_split

# 將資料集分為訓練集和測試集
X_train, X_test, y_train, y_test = train_test_split(X, y, test_size=0.3,
random_state=42)

print('Shape of training set X:', X_train.shape)
print('Shape of testing set X:', X_test.shape)
```

輸出結果：

Shape of training set X: (124, 13)

Shape of testing set X: (54, 13)

接著，我們進行特徵標準化，這是為了確保模型在訓練過程中能夠更好地收斂。這裡使用 scikit-learn 中的 StandardScaler 對輸入特徵進行標準化。標準化的過程涉及計算每個特徵的平均值和標準差，然後將每個特徵的數值轉換為（數值 - 平均值）/ 標準差。這樣處理後，每個特徵都具有相似的尺度。最後，我們印出訓練集和測試集的維度，以確認資料準備的步驟是否順利完成。

➔ 程式 5.5 特徵標準化

```
from sklearn.preprocessing import StandardScaler
# 特徵標準化
scaler = StandardScaler()
X_train = scaler.fit_transform(X_train)
X_test = scaler.transform(X_test)
```

5.2.4 建立 KNN 分類模型

在建立模型階段，我們使用了 scikit-learn 中的 KNeighborsClassifier，這是一個實現 K 最近鄰（KNN）分類器的工具。首先，我們建立了一個 KNN 分類器的實例 knn_model，並設定 n_neighbors 參數為 3，即模型在進行預測時會考慮每個樣本的最近 3 個鄰居。接下來，我們使用訓練集（X_train 和 y_train）對 KNN 模型進行訓練，這是為了讓模型學習訓練資料中的模式和特徵。最後，使用測試集（X_test）進行預測，並將預測結果存儲在 y_pred 中。

➔ 程式 5.6 建立 KNN 分類模型

```
from sklearn.neighbors import KNeighborsClassifier

# 建立 KNN 分類器
knn_model = KNeighborsClassifier(n_neighbors=3)
# 模型訓練
knn_model.fit(X_train,y_train)
# 模型預測
y_pred = knn_model.predict(X_test)
```

以下是一些重要的參數和方法的說明：

參數 (Parameters):

- n_neighbors (k): 設定鄰居的數量，即選擇最近的 k 個點，預設值為 5。

- algorithm: 搜尋最近鄰居的演算法，可以選擇使用 'auto'（自動選擇），'ball_tree'（球樹），'kd_tree'（kd 樹），或者 'brute'（暴力搜索）。

- metri: 指定計算距離的方式，預設使用的是明可夫斯基距離，對應的選項是 'minkowski'。此外，還可以根據應用的需求選擇其他不同的距離度量方式，其中包括：'cityblock'（曼哈頓距離）、'cosine'（餘弦相似度）、'euclidean'（歐幾里得距離）、'haversine'（球面距離）、'l1'（L1 距離）、'l2'（L2 距離）、'manhattan'（曼哈頓距離）、以及 'nan_euclidean'（考慮缺失值的歐幾里得距離）。

屬性 (Attributes):

- classes_: 取得模型中所有類別的陣列。

- effective_metric_: 取得模型中實際使用的計算距離的方式。

方法 (Methods):

- fit(X, y): 將訓練資料 X、標籤 y 用於模型擬合。

- predict(X): 預測並回傳預測類別。

- score(X, y): 計算模型在測試資料上的預測準確度。

到此步驟我們就成功建立了一個 KNN 分類器，並利用訓練好的模型對測試集進行了預測。接下來，我們可以使用評估指標來評估模型的性能，例如準確度、混淆矩陣等。

5.2.5 評估模型

最後透過印出訓練集和測試集的準確度，我們可以評估模型在不同資料集上的整體性能。這兩個準確度分數提供了對模型預測效果的直觀理解，並有助於判斷模型是否存在過擬合或欠擬合的情況。

➜ 程式 5.7 評估訓練結果

```
train_accuracy = knn_model.score(X_train, y_train)
test_accuracy = knn_model.score(X_test, y_test)
```

```
print(' 訓練集準確度 : ', train_accuracy)
print(' 測試集準確度 : ', test_accuracy)
```

輸出結果：

訓練集準確度：0.9838709677419355

測試集準確度：0.9259259259259259

　　我們還可以透過混淆矩陣來分析模型在測試集上的預測表現。混淆矩陣提供了詳細的視覺化結果，顯示了模型預測的正確和錯誤分類數量。這有助於我們更好地了解模型在不同類別上的準確度及其錯誤分佈情況，並識別出模型的優勢和需要改進的地方。

➡ 程式 5.8　測試集混淆矩陣

```
import pandas as pd
from sklearn.metrics import confusion_matrix
import seaborn as sns
import matplotlib.pyplot as plt

def plot_confusion_matrix(actual, pred, labels):
    # 使用 pd.crosstab 函數生成混淆矩陣
    confusion_matrix = pd.crosstab(actual, pred,
                                   rownames=['Actual'],
                                   colnames=['Predicted'])

    # 使用 seaborn 繪製熱圖，顯示混淆矩陣
    sns.heatmap(confusion_matrix, xticklabels=labels, yticklabels=labels,
                square=True, annot=True, cbar=False)

# 呼叫 plot_confusion_matrix 函數，將模型在測試集上的實際值和預測值傳入
y_label_names = ['Class 0', 'Class 1', 'Class 2']
plot_confusion_matrix(y_test, y_pred, labels=y_label_names)
```

　　從結果可以看出，模型對 Class 0 和 Class 2 的預測表現非常好，沒有誤分類情況；對 Class 1 的預測也不錯，但存在少量誤分類。改進模型時，可以針對 Class 1 的特徵進行進一步優化，減少誤分類的情況，提高整體預測準確度。

- **Class 0（品種一）**：模型對這類樣本的預測準確度非常高，所有 18 個樣本都被正確分類。

- **Class 1（品種二）**：模型正確分類了 18 個樣本，但有 3 個樣本被錯誤分類，其中 1 個被分類為 Class 0，2 個被分類為 Class 2。

- **Class 2（品種三）**：模型對這類樣本的預測準確度也非常高，所有 15 個樣本都被正確分類。

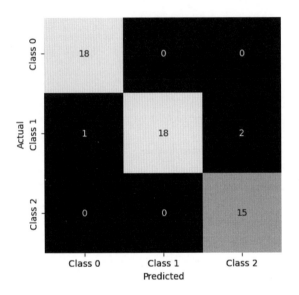

▲ 圖 5.7 測試集混淆矩陣分析

支援向量機

6.1 支援向量機簡介

　　支援向量機（Support Vector Machine，簡稱 SVM）是一種在機器學習中廣泛應用的監督式學習算法。它的主要任務是解決分類和迴歸問題，並以其在高維空間中的優越性能而聞名。

6.1.1 支援向量機基本原理

　　SVM 的基本原理是在特徵空間中找到一個能夠最好地區分不同類別的決策邊界，通常被稱為超平面。這個超平面是在特徵空間中的一個（d-1）維子空間，其中 d 是特徵的維度。SVM 的目標是找到一個最大邊界的超平面，這使得在這個邊界上的樣本能夠被正確分類。在只有兩個特徵的情況下,我們希望找到一條線能夠區隔這兩個類別。若特徵維度增加到三個,我們就需要在一個平面上找到一條線來分隔,而在高維度的情況下,我們使用超平面來進行分割。

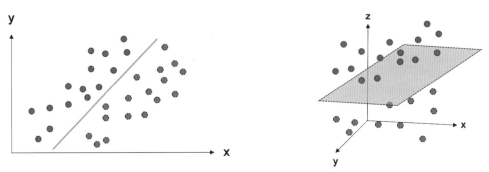

▲ 圖 6.1 在二維中需要線來分割(左圖),而三維中需要平面來分割(右圖)

在分類任務中 SVM 的目標是找到一個能夠最佳區分不同類別的超平面,同時最大化這個超平面的邊界,即樣本點到超平面的距離,被稱為邊界(margin)。基本原理是尋找一個超平面,使得不同類別的樣本點到超平面的距離最大化。這樣的設計使得 SVM 對於未見過的數據具有較好的泛化能力,有助於模型在實際應用中更準確地進行預測。這種最佳的超平面確保了對訓練數據的精確分類,同時提高了模型對於新數據的適應能力。

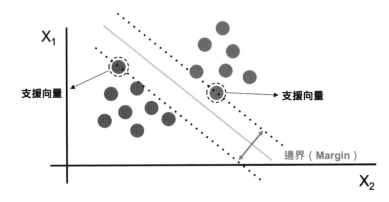

▲ 圖 6.2 SVM 要找到一個決策邊界讓兩類之間的邊界間隔最大化

6.1.2 超平面和支援向量

談到 SVM 時，超平面和支援向量是兩個重要的概念。本章節我們將深入探討這兩者的意義以及它們在 SVM 中扮演的角色。該方法目標是在尋找最佳的超平面，以確保能正確區分樣本在這個邊界上的分類。這個超平面的邊界，也就是樣本點到超平面的距離，被稱為邊界。SVM 透過找到離邊界最近的點，這些點被稱為支援向量。這些支援向量不僅是超平面的候選點，也確定了邊界的最大化。

超平面（Hyperplane）

超平面是一個在高維空間中的概念，它是將空間分成兩個部分的平面。在二維空間中，超平面是一條直線；在三維空間中，它是一個平面。通常，超平面的定義是：在 n 維空間中，一個超平面是 n-1 維的，並且它將空間分成兩個區域。

在 SVM 中，我們特別關注的是二分類問題。超平面的目標是找到一個能夠將不同類別的數據點分開的平面。對於二維空間，這就是一條直線；對於三維空間，它是一個平面。超平面的方程式通常表示為：

$$w_1 x_1 + w_2 x_2 + \ldots + w_n x_n + b = 0$$

▲ 公式 6.1 超平面的方程式

其中 w_1 ,w_2 ,$\cdots$,w_n 是權重， x_1 ,x_2 ,$\cdots$,x_n 是特徵，b 是截距項。

支援向量（Support Vectors）

支援向量是在超平面附近的數據點。這些點是關鍵的，因為它們決定了超平面的位置和方向。支援向量擁有特殊的性質，即它們到超平面的距離是最小的。換句話說，這些點距離超平面最近，因此它們是確保分類邊界最大化的關鍵元素。

在SVM中，這些支援向量不僅影響超平面的位置，還用於計算邊界的寬度。這種邊界被最大化，以確保兩個類別之間的最佳分隔。支援向量概念的引入使SVM具有對異常值較不敏感的特性，因為它主要取決於這些關鍵的支援向量。

6.1.3 線性支援向量機

在線性支援向量機中通常會考慮到硬邊界和軟邊界的情況。這種考慮是為了使模型能夠適應不同的數據特性，提供更大的彈性。在實際應用中，硬邊界SVM通常適用於數據線性可分且離群值較少的情況，而軟邊界 SVM 則更適用於數據帶有雜訊、有一些異常值或者不是完全線性可分的情況。選擇硬邊界或軟邊界的方法取決於數據的性質和應用的需求。總之，軟邊界 SVM 提供了更大的靈活性，能夠處理現實世界中複雜的數據情況，而硬邊界 SVM 則更適用於理想情況下，數據完全線性可分的情況。

硬邊界（Hard Margin）

硬邊界指的是在線性支援向量機中，我們嘗試找到一個超平面，使得能夠將不同類別的數據完全分開，而且沒有任何數據點落在邊界上或錯誤分類。換句話說，這是在數據是線性可分的情況下的情況。硬邊界 SVM 的目標是找到最大化兩個類別之間邊界的超平面。

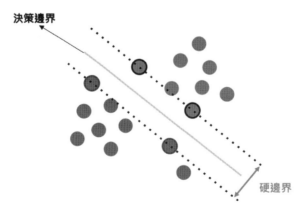

▲ 圖 6.3 SVM 硬邊界

然而，硬邊界存在一些限制。當數據不是完全線性可分時，或者存在噪聲時，強制使用硬邊界可能會導致過擬合（overfitting）。

軟邊界（Soft Margin）

軟邊界是為了解決數據不是完全線性可分或存在噪聲的情況。在這種情況下，我們允許一些數據點落在邊界上或者被錯誤分類。軟邊界 SVM 引入了一個概念叫做鬆弛變數（slack variable），它允許一些數據點違反硬邊界的約束，但同時會受到懲罰。

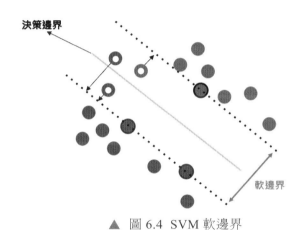

▲ 圖 6.4 SVM 軟邊界

軟邊界 SVM 的目標是找到一個超平面，同時最大化邊界寬度和最小化鬆弛變數的總和。這樣的方法使得 SVM 更有彈性，能夠處理一些噪聲或非完全線性可分的情況。上圖中的虛線分別為支援向量所在的邊界，中間實線為區隔兩類別的決策邊界。那些箭頭指向到虛線表示分錯的點到其對應的決策面的距離，這樣我們可以在原函數上面加上一個懲罰函數，並帶上其限制條件為：

$$min \frac{1}{2}|w|^2 + C\sum_{i=1}^{R} \varepsilon_i, s.t., y_i(w^T x_i + b) \geq 1 - \varepsilon_i, \varepsilon_i \geq 0$$

▲ 公式 6.2 SVM 邊界優化函數

上述的公式是在處理線性可分問題的基礎上，加上了懲罰函數部分。這個懲罰函數的引入是透過參數 C，它的作用是給予那些被分錯的資料一定程度的懲罰值，同時控制了支援向量（用來決定超平面的資料點）的影響力。

- 當 C 的值很大時，代表容錯越小，分類錯誤的點將減少，但這也可能導致模型過擬合的情況更為嚴重。

- 而當 C 的值很小時，代表容錯越大，分類錯誤的點可能會增加，但得到的模型可能會更加寬容且不那麼嚴格。

在實際應用中，我們通常需要仔細調整和選擇適當 C 的值，以取得在訓練數據和新數據上都表現良好的模型。這樣的調整過程是為了在模型的訓練過程中平衡正確分類和分類錯誤的權衡，以獲得更好的整體性能。

6.1.4 非線性支援向量機

非線性支援向量機是針對在訓練資料無法以線性超平面完美區分的情況下的一種擴展應用。當數據無法被單一線性超平面區分時，使用非線性 SVM 通常是解決這類問題的有效手段。面對這樣的情境，其中一種解決方法是將數據從原始特徵空間映射到更高維的特徵空間，使得在這個新的特徵空間內，數據能夠被一個超平面完美地區分，然後再利用 SVM 進行分類，如下圖所示：

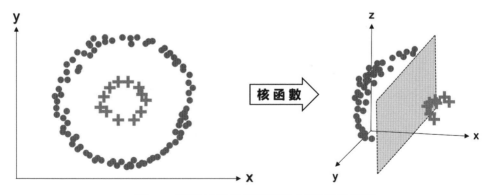

▲ 圖 6.5 使用核函數把兩群映射到三維空間

因此支援向量機可以借助核技巧來實現在複雜場景下的非線性分類，其本質相當於在高維度的特徵空間中隱式地學習一個線性支援向量機。這種技術被稱為核技巧（Kernel Trick）。

核技巧（Kernel Trick）

在非線性 SVM 中，引入了核函數，它允許將數據映射到更高維度的空間，使得在這個高維空間中的分類問題變得線性可分。這樣的映射使得即使在原始特徵空間中無法線性區分的數據，也能夠在更高維度的空間中找到一個線性的超平面，實現非線性分類。

核函數的作用在於計算數據點之間的相似性，並將其映射到更高維度的空間。這樣的映射使得非線性的數據在新的特徵空間中變得線性可分，進而適用於線性 SVM 的分類。

以下是一些常見的核函數：

- **線性核函數（Linear Kernel）**

線性核函數是最基本的核類型，其本質通常是一維的。當面對具有眾多特徵的數據時，線性核函數被證明是一種效果出色的函數。此外線性核函數相較於其他核函數具有更快的計算速度，這使得它在處理大型資料集或需要即時預測的場景中成為一個優越的選擇。簡潔而有效的特性使得線性核函數在實際應用中廣受歡迎，特別是在處理具有高維特徵的數據時，它能夠提供快速且準確的分類結果。

$$K(x_i, x_j) = x_i^T x_j$$

▲ 公式 6.3 線性核函數

- **多項式核函數（Polynomial Kernel）**

多項式核是線性核的一種更廣義的表示，它通常用於處理非線性問題。不同於線性核僅考慮點的內積，多項式核引入了更高次方的項，使得在特徵空間中的映射更為靈活，能夠更好地適應非線性數據結構。儘管多項式核在理論上具有處理非線性問題的能力，但在實際應用中，它的效率和準確性相對較低。這主要是由於多項式核在映射到高維度空間後，可能面臨維度災難（curse of dimensionality）的問題，導致計算複雜度的增加和模型的泛化能力下降。

$$K(x_i, x_j) = (x_i^T x_j)^d$$

▲ 公式 6.4 多項式核函數

- **高斯核函數（Gaussian/RBF Kernel）**

RBF 核函數（Radial Basis Function Kernel）是支援向量機中最常用的核函數之一，特別適用於處理非線性數據。它在分類問題中的廣泛應用主要歸功於其能夠有效地在高維度空間中實現非線性映射，使得原本在低維度空間中難以區分的數據得以區分。當缺乏數據的先驗知識時，RBF 核函數有助於適當地分離數據，克服了某些非線性關係難以捕捉的挑戰。其核心思想是基於每個數據點到支援向量的距離，並將這些距離轉化為權重，進而實現非線性的分類。

在實現 RBF 核函數時，需要手動提供一個稱為 gamma 的參數值。這個參數控制了 RBF 核函數的波動程度，影響著模型的複雜度。一個較小的 gamma 通常對應著較大的波動，使得模型更簡單，而一個較大的 gamma 則對應著較小的波動，使得模型更複雜。

$$K(x_i, x_j) = \exp\left(-r \left\| x_i - x_j \right\|^2\right)$$

▲ 公式 6.5 高斯核函數

在正常情況下，gamma 的預設值為 0.1。然而這個值可能會根據具體問題和數據的性質而有所調整。在程式中，這個參數的選擇通常需要進行實驗和試錯，以獲得最佳的模型效果。

- **Sigmoid 核函數**

接下來要介紹 sigmoid 核函數，這是支援向量機中另一種常見的核函數。與其他核函數不同，sigmoid 核函數的形狀呈 S 形狀，它的數學表示如下：

$$K(x_i, x_j) = \tanh\left(\gamma\, x_i^T x_j + r\right)$$

▲ 公式 6.6 sigmoid 核函數

其中 $\tilde{a}$ 和 r 是需要調整的參數，它們分別控制 S 形曲線的傾斜度和位置。sigmoid 核函數主要用於處理具有週期性結構的數據或者當模型需要具有類似神經網路的行為時。然而，與其他核函數相比，sigmoid 核函數在實際應用中並不常見。其原因之一是它的性能相對較差，而且對於大多數問題，其他核函數更常用且效果更好。 在使用 sigmoid 核函數時，需要謹慎調整 $\tilde{a}$ 和 r 的值，以確保模型的性能達到最佳狀態。一般來說，這兩個參數的調整可以透過實驗和交叉驗證來完成。

6.2 支援向量機於分類和迴歸任務

6.2.1 SVM 分類器

支援向量機是一種強大的機器學習算法，主要用於解決分類問題。其基本思想是在數據空間中找到一個超平面，能夠將不同類別的數據點有效地分開。這個超平面被稱為決策邊界，而離這個邊界最近的一些數據點被稱為支援向量，它們對構建決策邊界起著關鍵作用。SVM 分類器的目標是找到一個最大化邊界（支援向量到決策邊界的距離）的超平面，以確保對新數據的泛化能力最佳。這種方法使得 SVM 在處理線性可分和非線性可分數據時都表現優秀。

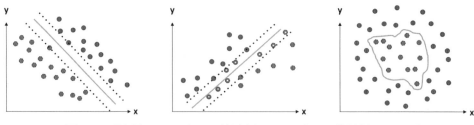

▲ 圖 6.6 硬邊界 SVM(左)，軟邊界 SVM(中)，非線性 SVM(右)

當然，現實生活中的資料往往相對複雜，有時候我們無法透過一個簡單的線性分割平面來區分不同類別的數據。當面對非線性可分的資料集時，我們可以運用核技巧的概念，這是支援向量機的一項重要技術。核技巧提供多種不同的核函數，其作用是將原始的特徵映射到更高維度的空間，使得在這個高維度空間中的資料變得更容易線性分割。這種技術使得即便是非線性可分的數據，也能夠在更抽象的特徵空間中找到一個線性分割的超平面，實現更靈活的分類。

透過核函數，我們可以運用支援向量機來處理各種複雜的數據結構，如多項式核函數或高斯核函數，這樣的方法在實際應用中表現出色，尤其是當數據不是線性可分時。核函數為支援向量機提供了一種方法，使其能夠適應更廣泛的數據分佈和問題場景。

SVM 在多元分類的技巧

原始的支援向量機設計主要針對二分類問題，然而在實際應用中，我們經常面臨著多分類的情境。為了處理這種情況，我們可以採用不同的策略，其中兩個常見的方法是 one-vs-rest 和 one-vs-one。

- **one-vs-rest(OvR)**

此方法將某個類別的樣本歸為一類，其他剩餘的樣本歸為另一類。因此可以為每一個類別建立一個獨立的 SVM。這種方法的具體步驟如下：

1. **建立 SVM**：對於每一個類別，建立一個 SVM。對於屬於該類別的樣本，將其標記為 (+1)，對於其他類別的樣本，將其標記為 (-1)。這樣，每個 SVM 都處理一個二元分類問題，將該類別和其他類別區分開來。

2. **多個 SVM**：以多元分類問題為例，如果有 t 個類別，就會建立 t 個獨立的 SVM。

3. **預測過程**：當有一筆新資料需要進行預測時，將這筆資料分別輸入這 t 個 SVM 中，得到 t 組分類值。最後從這些機率值中選擇具有最大值的類別作為最終預測結果。

假設我們面對一個具有三個類別 A、B 和 C 的分類問題，我們希望透過 one-vs-rest 策略建立 SVM 模型來進行分類。每筆資料都包含兩個特徵，我們將這兩個特徵分別視為 X 軸和 Y 軸。訓練集的分佈可以在下圖中呈現：

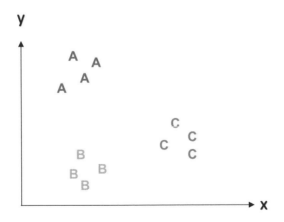

▲ 圖 6.7 三個類別 A、B 和 C 的分類問題

　　第一個 SVM 專門處理類別 A。在這個模型中，我們將類別 A 視為正例（+1），而將類別 B 和 C 視為負例（-1）。這個 SVM 將努力找到一個分隔類別 A 與其它兩個類別的超平面。

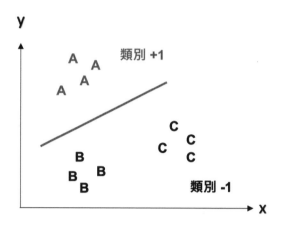

▲ 圖 6.8 第一個 SVM 分類器

　　第二個 SVM 專門處理類別 B。在這個模型中，我們將類別 B 視為正例（+1），而將類別 A 和 C 視為負例（-1）。這個 SVM 的目標是找到一個能夠有效區分類別 B 與其他兩個類別的超平面。

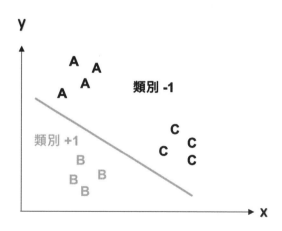

▲ 圖 6.9 第二個 SVM 分類器

第三個 SVM 專門處理類別 C。在這個模型中，我們將類別 C 視為正例（+1），而將類別 A 和 B 視為負例（-1）。這個 SVM 的使命是尋找一個能夠有效區分類別 C 與其他兩個類別的超平面。

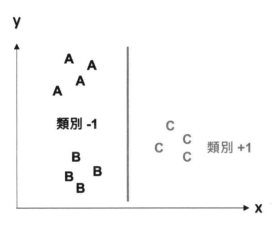

▲ 圖 6.10 第三個 SVM 分類器

當有一筆新資料進入系統時，這筆資料會經過三個 SVM，得到三組分類值。最後，我們選擇具有最大值的那組分類值對應的類別作為最終預測結果。這樣的 one-vs-rest 策略使得我們能夠有效地處理多元分類問題，轉化為多個簡單的二元分類子問題。，其優缺點也十分明顯。在優點方面，它具有較廣泛的普適性，適用於能夠輸出值或機率的分類器，同時具有相對較高的效率，因為它會為每個類別訓練一個獨立的分類器，不受類別數量的限制。

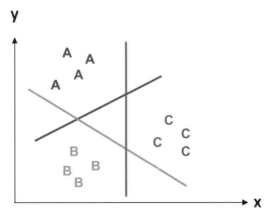

▲ 圖 6.11 one-vs-rest 方法於多元分類

然而 one-vs-rest 也存在一些缺點。它容易導致訓練集樣本數量的不平衡，特別是在類別較多的情況下。這可能導致正類樣本的數量遠遠不及負類樣本的數量，進而造成分類器的偏向性。為了解決這個問題，可以考慮其他多類別分類策略，如 one-vs-one，或在 one-vs-rest 中採取平衡樣本的措施。簡單來說，one-vs-rest 提供了一種簡單而直觀的方法，但在處理不平衡資料集時需要謹慎考慮。

• one-vs-one(OvO)

one-vs-one 策略是支援向量機在解決多分類問題時的另一種常見方法。相對於 one-vs-rest 策略，one-vs-one 將每一對類別之間建立一個獨立的 SVM，來進行二元分類。以下是 one-vs-one 策略的基本運作方式：

1. **建立多個 SVM**：對於具有 t 個類別的多分類問題，one-vs-one 策略將建立 C(t, 2) 個 SVM，其中 C(t, 2) 表示 t 中取 2 的組合數，即每一對類別之間都建立一個 SVM。例如，對於 3 個類別，我們會建立 3 個 SVM（1 vs 2，1 vs 3，2 vs 3）。

2. **二元分類**：每個 SVM 都負責區分訓練數據中的一對類別。如果有一筆新資料需要進行預測，則這筆資料會進入所有的 SVM 中進行二元分類。

3. **投票取多數決**：最後，根據投票的結果，選擇得票最多的類別作為最終預測結果。每個 SVM 的預測結果相當於一次投票，最終預測是哪個類別獲得最多票。

one-vs-one 策略的優勢在於不會引入類別不平衡的問題，因為每個 SVM 只處理兩個類別之間的分類。假設我們面對一個具有三個類別 A、B 和 C 的分類問題，我們希望透過 one-vs-one 策略建立 SVM 模型來進行分類。每筆資料都包含兩個特徵，我們將這兩個特徵分別視為 X 軸和 Y 軸。訓練集的分佈可以在下圖中呈現：

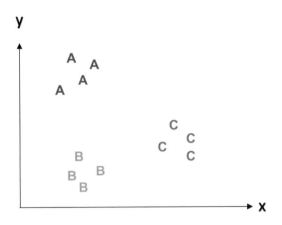

▲ 圖 6.12 三個類別 A、B 和 C 的分類問題

第一個 SVM 專門處理類別 A 與類別 B 的分類問題。這個 SVM 的目標是找到一個能夠有效區分類別 A 和 B 的超平面,解決了這兩個類別之間的分類問題。

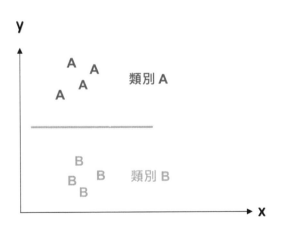

▲ 圖 6.13 第一個 SVM 分類器

第二個 SVM 專門處理類別 A 與類別 C 的分類問題。這個 SVM 的目標是找到一個能夠有效區分類別 A 和 C 的超平面，解決了這兩個類別之間的分類問題。

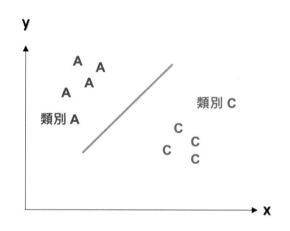

▲ 圖 6.14 第二個 SVM 分類器

第三個 SVM 專門處理類別 B 與類別 C 的分類問題。這個 SVM 的目標是找到一個能夠有效區分類別 B 和 C 的超平面，解決了這兩個類別之間的分類問題。

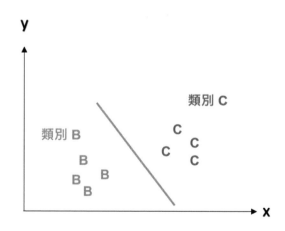

▲ 圖 6.15 第三個 SVM 分類器

　　當我們有新的樣本，例如圖中的 X，需要進行分類時，我們將這個樣本同時丟進這三個 SVM 分類器中。每個 SVM 分類器都會為該樣本提供一組預測結果，代表它被歸類到各自所處理的兩個類別中的哪一個。 接著我們計算這三個分類器對該樣本的預測結果，看它被分到每個類別的次數。最後，我們以多數決的方式進行投票，將新的樣本歸類為獲得最多票數的那一類。在下圖的範例中，新的樣本被判別為屬於類別 A，因為類別 A 在三個 SVM 中獲得最多的投票。

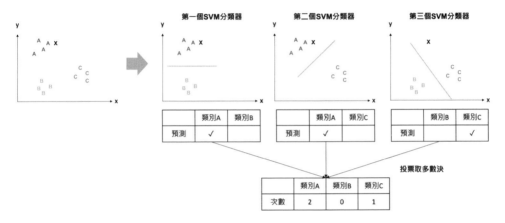

▲ 圖 6.16 one-vs-one 採多數決判定多元分類結果

　　在本章節的範例中，one-vs-rest 和 one-vs-one 兩者都產生了三個分類器，我們仔細觀察後可以發現，對於 one-vs-rest，總共只需訓練 k 個分類器，而 one-vs-one 則需要訓練 C(k, 2) 個分類器。儘管在本例中 k = 3 時兩者的值剛好相等，然而隨著 k 值的增加，one-vs-one 需要訓練的分類器數量會急遽增加。當然，值得注意的是，one-vs-one 也有其優勢，它在一定程度上能夠應對資料集不平衡的情況，預測結果相對穩定。此外，雖然需要訓練的模型數量增加，但每次訓練時所用的訓練集數量明顯減少，進而提高了訓練效率。

6.2.2 SVM 迴歸器

支援向量機（SVM）專注於處理分類問題所以又可以稱為支援向量分類（SVC），而支援向量迴歸（Support Vector Regression, SVR）則專門應對迴歸問題。SVR 可視為 SVM 在迴歸領域的延伸。在迴歸問題中，SVR 的目標是獲得一條超平面，使得大多數訓練樣本都位於超平面附近，同時容忍一些樣本的偏離，但這些偏離需保持在一可接受的範圍內。這涉及最大化 margin 的概念，即模型容忍的預測誤差範圍。

在線性 SVR 模型中，容忍區間通常表示為模型預測值左右的一個範圍，如下圖所示。在訓練過程中，只有在這個容忍區間之外的誤差才會被計算，這使得 SVR 更加專注於處理那些偏離程度較大的樣本。

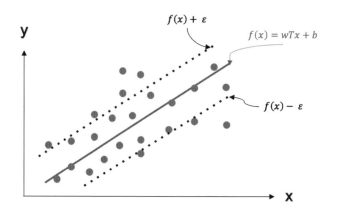

▲ 圖 6.17 支援向量迴歸

此外，SVR 提供了線性和非線性的核技巧，使得它在處理複雜非線性結構的迴歸問題時更具彈性。在非線性模型中，可以使用高次方轉換或高斯轉換等核技巧，以適應更多樣的數據分布。

6.2.3 參數調整技巧

在進行 SVM 的參數調整時，通常我們會採用網格搜索（Grid Search）等方法。這意味著針對每一種可能的參數組合，都會訓練一個相應的模型，然後觀察這些模型的表現，最終挑選出在測試集上表現最佳的模型。因此，我們必須深入理解這些參數的意義，以確保模型在訓練過程中能夠取得良好的擬合效果。

透過合適地調整這些參數，我們可以在模型的複雜度和泛化能力之間找到平衡點，防止模型過擬合，提高其對新資料的適應能力。在核函數模型中，主要有三個可調整的參數，分別是：

- **Cost (C)**: 決定對於分類錯誤的懲罰值，這是一個控制模型容忍度的重要參數。

- **Gamma (γ):** 在核函數中的參數，影響支援向量的影響範圍，調整模型的複雜度。

- **Epsilon (ε)**: 支援向量機的容忍範圍，影響模型對於誤差的容忍程度。（迴歸限定）

Cost (C)

在 SVM 中，Cost (C) 是一個重要的調整參數，它控制了模型對於被分錯的資料的容忍度。初期的 SVM 是為了尋找一個能夠完美將所有資料分成兩類，並擁有最大邊界（margin）的超平面，這種情況被稱為 hard margin SVM。然而，hard margin SVM 的問題在於追求完美分類可能導致過擬合，特別是當資料中存在雜訊或異常值時。為了解決這個問題，1995 年，Vapnik 等人提出了 soft margin SVM，這使得模型可以容忍一些被分錯的資料存在。

在 soft margin SVM 中，引入了一個稱為損失函數（loss function）的概念，而 Cost (C) 就是損失函數中的一個參數。C 的存在可以視為容錯項，它允許模型在一定程度上容忍分錯的資料。這是因為 C 控制著對於每一個被分錯的資料點給予的懲罰值，同時也控制著支援向量對於模型的影響力。

調整 C 的大小，可以影響模型的容錯範圍：

- 當 C 越大時，模型對於分錯的資料越不容忍，追求更嚴格的分類，可能導致模型過擬合。

- 當 C 較小時，模型容忍度較高，可以更靈活地應對一些雜訊或異常值，但也可能導致模型過度簡化。

因此，在調整 C 的過程中，需要平衡模型的複雜度，以達到良好的泛化性能。以一張圖形來說明，圓圈點的點表示支援向量，它們是用來確定邊界範圍的資料點。當 C 的值被設定為 1000 時，支援向量的點幾乎都位於決策邊界上，這種情況類似於 hard margin SVM 的概念，模型嚴格地將每個資料點都分對。

然而，當 C 的值逐漸減小時，支援向量的數量增加，這表示邊界的範圍也相應地增大。這樣的調整使得模型更加容忍訓練資料中的噪聲或離群值，進而提高模型的泛化能力。如此一來，我們能夠根據實際情況來調整 C 的取值，以達到平衡複雜度和模型性能的目的。

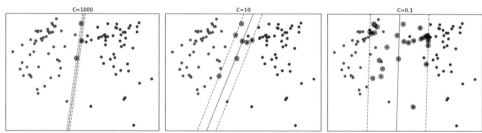

▲ 圖 6.18 觀察不同的 C 對於決策邊界的影響

Gamma (γ)

Gamma (γ) 是用於核函數中的參數，主要應用在 Polynomial、Radial Basis Function（RBF）、以及 Sigmoid 等核函數中。這個參數在將原始資料映射到特徵空間時發揮關鍵作用，隱含地決定了資料在特徵空間中的分佈狀況。以 RBF 來說從幾何的角度來看，當 Gamma 增加時，將使得 Radial Basis Function 內的 σ 變小，而 σ 很小的高斯分佈會呈現高而狹的形狀，使得只有附近的資料點對模型有所影響。這表示隨著 Gamma 的增加,模型將對訓練資料更加敏感,可能在訓練集上表現得更好,但同時也增加了過擬合的風險。因此,在調整 Gamma 時需要謹慎平衡模型的複雜度。

Gamma 是核函數中的參數,它決定了資料點的影響力範圍:

- 當 Gamma 較大時,使得資料點的影響力範圍較近,超平面容易受近距離資料點的影響,可能導致模型過擬合。

- 當 Gamma 較小時,資料點的影響力範圍較遠,超平面較為平滑,能夠更好地捕捉整體趨勢,有助於模型的泛化能力。

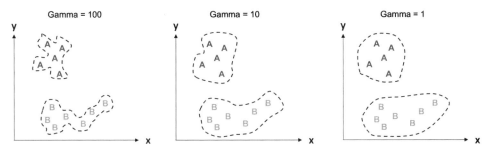

▲ 圖 6.19 觀察不同的 Gamma 對模型的擬合影響

Epsilon (ε)

Epsilon(ε)參數主要對支援向量迴歸(SVR)產生影響,而非支援向量分類(SVC)。這是因為在 SVR 的損失函數中,使用的是 epsilon intensive hinge loss。在 SVR 中,epsilon 的概念是提供一個容忍區域的邊界。這個邊界內的資料點將被忽視,因為它們的殘差對訓練 SVR 幾乎沒有幫助。換句話說,這些點在模型訓練中不具有重要性。

如下圖所示,epsilon 創造了一個容忍區域,這個區域的寬度可以調整。在這個容忍區域內的資料點的殘差對於模型的損失不再產生影響,這有助於提高模型對雜訊的穩健性。調整 epsilon 的值可以影響這個容忍區域的大小,進而影響 SVR 的泛化性能。

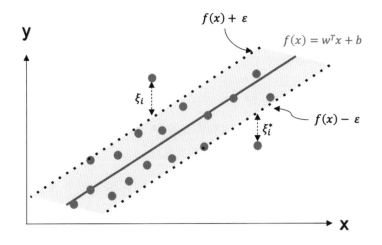

▲ 圖 6.20 在 SVR 中 epsilon 創造了一個容忍區域

調整 Epsilon 的大小可以影響模型的容忍區域：

- Epsilon 越大表示容忍區塊越大，模型對預測誤差更具寬容性。

- Epsilon 越低，所有資料殘差都被考慮，但也容易導致過擬合。

因此，Epsilon 的選擇需要考慮模型的泛化能力和對訓練數據的擬合程度之間的平衡。過大或過小的 Epsilon 值都可能導致不理想的模型表現，而適當的調整可以幫助我們達到更好的模型性能。

6.3 SVM（分類）實務應用：手寫數字辨識

在這個實例中，我們的目標是建立一個 SVM 分類模型，能夠根據手寫數字的圖像準確地進行分類，即將手寫數字歸納到 0 到 9 的各個類別中。這項任務是一個經典的圖像分類問題，透過機器學習演算法的運用，我們可以實現對手寫數字的自動識別，並提供一個實用的範例，展示了支援向量機在圖像分類中的應用。

6.3.1 資料集描述

我們採用的是 scikit-learn 內建的手寫數字資料集，其中包含豐富的手寫數字圖像。每張圖像的解析度為 8x8 像素，對應著數字 0 到 9 中的某一個。總共包含 1797 筆資料，每筆資料都是一張 8x8 的灰階圖片，代表著手寫數字範圍從 0 到 9。

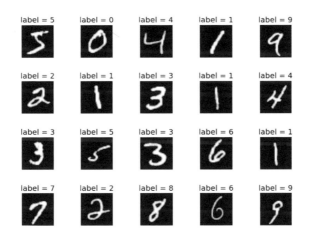

▲ 圖 6.21 手寫數字辨識

本資料集可從 scikit-learn 獲取：

https://scikit-learn.org/stable/modules/generated/sklearn.datasets.load_digits.html

6.3.2 載入資料集

首先，使用 scikit-learn 中的 load_digits() 函數載入了手寫數字資料集。這個資料集包含了手寫數字的圖像，每張圖像都是 8x8 像素的灰階圖片。藉由 digits.data 和 digits.target，我們分別取得了輸入特徵 X 和對應的輸出 y。最後印出 X 的資料維度，我們可以觀察到這個資料集總共包含 1797 筆資料，每筆資料都是一維陣列，其長度為 64，以 ndarray 表示。

➜ 程式 6.1 載入資料集

```python
from sklearn.datasets import load_digits

# 載入手寫數字資料集
digits = load_digits()
# 輸入特徵
X = digits.data
# 輸出
y = digits.target

print('X shape:', X.shape)
```

輸出結果：

X shape: (1797, 64)

　　資料成功讀取後我們可以將每一筆資料繪製出來。這裡使用 Matplotlib 庫的 matshow() 函數將 64 像素的一維陣列轉換成 8x8 的灰度圖像。在這個例子中，我們可以修改 index 的值，來指定顯示資料集中的某一筆資料，在本例中我們設定 index=0，即第一筆資料。

➜ 程式 6.2 視覺化資料

```python
import matplotlib.pyplot as plt

index = 0
plt.gray()
plt.matshow(X[index].reshape(8,8))
plt.title(f'label: {y[index]}')
plt.show()
```

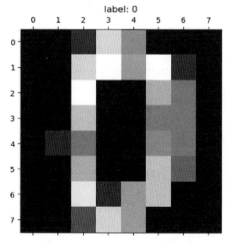

▲ 圖 6.22 視覺化第一筆圖像

6.3.3 特徵前處理：t-SNE 降維

為了能更清楚地呈現 SVM 的訓練結果，我們將使用降維技巧將原本 64 維的資料降至 2 維，使得每個數據點都可以在平面上繪製。在這個範例中，我們選用了 t-SNE（t-Distributed Stochastic Neighbor Embedding）作為降維的方法。t-SNE 是一種非線性降維技術，能夠有效地將高維數據映射到低維空間，同時保留數據的局部結構。這使得 t-SNE 適用於探索數據的相似性、進行聚類分析以及解決分類等問題。

我們使用 scikit-learn 中的 t-SNE 實現對手寫數字資料集的降維。透過以下程式碼，我們將原始的 64 維資料降至 2 維，以便更容易視覺化展示。

➜ 程式 6.3 t-SNE 降維

```python
from sklearn.manifold import TSNE

# 將原本 64 維的資料降至 2 維
X_embedded = TSNE(n_components=2, random_state=42).fit_transform(X)
```

以下是一些重要的參數和方法的說明：

參數 (Parameters):

- n_components: 降維之後的維度。

- perplexity: 最佳化過程中考慮鄰近點的多寡，default 30，原始 paper 建議 5-50。

- n_iter: 迭代次數，預設 1000。

方法 (Methods):

- fit(X): 根據輸入的資料估算降維參數。

- transform(X): 根據估算結果對資料進行降維。

- fit_transform(X): 先呼叫 fit() 再執行 transform()。

接著進行標準化,以確保降維後的數據保持一定的標準。對資料進行標準化的主要目的是為了幫助優化算法更迅速地收斂。在支援向量機的優化演算法中,例如梯度下降,可能需要多次迭代以最小化目標函數。當資料的尺度存在差異時,收斂速度可能會受到影響,標準化則有助於使資料特徵的尺度一致,進而更迅速地找到最佳解。

因此標準化對 SVM 模型的性能提升也是顯著的。由於 SVM 的目標是在特徵空間中找到最大邊界,若特徵的尺度存在較大的差異,可能會偏向某些特徵。標準化確保每個特徵的貢獻相對均等,進而提高模型的泛化能力。

➜ 程式 6.4 特徵標準化

```
from sklearn.preprocessing import StandardScaler

# 特徵標準化
scaler = StandardScaler()
X_embedded = scaler.fit_transform(X_embedded)
print('X_embedded shape:', X_embedded.shape)
```

輸出結果:

X_embedded shape: (1797, 2)

這段程式碼使用 matplotlib 繪製了降維後資料的散佈圖,其中 X_embedded[:, 0] 和 X_embedded[:, 1] 分別表示降維後的兩個維度,c=y 表示使用 y 的數值來區分顏色。添加了一個圖例,該圖例根據顏色標籤自動生成,標題為 "Digits",並且透過 bbox_to_anchor 調整了位置。最後再透過 plt.show() 將圖形顯示出來。

➜ 程式 6.5 視覺化降維結果

```
# 繪製散佈圖
plt.scatter(X_embedded[:, 0], X_embedded[:, 1], c=y, cmap=plt.cm.Paired)
# 添加圖例
plt.legend(*scatter.legend_elements(), title="Digits", bbox_to_anchor=(1,
0.8))
plt.show()
```

　　透過視覺化的散佈圖，我們可以觀察到 t-SNE 能夠有效地將相似的數據點
映射到靠近彼此的位置，使得資料集中的群集和分類更加清晰可見。每個數字
都在降維後的空間中形成獨立的群集，接下來我們將運用 SVM 演算法對這些資
料進行建模，以繪製出決策邊界。

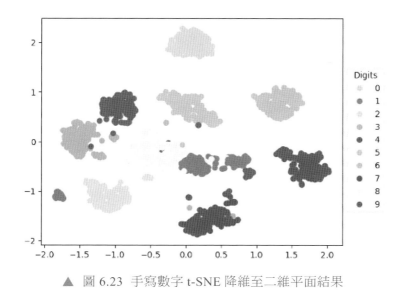

▲ 圖 6.23　手寫數字 t-SNE 降維至二維平面結果

6.3.4　前置作業

　　以下是用於視覺化 SVM 模型決策邊界的程式碼。make_meshgrid() 函式
建立了一個網格點數據，而 plot_contours() 函式則用於在 matplotlib 圖中繪製
SVM 分類器的決策邊界。這兩個函式的結合可以用來視覺化 SVM 模型在訓練
完成後的效果，直觀呈現模型在不同區域的預測。

➔　程式 6.6　繪製決策邊界函式

```
import numpy as np

def make_meshgrid(x, y, h=.02):
    """ 建立一張網格點數據

    參數
```

```
          ----------
          x: 用於基於 x 軸的網格數據
          y: 用於基於 y 軸的網格數據
          h: 網格的步長
          返回
          -------
          xx, yy : ndarray
          """
          x_min, x_max = x.min() - 1, x.max() + 1
          y_min, y_max = y.min() - 1, y.max() + 1
          xx, yy = np.meshgrid(np.arange(x_min, x_max, h),
                               np.arange(y_min, y_max, h))
          return xx, yy

def plot_contours(ax, clf, xx, yy, **params):
          """ 繪製分類器的決策邊界。

          參數
          ----------
          ax: matplotlib axes 物件
          clf: 分類器
          xx: ndarray
          yy: ndarray
          params: plt 繪圖的參數樣式
          """
          Z = clf.predict(np.c_[xx.ravel(), yy.ravel()])
          Z = Z.reshape(xx.shape)
          ax.imshow(Z, interpolation='nearest',
                  extent=(xx.min(), xx.max(), yy.min(), yy.max()),
                  aspect='auto', origin='lower', **params)
```

6.3.5 建立 SVM 分類模型

這一步驟我們將運用 SVM 的分類器來進行手寫數字的辨識。SVM 可以透過參數 C 進行權重正規化以限制模型的複雜度。除此之外在 scikit-learn 套件中，SVM 還可以透過核技巧的方式進行資料的非線性轉換，其中包括線性、多項式高次方轉換以及高斯轉換等常見的核函數。在本範例中我們將逐一地嘗試各種不同的核函數，並比較彼此之間的差異。

五種不同 SVC 分類器：

- LinearSVC (線性)

- kernel='linear' (線性)

- kernel='poly' (非線性)

- kernel='rbf' (非線性)

- kernel='sigmoid' (非線性)

方法 (Methods):

- fit(X, y): 放入 X、y 進行模型擬合。

- predict(X): 預測並回傳預測類別。

- score(X, y): 預測成功的比例。

- predict_proba(X, y): 預測每個類別的機率值。

LinearSVC

首先展示如何使用 scikit-learn 中的 LinearSVC 模型建立一個最基本的線性支援向量機分類器。在建立模型時，我們指定了 C 參數為 1，它控制著模型的正則化強度。此外，max_iter 參數被設定為 1000，用來限制模型的最大迭代次數。接著，我們使用訓練資料（X_embedded）和對應的標籤（y）來訓練這個 LinearSVC 模型。這樣我們就建立了一個可以辨識手寫數字的 SVM 模型。

→ 程式 6.7 訓練 LinearSVC 模型

```
from sklearn import svm

# 建立 linearSVC 模型
linear_svc_model=svm.LinearSVC(C=1, max_iter=1000)
# 使用訓練資料訓練模型
linear_svc_model.fit(X_embedded, y)
```

以下是一些重要的參數和方法的說明：

參數 (Parameters):

- C: 限制模型的複雜度，防止過擬合。

- max_iter: 最大迭代次數，預設 1000。

透過下圖的決策邊界繪製結果，我們可以觀察到線性分割無法完美地區分所有類別。整體而言，模型在訓練資料上達到了 82% 的準確率。值得注意的是，數字 9 的分類表現相對較差，容易與數字 3 混淆。

→ 程式 6.8 視覺化 LinearSVC 建模結果

```
# 取得 xy 座標數據點
X0, X1 = X_embedded[:, 0], X_embedded[:, 1]
# 建立網格點數據
xx, yy = make_meshgrid(X0, X1)
# 繪製決策邊界
plot_contours(plt, linear_svc_model, xx, yy, cmap=plt.cm.Paired, alpha=0.8)
# 繪製散點圖
plt.scatter(X0, X1, c=y, cmap=plt.cm.Paired, s=20, edgecolors='k')
plt.xlabel('T-SNE 1')
plt.ylabel('T-SNE 2')
# 計算準確率
accuracy = linear_svc_model.score(X_embedded, y)
plt.title(f'LinearSVC (linear kernel) \n Accuracy: {accuracy:.2f}')
plt.show()
```

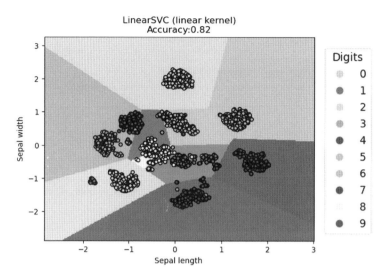

▲ 圖 6.24 模型 LinearSVC 決策邊界

SVC Linear kernel

接下來，我們將利用 scikit-learn 中的 svm.SVC() 模組，其中提供了三種不同的核函數供使用者建模。首先，我們試著使用 kernel='linear'。儘管選擇了線性核函數，但它與先前介紹的 LinearSVC 有何不同呢？稍後將進行說明。

→ 程式 6.9 訓練 SVC Linear kernel 模型

```
from sklearn import svm

# 建立 kernel='linear' 模型
linear_svc_model=svm.SVC(kernel='linear', C=1)
# 使用訓練資料訓練模型
linear_svc_model.fit(X_embedded, y)
```

以下是一些重要的參數和方法的說明：

參數 (Parameters):

- C: 限制模型的複雜度，防止過擬合。

- kernel: 此範例採用線性。

Linear kernel 模型訓練完成後，我們可以繪製決策邊界，以便觀察模型在特徵空間中的分類效果。

➜ 程式 6.10 視覺化 kernel='linear' 建模結果

```python
# 取得 xy 座標數據點
X0, X1 = X_embedded[:, 0], X_embedded[:, 1]
# 建立網格點數據
xx, yy = make_meshgrid(X0, X1)
# 繪製決策邊界
plot_contours(plt, linear_svc_model, xx, yy , cmap=plt.cm.Paired, alpha=0.8)
plt.scatter(X0, X1, c=y, cmap=plt.cm.Paired, s=20, edgecolors='k')
plt.xlabel('T-SNE 1')
plt.ylabel('T-SNE 2')
# 計算準確率
accuracy = linear_svc_model.score(X_embedded, y)
plt.title(f'SVC with linear kernel\n Accuracy: {accuracy:.2f}')
plt.show()
```

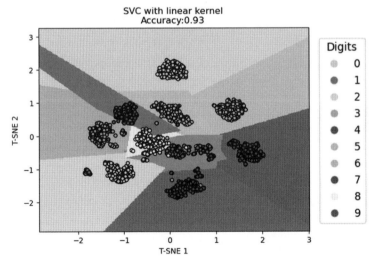

▲ 圖 6.25 模型 SVC Linear kernel 決策邊界

由上圖的決策邊界結果可以觀察到，儘管兩者均採用線性方法進行分類，然而使用 svm.SVC() 模組並搭配 Linear kernel，在訓練資料上實現了 93% 的準確率。接下來我們將解釋 LinearSVC 和 SVC(kernel='linear') 的區別。在預設情況下，LinearSVC 最小化 squared hinge loss，而 SVC 最小化 hinge loss。LinearSVC 是基於 liblinear 實現，實際上會對截距進行懲罰。相反，SVC 則是基於 libsvm 實現，並不對截距進行懲罰。由於 liblinear 函式庫針對線性模型進行了最佳化，因此在大量資料上的收斂速度相對較快，而 libsvm 則較難在大量資料上收斂。因此，LinearSVC 在處理大數據時表現良好，而 SVC 在大數據上的收斂相對較困難。此外，LinearSVC 使用 one-vs-rest 的方式處理多分類問題，而 SVC 使用 one-vs-one 的方式處理多分類問題。

libsvm 和 liblinear 是兩個流行的開源機器學習庫，它們都是由國立台灣大學開發的，並且都使用 C ++ 編寫，儘管使用了 C API。libsvm 為內核化支援向量機實現了序列最小優化算法，支持分類和迴歸。liblinear 實現了使用坐標下降算法訓練的線性 SVM 和邏輯迴歸模型。

SVC Polynomial kernel

接下來我們將介紹使用 Polynomial kernel 的 SVM 實作。在這個例子中，我們使用 scikit-learn 套件中的 svm.SVC，將 kernel 參數設置為 'poly'，同時指定 degree（次數）、gamma（核函數係數）和 C（正則化參數）等參數。Polynomial kernel 常被應用於處理非線性分類問題，期望能夠更好地擬合複雜的數據結構。

➜ 程式 6.11 訓練 SVC Polynomial kernel 模型

```python
from sklearn import svm

# 建立 kernel='poly' 模型
poly_svc_model=svm.SVC(kernel='poly', degree=3, gamma='auto', C=1)
# 使用訓練資料訓練模型
poly_svc_model.fit(X_embedded, y)
```

以下是一些重要的參數和方法的說明：

參數 (Parameters):

- C: 限制模型的複雜度，防止過擬合。

- kernel: 此範例採用 Polynomial 高次方轉換。

- degree: 增加模型複雜度，3 代表轉換到三次空間進行分類。

- gamma: 數值越大越能做複雜的分類邊界。

Polynomial kernel 模型訓練完成後，我們可以繪製決策邊界，以便觀察模型在特徵空間中的分類效果。

➜ 程式 6.12 視覺化 kernel='poly' 建模結果

```python
# 取得 xy 座標數據點
X0, X1 = X_embedded[:, 0], X_embedded[:, 1]
# 建立網格點數據
xx, yy = make_meshgrid(X0, X1)
# 繪製決策邊界
plot_contours(plt, poly_svc_model, xx, yy, cmap=plt.cm.Paired, alpha=0.8)
plt.scatter(X0, X1, c=y, cmap=plt.cm.Paired, s=20, edgecolors='k')
plt.xlabel('T-SNE 1')
plt.ylabel('T-SNE 2')
# 計算準確率
accuracy =poly_svc_model.score(X_embedded, y)
plt.title(f'C=5\nSVC with polynomial (degree 3) kernel\n Accuracy: {accuracy:.2f}')
plt.show()
```

在這個範例中，我們將 Polynomial kernel 的 degree 參數設為 3，這表示我們將資料轉換到三次空間進行分類。需要注意的是，當 degree 的數值越大時，代表模型的複雜度也越高，這可能導致過擬合的情況發生。從下圖的決策邊界結果可以觀察到，使用 Polynomial 的非線性轉換在這個案例中達到了 87% 的準確率。我們也可以嘗試增加或減少 degree 參數，以探索對結果的影響。調整

degree 參數是調整 Polynomial kernel 模型複雜度的一種方式，需要注意適當的模型複雜度能夠平衡擬合和泛化的效果。

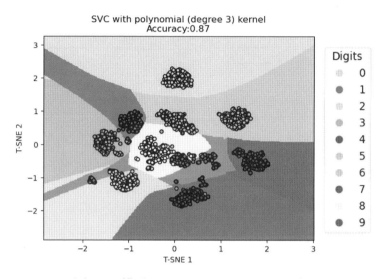

▲ 圖 6.26 模型 SVC Polynomial kernel 決策邊界

除了調整 kernel 和 degree 參數外，我們還可以嘗試調整 SVM 中的 C 參數。C 參數在 SVM 模型中扮演著重要的角色，它控制著對於被分類錯誤的資料點的嚴重程度。透過調整 C，我們可以影響支援向量在超平面定義中的權重。當 C 越大時，模型會傾向選擇更嚴格的分類標準，即容忍度越小，這可能導致模型在訓練集上表現優秀，但在新資料上的表現較差，容易產生過擬合的現象。反之，當 C 越小，模型的容忍度增加，即對於分類錯誤的資料點的懲罰降低。這樣的模型可能在訓練集上表現較差，但在新資料上的泛化能力較佳。因此，選擇適當的 C 值對於 SVM 模型的表現非常重要，需要根據具體問題的特點進行調整，以達到平衡擬合和泛化的效果。透過反覆嘗試不同的 C 值，可以找到最適合特定問題的模型配置。

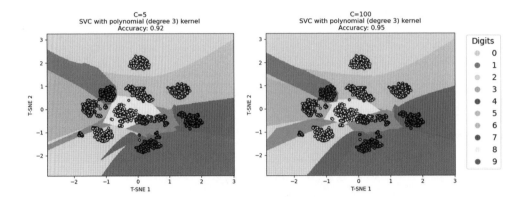

▲ 圖 6.27 比較不同 C 對模型的擬合程度影響

SVC Sigmoid kernel

接下來我們要探討 Sigmoid kernel 在支援向量機 (SVC) 中的應用。Sigmoid 核函數主要用於對非線性問題進行建模。以下是使用 scikit-learn 中的 SVC 來建立 Sigmoid 核函數模型的範例：

→ 程式 6.13 訓練 SVC Sigmoid kernel 模型

```python
from sklearn import svm

# 建立 kernel='sigmoid' 模型
sigmoid_svc_model=svm.SVC(kernel='sigmoid', gamma=0.5, C=1)
# 使用訓練資料訓練模型
sigmoid_svc_model.fit(X_embedded, y)
```

以下是一些重要的參數和方法的說明：

參數 (Parameters):

- C: 限制模型的複雜度，防止過擬合。

- kernel: 此範例採用 Sigmoid 函數轉換。

- gamma: 數值越大越能做複雜的分類邊界。

Sigmoid kernel 模型訓練完成後，我們可以繪製決策邊界，以便觀察模型在特徵空間中的分類效果。

➡ 程式 6.14 視覺化 kernel='sigmoid' 建模結果

```
# 取得 xy 座標數據點
X0, X1 = X_embedded[:, 0], X_embedded[:, 1]
# 建立網格點數據
xx, yy = make_meshgrid(X0, X1)
# 繪製決策邊界
plot_contours(plt, sigmoid_svc_model, xx, yy, cmap=plt.cm.Paired, alpha=0.8)
plt.scatter(X0, X1, c=y, cmap=plt.cm.Paired, s=20, edgecolors='k')
plt.xlabel('T-SNE 1')
plt.ylabel('T-SNE 2')
# 計算準確率
accuracy =sigmoid_svc_model.score(X_embedded, y)
plt.title(f'SVC with sigmoid kernel\n Accuracy: {accuracy:.2f}')
plt.show()
```

觀察我們使用 Sigmoid 核函數建立的 SVM 模型，我們發現在預設參數條件下，模型僅達到 74% 的準確率。Sigmoid 核函數的特性可能對模型性能產生不利影響。由於 Sigmoid 函數的 S 形狀，其輸出值介於 0 和 1 之間，可能造成模型難以區分複雜的非線性關係。此外，梯度消失問題和離群值也可能對模型的學習能力產生影響。 在實際應用中，我們常常需要嘗試不同的核函數和參數組合，以找到最適合特定問題的模型。進一步的調整和優化，例如調整 C、gamma 或嘗試其他核函數，可能有助於提升模型的性能。總之，模型建立的過程是一個不斷優化的過程，需要仔細評估不同選擇的效果以找到最佳的配置。

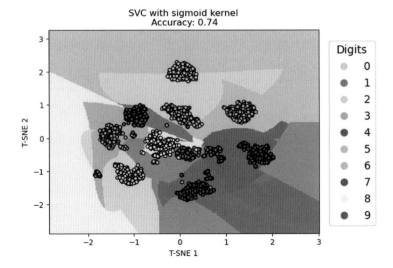

▲ 圖 6.28 模型 SVC Sigmoid kernel 決策邊界

SVC RBF kernel

在最後的範例中使用 Radial Basis Function (RBF) kernel 來建立 SVM 模型。RBF kernel 是 SVM 中常見的非線性核函數之一，可以處理複雜的分類問題。在這個例子中，我們使用 kernel='rbf' 指定了 RBF kernel。另外，我們還調整了兩個重要的超參數：gamma 和 C。gamma 控制了模型在空間中的彈性，當 gamma 較大時，越能做複雜的分類邊界；而 C 則控制了容錯的程度，與前面介紹的相似。

➔ 程式 6.15 訓練 SVC RBF kernel 模型

```
from sklearn import svm

# 建立 kernel='rbf' 模型
rbf_svc_model=svm.SVC(kernel='rbf', gamma=0.5, C=1)
# 使用訓練資料訓練模型
rbf_svc_model.fit(X_embedded, y)
```

以下是一些重要的參數和方法的說明：

參數 (Parameters):

- C: 限制模型的複雜度，防止過擬合。

- kernel: 此範例採用 Radial Basis Function 高斯轉換。

- gamma: 數值越大越能做複雜的分類邊界。

RBF kernel 模型訓練完成後，我們可以繪製決策邊界，以便觀察模型在特徵空間中的分類效果。

➔ 程式 6.16 視覺化 kernel='rbf' 建模結果

```
# 取得 xy 座標數據點
X0, X1 = X_embedded[:, 0], X_embedded[:, 1]
# 建立網格點數據
xx, yy = make_meshgrid(X0, X1)
# 繪製決策邊界
plot_contours(plt, rbf_svc_model, xx, yy, cmap=plt.cm.Paired, alpha=0.8)
plt.scatter(X0, X1, c=y, cmap=plt.cm.Paired, s=20, edgecolors='k')
plt.xlabel('T-SNE 1')
plt.ylabel('T-SNE 2')
# 計算準確率
accuracy =rbf_svc_model.score(X_embedded, y)
plt.title(f'SVC with RBF kernel\n Accuracy: {accuracy:.2f}')
plt.show()
```

由決策邊界的視覺化結果可觀察到，RBF Kernel 在預設參數下迅速取得了良好的分類效果，其準確率達到了訓練集 98%。特別值得注意的是，數字 1 與數字 9 的點被非線性轉換後離散地分成兩群，顯示 RBF Kernel 具有強大的非線性特性，使模型更具彈性，能夠有效區分這些小群點。然而，在實務應用中，可能因雜訊或離群值的存在導致模型過擬合，因此適當的資料清理是機器學習中非常重要的步驟。

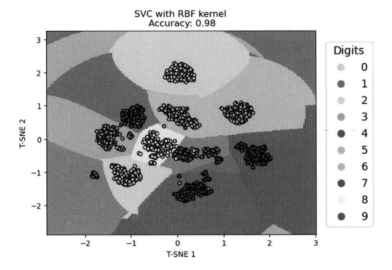

▲ 圖 6.29 模型 SVC RBF kernel 決策邊界

在 scikit-learn 中，gamma 參數的預設設定是 'scale'，這表示它會基於資料的變異數來計算。具體而言，如果 gamma 設為 'scale'，則 gamma 的值會被計算為 1 / (n_features * X.var())，其中 n_features 為資料的特徵數，X.var() 為資料的變異數。這個設定通常用於將 gamma 的尺度與資料的變異性相匹配。

此外，gamma 還有另一個預設值 'auto'，在這種情況下，gamma 的值為 1 / n_features。這種設定假設所有特徵的重要性是相等的。 最後，如果你想要手動指定 gamma 的值，則可以提供一個非負的浮點數。

6.4 SVR（迴歸）實務應用：薪資預測

在這個案例中，我們將使用 SVR 迴歸模型來預測職業薪資，並探討工作經驗對薪資的影響。透過支援向量迴歸，我們可以建立一個模型，根據個人的工作經驗特徵，預測一個人在公司其薪資水平。此外透過這個例子可以讓大家了解到如何使用網格搜索法找到合適的模型超參數。

本資料集可從 Kaggle 獲取：

https://www.kaggle.com/datasets/harsh45/random-salary-data-of-employes-age-wise

6.4.1 資料集描述

這個資料集是一個包含「工作經驗（YearsExperience）」和「薪資（Salary）」的單變數迴歸資料集，總共包含 100 筆資料。每一筆資料都代表著一位員工的工作經驗和對應的薪資水平。

輸入特徵：

- YearsExperience（工作經驗）

輸出：

- Salary（薪資）

6.4.2 載入資料集

首先，我們採用了 Python 中的 Pandas 套件，以 read_csv() 方法讀取了名為 SalaryData.csv 的薪水工作經驗資料集。這個方法使我們能夠將資料載入一個 Pandas DataFrame 中，便於後續的資料處理與分析。 隨後，我們從這個資料集中萃取了兩個主要元素：輸入特徵和目標變數。在這個案例中，我們將 YearsExperience（工作經驗）視為我們的輸入特徵，而 Salary（薪資）則被視為我們的目標變數。 透過這樣的資料預處理，我們為接下來的機器學習建模準備了必要的資料。接下來，我們可以開始探索資料、建立迴歸模型，以預測工作經驗對應的薪資水平。

➔ **程式 6.17 載入資料集**

```
import pandas as pd

# 讀取資料集
```

```
df_data = pd.read_csv('../dataset/auto_mpg.csv')

# 輸入特徵
X = df_data[['YearsExperience']].values
# 輸出特徵
y = df_data['Salary'].values
```

　　資料成功載入後，我們即可進行對資料的探索性分析，這有助於我們初步了解資料的分布與特性。透過視覺化的方式，我們可以迅速洞悉資料中輸入變數和輸出變數之間的關係，進而選擇合適的模型進行建模。其中，散佈圖是一種有效的視覺化手段，能夠迅速呈現輸入變數（工作經驗）與輸出變數（薪資）之間的關聯性。

➜ 程式 6.18 散佈圖視覺化資料分布

```
import matplotlib.pyplot as plt

plt.scatter(X, y, color = 'red')
plt.title("Salary v.s Experience")
plt.xlabel('Years of Experience')
plt.ylabel('Salary')
plt.show()
```

　　透過觀察分佈圖，我們發現薪資隨著工作經驗的增加呈現明顯的正相關，這種趨勢顯示出一種線性的關係。這樣的視覺化分析為我們提供了初步的洞察，為接下來的機器學習建模提供了基礎，使我們能夠更好地了解變數之間的模式和趨勢。從分析的結果來看，我們觀察到基本上可以建立一個簡單的線性迴歸模型來預測薪資，並取得良好的結果。這是因為數據呈現出明顯的線性趨勢，簡單的線性迴歸模型可以有效地捕捉這種關係。因此，我們可以合理地期待使用其他線性模型，如 SVR 迴歸模型的線性核函數，也能夠在這個問題上取得不錯的預測效果。

▲ 圖 6.30 工作與薪資呈現正相關

6.4.3 將資料切分成訓練集與測試集

在此階段我們必須將整個資料集分割成訓練集和測試集，以確保在模型訓練時有一部分獨立的資料用來評估模型的效能。這裡我們使用了 train_test_split() 函數，將輸入特徵 X 和輸出變數 y 按照指定的比例分割成訓練集和測試集。其中，test_size 參數指定了測試集所占的比例，此處設為 0.3，即 30% 的資料被保留用於測試。此外，random_state 參數的使用確保了每次執行這段程式時得到相同的切割結果，確保結果的可重複性。

➜ 程式 6.19 將資料切分成訓練集與測試集

```
from sklearn.model_selection import train_test_split

# 將資料集分為訓練集和測試集
X_train, X_test, y_train, y_test = train_test_split(X, y, test_size=0.3,
random_state=42)

print('Shape of training set X:', X_train.shape)
print('Shape of testing set X:', X_test.shape)
```

在本範例中，我們將訓練集的大小設定為 70%，即 70 筆資料用於模型的訓練，而剩下的 30 筆資料則被保留用於測試，以驗證模型的預測能力。

輸出結果：

Shape of training set X: (70, 1)

Shape of testing set X: (30, 1)

6.4.4 建立 SVR 迴歸模型

接著示範如何使用 GridSearchCV 進行支援向量迴歸（SVR）模型的參數調整。我們首先定義了一組參數範圍，包括 C（懲罰項）和不同的核函數，例如 rbf、linear、poly 和 sigmoid。接著，我們建立了 SVR 模型的實例。透過 GridSearchCV，我們能夠在指定的參數範圍內搜索最佳組合，並使用 5 折交叉驗證來評估模型。

➜ 程式 6.20 使用網格搜索合適的 SVR 模型超參數

```python
from sklearn.model_selection import GridSearchCV
from sklearn.svm import SVR
import pandas as pd

# 定義參數範圍
param_grid = {'C': [1, 10, 50, 100, 400, 800], 'kernel': ['rbf', 'linear', 'poly',
'sigmoid']}

# 建立 SVR 模型
svr_model = SVR()

# 使用 GridSearchCV 進行參數搜尋
svr_search = GridSearchCV(estimator=svr_model, param_grid=param_grid, cv=5,
refit=True, return_train_score=False)
svr_search.fit(X_train, y_train)

# 提取最佳分數和參數
best_score = svr_search.best_score_
best_params = svr_search.best_params_
```

```
# 建立搜索結果 DataFrame
df_score = pd.DataFrame([{'model': 'SVR', 'best_score': best_score, 'best_params':
best_params}],
                        columns=['model', 'best_score', 'best_params'])
print(df_score)
```

五種不同 SVR 迴歸器：

- LinearSVR（線性）

- kernel='linear'（線性）

- kernel='poly'（非線性）

- kernel='rbf'（非線性）

- kernel='sigmoid'（非線性）

方法 (Methods):

- fit(X, y): 放入 X、y 進行模型擬合。

- predict(X): 預測並回傳預測類別。

- score(X, y): 使用 R2 Score 進行模型評估。

參數 (Parameters):

- C: 限制模型的複雜度，防止過擬合。

最後我們提取了最佳分數和對應的最佳參數，並將結果儲存在一個 DataFrame 中以供查閱。透這這種方法有助於找到最優的模型配置，提升 SVR 模型的預測性能。以下顯示最終的模型搜尋結果：

輸出結果：

model best_score best_params

SVR   0.83528   {'C': 800, 'kernel': 'linear'}

透過上述參數搜尋方法，我們成功找到了一組最佳的 SVR 模型配置。現在我們可以透過這組參數，使用 scikit-learn 中的 svm.SVR() 模型來重現我們的最佳模型。首先，我們建立了一個 SVR 模型的實例，指定了最佳的懲罰項 C 為 800 和核函數為 linear。接著，使用訓練資料進行模型的訓練。

➜ 程式 6.21 重現最佳模型訓練結果

```python
from sklearn import svm

# 建立 SVR 模型
linear_model=svm.SVR(C=800, kernel='linear')
# 使用訓練資料訓練模型
linear_model.fit(X_train, y_train)
```

6.4.5 評估模型

在建立了 SVR 模型並使用最佳參數進行訓練後，我們需要評估模型在訓練集和測試集上的表現。為了做到這一點，我們使用了兩個常見的評估指標，即 R2 Score 和均方誤差（Mean Squared Error，MSE）。 首先，在訓練集上進行預測，並計算相應的評估指標。R2 Score 用於評估模型對訓練集的擬合程度，而均方誤差則度量實際和預測值之間的平方誤差的平均值。

➜ 程式 6.22 評估模型

```python
from sklearn.metrics import mean_squared_error

# 在訓練集上進行預測並印出評估指標
print(" 訓練集 ")
y_train_pred = linear_model.predict(X_train)
print("R2 Score: ", linear_model.score(X_train, y_train))# 計算 R2 Score
print("MSE: ", mean_squared_error(y_train, y_train_pred))# 計算均方誤差 MSE

# 在測試集上進行預測並印出評估指標
print(" 測試集 ")
y_test_pred = linear_model.predict(X_test)
print("R2 Score: ", linear_model.score(X_test, y_test))# 計算 R2 Score
print("MSE: ", mean_squared_error(y_test, y_test_pred))# 計算均方誤差 MSE
```

接著，在測試集上進行預測，同樣印出 R2 Score 和均方誤差。這能夠幫助我們評估模型的泛化能力，即模型對未見過數據的預測表現如何。R2 Score 介於 0 和 1 之間，代表的是模型所解釋的變異性比例，越接近 1 表示模型對目標變數的解釋能力越強。MSE 主要用於評估模型預測值和實際值之間的誤差，因此數值越小越好，表示模型的預測越準確。從我們的輸出結果可以看到，不論是在訓練集還是測試集上，模型均取得了良好的預測結果，這表明具備線性的 SVR 模型在解釋資料方面表現出色。

輸出結果：

訓練集

R2 Score: 0.9549038632308892

MSE: 30654804.827852063

測試集

R2 Score: 0.936305633328982

MSE: 41102157.67854828

6.4.6 視覺化預測：迴歸分析

最後，我們透過迴歸分析進行視覺化預測，繪製了薪水與工作經驗的散點圖以及預測線。在圖中，X 軸代表工作經驗，而 y 軸則表示模型預測的薪水，單位為美金。結果圖清晰呈現出用訓練集中的 70 筆資料擬合出來的線性模型在測試集上仍然保有一定的預測準確度。所有散佈在平面上的點都相對應於斜線附近，這顯示出模型對於新的工作經驗值預測出的薪水與實際值非常接近。

➜ 程式 6.23 迴歸分析建模結果

```
def plot_salary_experience(X, y, y_pred, title='Salary v.s Experience'):
    """ 繪製薪水與工作經驗的散點圖和預測線。

    參數
    ----------
    X : ndarray
```

```
        工作經驗特徵的數據
    y : ndarray
        實際薪水的數據
    y_pred : ndarray
        預測薪水的數據
    """
    plt.scatter(X, y, color='red', label='Actual')
    plt.plot(X, y_pred, color='blue', label='Predicted')
    plt.title(title)
    plt.xlabel('Years of Experience')
    plt.ylabel('Salary')
    plt.legend()
    plt.show()


# 視覺化訓練集
plot_salary_experience(X_train, y_train, y_train_pred, 'Salary v.s Experience
(Training set)')
# 視覺化測試集
plot_salary_experience(X_test, y_test, y_test_pred, 'Salary v.s Experience
(Testing set)')
```

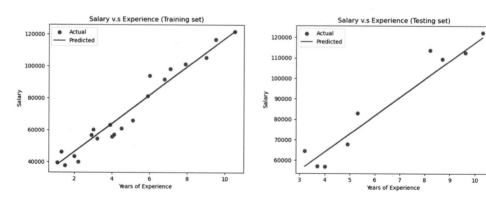

▲ 圖 6.31 迴歸分析，左圖訓練集，右圖測試集

決策樹

　　在本章中，我們將深入探討機器學習中一個強大而可解釋性高的模型，即決策樹。決策樹是一種以樹狀結構呈現的模型，它模擬人類在做決定時的思考過程，透過將問題一步步細分，最終得到明確的結論。我們將從基本的概念開始，深入了解決策樹的建構原理、分支條件、節點選擇等關鍵元素，並介紹如何使用決策樹進行分類和迴歸問題的建模。

▍7.1 決策樹簡介

7.1.1 決策樹的基本概念

決策樹是透過對訓練數據的學習，生成一棵樹狀結構，以此來進行對新樣本的預測。整個決策過程形如一棵樹，從根節點、內部節點一直延伸到葉節點，構成了一個層次化的結構。每個節點代表著某一個特徵，透過對特徵的選擇，模型進行持續的分裂，最終形成了一個具有預測能力的樹狀結構，也就是我們所稱的決策樹。

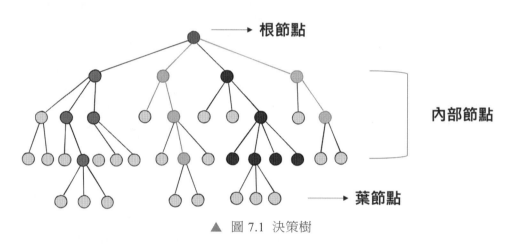

▲ 圖 7.1　決策樹

在決策樹的生成過程中，我們需要使用不同的方法來評估每個分枝的優劣。以分類任務來說，這些方法可以包括 Information gain（資訊獲利）、Gain ratio（吉尼獲利）和 Gini index（吉尼係數）等。演算法根據訓練資料找出最合適的分枝規則，最終生成一棵規則樹來決策所有事情，使每一個決策都能夠使訊息增益最大化。舉例來說，假設我們要決定今天是否舉辦比賽，天氣因素可能是一個很重要的考量因素，而 CO_2 的濃度可能影響較小。因此，在樹的第一層決策中，可能會選擇天氣特徵作為第一個分枝條件。然後在每一個分枝中，再根據其他特徵尋找最適合的分枝條件，直到樹的最大深度設定標準被滿足。

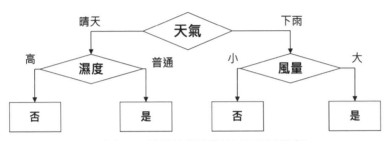

天氣	濕度	風量	是否舉行
晴天	高	大	否
陰天	低	小	是

▲ 圖 7.2 透過決策判斷比賽是否進行

決策樹模型以直觀且易於理解的方式展現，使使用者能夠清晰地理解模型的決策邏輯。透過特徵的逐步分裂和決策，模型形成的樹狀結構呈現了一個清晰而層次分明的決策過程。然而由於判斷一個事件涉及多個因素（特徵），因此建構出一棵優良的決策樹需要考慮如何有效地利用這些特徵。

7.1.2 分類樹的生長過程

決策樹的生長過程遵循一種貪婪法則，即每一層都貪心地選擇最優的特徵作為該層的決策因子。在分類任務中，這個過程的目的在於確保每個被分類的類別都能在已知特徵的基礎上清晰明確地進行。舉例來說，假設我們想要預測明天的比賽是否舉行。在這個情境中，可能的決策因子包括天氣、場地狀況、參賽隊伍的情況等。決策樹會根據這些特徵來決定每一場比賽是否舉行，並透過不斷地分裂節點，直到每個節點都能清晰地區分出比賽是否舉行的情況。

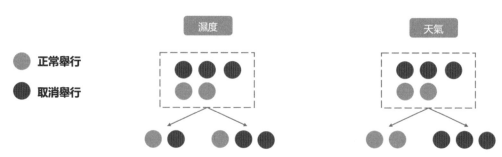

▲ 圖 7.3 決策樹依照貪婪法則選擇最佳決策特徵

在決策樹的第一層節點，我們需從已知的兩個特徵中（溫度和天氣）選擇一個作為該層的決策因子。假設我們的訓練集包含五筆資料，其中兩筆屬於正常舉行，三筆屬於取消舉行。在樹的結構中，左子樹表示決策正常舉行，右子樹表示決策取消舉行。我們注意到當特徵為天氣時，可以清晰地將這兩個類別區分開來，因此我們選擇天氣作為這一層判斷的因子。這就體現了決策樹生成過程中的貪婪機制。然而要確定每次決策的優劣，我們需要依賴亂度的評估指標。

7.1.3 分類樹的評估指標

在決策樹的分支過程中，我們需要客觀的標準來評估每個分支的好壞，以協助我們做出合理的決策。決策樹演算法使用不同的亂度評估指標，常見的指標包括 Information gain（資訊獲利）和 Gini index（吉尼係數）等。這些指標的目標是從訓練資料中找出一套決策規則，使得每個決策能夠最大化訊息的增益。這些指標都用於衡量一個序列中的混亂程度，其數值越高表示混亂程度越高。在 scikit-learn 套件中，預設使用的是 CART 決策樹並採用 Gini index 做為分類樹的評估指標。

Information gain (資訊獲利)

Information gain 是基於熵（Entropy）的概念而衍生出來的一種評估指標。在這裡，熵被視為資訊的凌亂程度或不確定性的度量，當熵值愈大時，表示資訊的混亂程度愈高。Information gain 的原理是計算每個分支節點的 entropy，選擇具有較小 entropy 的分支作為判斷依據。這種計算方式是基於傳統的訊息論觀點，用於評估在某個特徵上劃分前後資訊的增益，也就是不確定性的減少程度。

當決策樹使用 Information gain 作為分枝標準時，首先要計算每個節點的分類 entropy。然後，從所有可能的分割中選擇 entropy 最小的特徵，因為 entropy 越小，Information gain 越大。換句話說，選擇具有最小 entropy 的特徵來分類，將資料集切分為越來越純粹的狀態，提高模型的預測能力。

熵 (Entropy) 是計算 Information gain 的一種方法。在了解 Information gain 之前要先了解熵是如何被計算出來的。其中在下圖公式中 p 代表是的機率、q 代表否的機率。我們可以從圖中範例很清楚地知道當所有的資料都被分類一致的時候 entropy 即為 0，當資料各有一半不同時 entropy 即為 1。

$$\text{Entropy} = = -p * \log_2 p - q * \log_2 q$$

p：是的機率　　q：否的機率

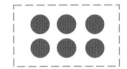

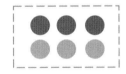

$\text{Info}(6, 0) = -\frac{6}{6} \log_2 \left(\frac{6}{6}\right) - \frac{0}{6} \log_2 \left(\frac{0}{6}\right) = 0$　　$\text{Info}(3, 3) = -\frac{3}{6} \log_2 \left(\frac{3}{6}\right) - \frac{3}{6} \log_2 \left(\frac{3}{6}\right) = 1$

▲ 圖 7.4 Entropy 越小代表分類的越好

Gini index（吉尼係數）

Gini index 是另一種用於評估決策樹分支的指標，主要透過 Gini impurity（吉尼不純度）的計算。它衡量的是在某個節點中隨機選取樣本，錯誤分類的機率。換言之，當我們在一個節點中隨機挑選兩個樣本，若這兩者來自不同的類別，則它們被錯誤分類的機率即為 Gini index。

　　吉尼係數的計算方式是透過對每個類別的機率進行平方和的操作，所得之數值即為吉尼係數。而一個資料集的吉尼係數越低，表示該資料集的純度越高，內部類別混合程度越低。換句話說，低吉尼係數對應著一個較為純粹的資料集。

　　吉尼不純度是評估資料混亂程度的另一種方法，其值越大表示資料越混亂。其計算公式如下，其中 p 代表是的機率，q 代表否的機率。從圖表中的範例可以清楚地看出，當所有資料都被一致分類時，混亂程度為 0；當資料一半屬於一類，一半屬於另一類時，混亂程度為 0.5。

$$Gini = 1 - (p^2 + q^2)$$

p：是的機率　　q：否的機率

Gini(6, 0) = 1– (1² + 0²) = 0

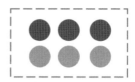

Gini(3, 3) = = 1– (0.5² + 0.5²) = 0.5

▲ 圖 7.5　Gini impurity 越小代表分類的越好

7.1.4　迴歸樹的生長過程

　　決策樹迴歸方法與分類有些相似，不同之處在於它們評估分枝好壞的方式。當資料集的輸出為連續性數值時，我們使用的就是一個迴歸樹。在迴歸樹中，我們的目標是透過樹的展開來預測輸出的連續數值，並且以葉節點的均值作為預測值。生長過程始於根節點，對樣本的某一特徵進行測試，並根據該特徵的值將樣本分配到對應的子結點。這樣的過程持續進行，直到達到葉結點，此時誤差值需要盡可能地最小化，而且越接近零越好。

　　假設我們有一組數據，其中 x 是輸入，y 是對應的輸出。我們可以將這些數據在一個平面上繪製出來，這樣我們就能看到數據點的分佈情況以及與正確答

案之間的關係。現在，假設我們使用迴歸樹進行預測，並將其最大深度設定為
兩層。

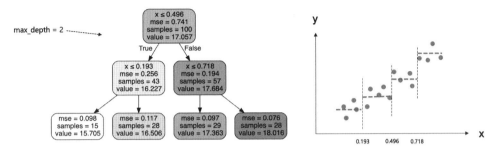

▲ 圖 7.6 迴歸樹的生長過程

　　在第一層中，我們將所有的資料點根據 x=0.496 的位置進行切割。對於大
於這個值的數據點，我們將其分配到右子樹；而對於小於這個值的數據點，則
分配到左子樹。這樣就形成了一個決策分支。接下來，在第二層中，我們繼續
對每個分支進行類似的切割，直到達到設定的最大深度為止。在達到最大深度
時，我們的每個節點即成為了一個葉節點，也就是最終的模型輸出值。值得注
意的是樹的深度並非越深越好，當決策樹拓展越多層即表示決策樹對數據的
合越精細，但也容易導致過擬合問題。因此，在建立決策樹模型時，需要平衡
深度和模型的泛化能力。如果樹的深度設置得太深，模型可能會過擬合訓練數
據，無法很好地對新數據進行預測。相反，如果樹的深度設置得太淺，模型可
能會欠擬合，無法捕捉數據中的重要特徵和模式。所以在設置決策樹的深度時，
需要考慮到數據的複雜度和模型的性能表現，通常需要透過交叉驗證等方法進
行調參，以找到最優的深度設置。

7.1.5 迴歸樹的評估指標

　　在分類模型中，決策樹通常使用亂度（如 Information gain 或 Gini index）
作為生成樹的評估指標。然而，在迴歸樹中，我們使用的是不同的評估指標，
主要是均方誤差（MSE）和平均絕對誤差（MAE）。這些指標用於評估模型的
性能，並在構建樹的過程中選擇最佳的特徵和切割點。均方誤差衡量的是模型

預測值與實際觀測值之間的平方誤差的平均值,而平均絕對誤差則是模型預測值與實際觀測值之間的絕對誤差的平均值。這些評估指標可以幫助我們衡量模型的準確性,並進行適當的調整以提高模型的性能。

- **均方誤差(MSE)**:MSE 是迴歸樹中最常用的評估指標之一。它計算了每個預測值與實際值之間的差異的平方,然後取平均值。MSE 的數值越小代表模型的預測越準確。MSE 計算方式如下:

$$MSE = \frac{1}{n} \sum_{i=1}^{n} (y_i - \hat{y}_i)^2$$

▲ 公式 7.1 均方誤差(MSE)

- **均絕對誤差(MAE)**:MAE 是另一種常見的迴歸樹評估指標。它計算了每個預測值與實際值之間的絕對值差異,然後取平均值。與 MSE 不同,MAE 對異常值(outliers)不敏感,因為它使用絕對值而不是平方。MAE 的計算方式如下:

$$MAE = \frac{1}{n} \sum_{i=1}^{n} |y_i - \hat{y}_i|$$

▲ 公式 7.2 平均絕對誤差(MAE)

以上兩種常見的評估指標,它們在衡量預測值與實際值之間的誤差時有不同的偏好。MSE 將更大的誤差視為更加嚴重,因此適用於誤差分佈較為集中的情況。舉例來說,如果我們的資料集中有一些極端值,這些值將對 MSE 的影響更大,因為它們會在計算中被平方。相比之下,MAE 對所有誤差一視同仁,更能夠反映整體的誤差情況,對於極端值的影響較小。在建立決策樹模型時,模型會根據這些指標選擇最優的特徵和切割點,以最小化預測值與實際值之間的誤差。換句話說,在決策樹的每一個節點上,模型都在努力尋找能夠使預測誤差最小化的特徵和切割點,以便更好地將數據分類或迴歸。這樣的方法有助於確保模型能夠在訓練過程中不斷優化,並生成一棵在預測時表現良好的決策樹模型。

7.2 CART 決策樹

CART（Classification and Regression Trees）決策樹是一種常見的機器學習算法，它結合了分類和迴歸的能力，可用於處理各種不同類型的問題。在 CART 決策樹中，每個節點都採用二分法，這意味著將資料集根據某一特徵的某個閾值進行二分劃分，生成兩個子樣本集，使得每個非葉子節點都有兩個分支。CART 決策樹可以被用於分類和迴歸預測。

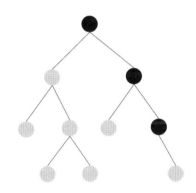

▲ 圖 7.7 CART 決策樹採二分法劃分

在分類樹方面，CART 演算法透過使用 Gini index（吉尼指數）作為評估指標來衡量節點的混亂程度。Gini index 表示從資料集中隨機選取兩個樣本，它們被錯誤分類的機率。在生成決策樹的過程中，CART 演算法會選擇具有最小 Gini index 的特徵和分割點來進行節點的分裂，使得每個節點的混亂程度最小化。

在迴歸樹方面，CART 演算法用於預測連續性的目標變數。它透過選取最優的特徵和分割點，將資料集根據大於或小於這個值的樣本進行劃分，生成迴歸樹。迴歸樹的葉節點包含的是該節點內樣本的均值，用於作為預測的輸出值。

CART 決策樹的生成過程旨在將資料集根據特徵值劃分為不同的類別或區域，以最大程度地提高資料的純度或最小化誤差。以下是 CART 決策樹的一些重要特點：

- **二分法劃分**：CART 決策樹使用二元樹劃分的方式，每個節點根據某一特徵值進行二分，生成兩個子節點。這意味著每個節點只能有兩個分支。

- **遞迴分割**：CART 決策樹透過遞迴地將資料集切分成多個子集，直到滿足停止條件。停止條件可以是樹的深度達到一定程度、節點中的樣本數量小於一個閾值，或者吉尼係數不再降低等。

- **處理類別和連續特徵**：CART 決策樹能夠處理類別特徵和連續特徵。對於類別特徵，通常使用基於吉尼係數的劃分方式；對於連續特徵，則透過選擇一個適當的閾值來進行二分劃分。

- **模型的解釋性**：CART 決策樹生成的模型具有很高的解釋性。由於每個節點的劃分規則都很清晰，可以輕鬆地解釋模型的決策過程和預測結果。

7.2.1 CART 演算法流程

CART 可用於解決分類和迴歸問題。它以特徵選擇、遞迴建立決策樹和決策樹剪枝等步驟進行構建。決策樹的構建過程從根節點開始，對訓練集進行遞迴分割，直到滿足停止條件。這些停止條件通常包括節點中的樣本數量小於某個閾值或者節點的吉尼系數低於預先設定的閾值。吉尼系數是一種衡量節點不純度的指標，值越小表示節點的純度越高。在每個節點，算法計算當前節點的吉尼系數，如果吉尼系數低於閾值，則停止該節點的進一步分割。然後對當前節點的每個特徵的每個值計算吉尼系數，並選擇吉尼系數最小的特徵和切分點。這個過程將節點的樣本集劃分成兩部分，生成兩個子節點，最後生成 CART 決策樹。當建立完決策樹後，為了避免模型過擬合訓練數據，需要進行決策樹剪枝。決策樹剪枝的目的是簡化模型，提高其泛化能力。過擬合指的是模型在訓練數據上表現良好，但在未見過的數據上表現不佳，這是因為模型過於複雜，學習了訓練數據中的雜訊。

1. **特徵選擇**：從訓練集中選擇最佳的特徵作為根節點。

2. **遞迴建立決策樹**：從根節點開始，對訓練集進行遞迴分割，直到滿足停止條件為止。停止條件可能是節點中樣本數量小於閾值或節點的不純度或誤差低於預定的閾值。

3. **決策樹剪枝**：進行決策樹剪枝是為了防止過擬合，並提高模型的泛化能力。透過減去不增加測試誤差的節點或子樹，簡化模型，減少過擬合的風險。

對於 CART 分類樹的預測，如果測試樣本落在某個葉節點中，則該測試樣本的類別是該葉節點中機率最大的類別。這意味著分類樹將測試樣本劃分到最有可能屬於的類別中，從而完成分類任務。除了分類樹外，CART 決策樹還可以應用於迴歸問題。在迴歸樹的構建過程中，算法的操作方式與分類樹相似，但是目標變數是連續性的數值，而不是離散的類別。對於每個節點，算法計算的是該節點的平均數值，並根據該值對樣本進行劃分。最終生成的迴歸樹用於對連續型目標變數的預測。

7.2.2 決策樹剪枝

在建立決策樹模型時，我們常常面臨著一個難題：如何避免模型過擬合（Overfitting）訓練數據？當我們的分類或迴歸樹划分得太細時，它可能會對訓練數據中的雜訊產生過擬合，導致在未見過的數據上表現不佳。為了解決這個問題，我們可以使用剪枝（Pruning）技術來簡化模型。剪枝分為兩種主要方法：預剪枝（Pre-Pruning）和後剪枝（Post-Pruning）。

預剪枝（Pre-Pruning）

在預剪枝中，我們在構造決策樹的過程中，先對每個節點在進行劃分前進行估計。如果當前節點的劃分不能提高模型的泛化性能，則停止劃分並將該節點標記為葉節點。這個方法的好處是它能夠在樹的構造過程中就能夠提前停止，進而節省計算資源。然而，預剪枝往往難以選擇合適的停止點，容易出現欠擬合的情況。

常見的預剪枝技術包括以下幾種：

- **停止條件**：在構建決策樹時，設置一些停止條件，例如設定樹的最大深度、每個節點的最小樣本數等。當樹的生長達到這些條件時，停止樹的進一步生長。

- **節點分裂閾值**：為了避免過度分裂節點，我們設定一個分裂增益的閾值。當節點的分裂增益低於這個閾值時，停止該節點的分裂，以確保決策樹的構建不會過於細緻。

後剪枝（Post-Pruning）

另一種方法是後剪枝，在這種方法中，我們先構建一棵完整的決策樹，然後自底向上地對非葉節點進行考察。如果將某個節點對應的子樹替換為葉節點能夠提高模型的泛化性能，則將該子樹替換為葉節點。後剪枝的好處是它能夠生成一棵完整的決策樹，然後再進行優化，避免了欠擬合的情況。然而，後剪枝需要在樹構造完成後才能進行，並且需要額外的計算成本。

常見的後剪枝技術包括以下幾種：

- **逐個考慮每個節點**：這種方法是對每個非葉子節點進行考察，評估將其子樹替換為葉子節點的效果。

- **使用驗證資料集**：在進行後剪枝時，可以使用獨立的驗證資料集（Validation Set）來測量刪除節點後模型性能的變化。

不論是預剪枝還後剪枝，剪枝的目的都是為了防止模型過擬合訓練數據，進而提高模型的泛化能力。透過適當的剪枝策略，我們可以構建出性能優良、穩健的決策樹模型，適用於各種分類和迴歸問題。在一般情況下，後剪枝決策樹具有較小的欠擬合風險，其泛化能力往往也優於預剪枝決策樹。然而，後剪枝的過程需要在完全構建決策樹之後進行，並且需要對樹中的所有非葉節點進行逐一考察。因此，後剪枝的訓練時間成本通常比未剪枝和預剪枝決策樹都要大得多。綜上所述，剪枝是一個重要的技術，可以幫助我們建立更好的決策樹模型。在實際應用中，我們需要根據具體情況選擇適合的剪枝策略，從而平衡模型的性能和訓練效率。

7.3 決策樹的可解釋性

決策樹因其直觀的結構和易於理解的特性而受到廣泛歡迎。這是因為決策樹將決策過程表示為一系列清晰明確的規則和分支，使人們可以直觀地理解模型是如何進行預測的。與其他複雜的機器學習算法相比，決策樹更容易解釋和解釋，因為其結果可以直接解釋為一系列規則。決策樹的可解釋性主要體現在以下幾個特點：

- **可理解的結構**：決策樹以樹狀結構呈現，每個節點代表一個特徵，每個分支代表一個特徵值，而葉子節點則對應著最終的預測結果。這種結構直觀易懂，使得即便是非專業人士也能夠理解模型的邏輯。

- **規則的形式**：決策樹的分裂規則清晰明確，通常基於特徵的閾值進行判斷。這樣的形式讓人們能夠直接解讀決策過程，明白每個特徵對預測結果的影響。

- **容易可視化**：決策樹可以被視覺化呈現，這使得人們能夠直觀地觀察樹的結構和分支。透過可視化，我們可以清晰地看到每個節點的特徵，進一步強化模型的可解釋性。

我們將透過一個實例來說明如何透過年齡、收入、是否為學生以及信用評等特徵，來預測一個人是否會購買電腦。這裡有一個包含這些特徵和標籤的數據表格，我們的目標是建立一棵決策樹，以便未來預測時能夠依據此樹進行判斷。問題在於，我們該如何利用這張表格來建立決策樹呢？

年齡	收入	是否學生	信用	有無購買電腦
<=30	high	no	fair	no
<=30	high	no	excellent	no
31~40	high	no	fair	yes
>40	medium	no	fair	yes
>40	low	yes	fair	yes
>40	low	yes	excellent	no
31~40	low	yes	excellent	yes
<=30	medium	no	fair	no
<=30	low	yes	fair	yes
>40	medium	yes	fair	yes
<=30	medium	yes	excellent	yes
31~40	medium	no	excellent	yes
31~40	high	yes	fair	yes
>40	medium	no	excellent	no

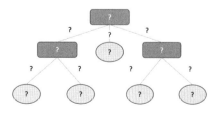

▲ 圖 7.8 建立決策樹判斷是否會購買電腦

　　對於給定的資料集，我們可以透過對樣本進行分析來建立決策樹。首先，我們需要選擇一個特徵作為根節點，然後根據該特徵的不同值將樣本分為不同的子集。然後，對每個子集重複這個過程，直到滿足停止條件為止，例如達到最大深度或節點中樣本數量不足。舉例來說，我們可以從年齡特徵開始，將樣本分為小於 30 歲、31 到 40 歲和 40 歲以上三個子集。然後，在每個子集中，我們可以基於其他特徵進一步劃分，例如根據收入和是否為學生進行分類。最終，我們可以得到一棵決策樹，其中每個葉子節點代表一個結論，即該類別的機率。

　　在上述示例中，建立決策樹之前，我們首先要對資料的混亂程度進行評估。為了量化資料的混亂度，我們使用了熵（Entropy）這一概念。以十四位使用者的購買行為為例，其中有九位會購買電腦，另外五位則不會。我們可以用 entropy 的計算方式，表示為 Info(9, 5)，計算結果為 0.94。這個數值代表在未進行任何處理之前，這十四位使用者的資料總體混亂度為 0.94。在這個情境中，entropy 越高代表資料的混亂度越大，即資料分佈越不一致。而在建構決策樹的過程中，我們的目標是透過特徵的劃分，降低資料的混亂度，使得每個分支節點中的資料更具一致性。這樣的劃分能夠更有利於建立有效且準確的決策樹模型。

　　設 D 為訓練樣本中的一組分割，則 D 的訊息熵表示為：

$$Info(D) = I(9,5) = \frac{-9}{14}\log_2\frac{9}{14} - \frac{5}{14}\log_2\frac{5}{14} = 0.94$$

▲ 公式 7.3　訊息熵表示

　　接下來的步驟是使用第一個特徵，即年齡，將這十四個樣本分成三組，然後計算分組後的 entropy，以評估分割的效果。同時，我們也要分別使用收入、是否學生、信用評等其他特徵進行分組，並計算其對應的 entropy，以找出最能有效降低混亂度的特徵。當使用年齡特徵將樣本分為三組後，整體的 entropy 為 0.694（數值越小越好）。因此，使用年齡特徵進行分組後，整體的純度提高了 0.246。

年齡	p_i	n_i	$I(p_i, n_i)$
<=30	2	3	0.971
31~40	4	0	0
>40	3	2	0.971

Positive: 是否買電腦 = yes
Negative: 是否買電腦 = no

越小越好，代表很純不亂

$$Info_{age}(D) = \frac{5}{14}I(2,3) + \frac{4}{14}I(4,0) + \frac{5}{14}I(3,2) = 0.694$$

$$Gain(年齡) = Info(D) - Info_{年齡}(D) = 0.246$$

▲ 圖 7.9 以年齡特徵計算 entropy

同樣地，我們可以計算其他特徵所帶來的純度提升。經過計算後，我們發現在這四個特徵中，使用年齡進行第一步分割會得到最純的結果。

- Gain(年齡) = 0.246

- Gain(收入) = 0.029

- Gain(是否學生) = 0.151

- Gain(信用) = 0.048

因此，在第一步中，我們將年齡分為三組。接著，當我們選擇了年輕這個節點時，我們可以清楚地看到，使用是否為學生這個特徵可以完美地將這五個人分開。

▲ 圖 7.10 第一個分支挑點選年齡作為決策依據

最終，透過剛才的方法依序計算，選擇最適合的特徵進行最佳分類。完成後建立出這棵樹，使其能夠提供清晰而有效的解釋性。

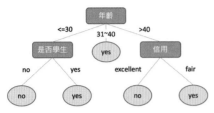

- If (年齡 == 大於等於30) and (是否學生 == no): no
- If (年齡 == 大於等於30) and (是否學生 == yes): yes
- If (年齡 == 介於31~40) and (是否學生 == yes): yes
- If (年齡 == 大於等於40) and (信用 == excellent): no
- If (年齡 == 大於等於40) and (信用 == fair): yes

▲ 圖 7.11 透過訊息熵建構完整的決策樹

7.3.1 決策樹的特徵重要性

決策樹提供了一種衡量特徵重要性的方法，讓我們能夠理解在模型中哪些特徵扮演著重要的角色。當我們建立一棵決策樹時，特徵重要性的評估主要考慮兩個關鍵因素。

首先，特徵的重要性與它在整個樹中對樣本決策的影響有關。如果某特徵在決策樹的分裂過程中影響了許多樣本的決策，那麼這個特徵很可能被視為重要特徵。換句話說，特徵的影響範圍越廣，它的重要性就越高。

其次，特徵重要性的評估也考慮到特徵能夠帶來的亂度減少。亂度減少表示在決策樹分裂時，特徵能夠有效地提高結果的純度，使得子節點更加純淨。如果某特徵的分裂能夠使決策結果更加純粹，那麼這個特徵的重要性也會相應增加。

$$I_f = \sum_{\forall n_{f \in N}} P(n_f) \Delta_{entropy}(n_f)$$

▲ 公式 7.4 決策樹的特徵重要性計算

N ：所有的樹節點

n_f ：使用特徵 f 區分數據點的一個節點

$P\left(n_f\right)$：受 n_f 影響的數據點的百分比

$\triangle_{entropy}\left(n_f\right)$：在節點 n_f 分割前後，純度分數的減少量

綜合考慮上述兩點，我們可以合理地判斷每個特徵的重要性。透過特徵重要性的計算，我們能夠深入了解模型是如何利用不同特徵進行預測，進而優化特徵的選擇和模型的解釋性。

假設我們有兩個特徵，分別是 X_1 和 X_2，而原始資料的亂度為 0.9。首先，我們利用 X_1 特徵進行切割，得到的純度進步了 0.26。接下來，我們再次計算，透過 X_2 特徵進行切割後，左邊分支的純度進步了 0.37。透過這樣的反覆計算，我們可以得知每個節點在透過某特徵進行切割後，純度會進步多少。

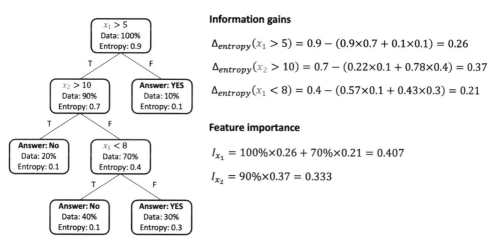

Information gains

$$\Delta_{entropy}(x_1 > 5) = 0.9 - (0.9 \times 0.7 + 0.1 \times 0.1) = 0.26$$

$$\Delta_{entropy}(x_2 > 10) = 0.7 - (0.22 \times 0.1 + 0.78 \times 0.4) = 0.37$$

$$\Delta_{entropy}(x_1 < 8) = 0.4 - (0.57 \times 0.1 + 0.43 \times 0.3) = 0.21$$

Feature importance

$$I_{x_1} = 100\% \times 0.26 + 70\% \times 0.21 = 0.407$$

$$I_{x_2} = 90\% \times 0.37 = 0.333$$

▲ 圖 7.12 決策樹計算特徵重要性

下一步是計算每個節點的資料比例會經過，進而計算出每個特徵的重要性。以 X_1 特徵為例，在第一個節點，所有樣本都會被用來評估，因此其重要性為 100% 乘以 0.26。而在另一個節點，約有 70% 的樣本會被用來評估，且評估後的純度平均進步為 0.21。因此，該節點中 X_1 的重要性為 70% 乘以 0.21。將這兩部分加起來，我們可以得到 X_1 的總重要性為 0.407。透過類似的計算，我們也可以獲得特徵 X_2 的重要程度。這樣的方法，我們能夠理解並量化每個特徵對於模型的貢獻程度，利於特徵選擇和模型優化。

7.4 決策樹（分類）實務應用：玻璃類型檢測

在這個實例中，我們將運用一個經典的不平衡機器學習資料集，該資料集取自 UCI 的 Glass Identification。這個任務的目標是建立一個能夠準確預測玻璃類型的分類任務。透過本實例，我們將學習如何應用決策樹演算法，以及如何透過模型的可解釋性來視覺化訓練後的決策樹。這不僅有助於我們理解模型是如何進行預測，還能夠清晰地觀察特徵的重要性。這對於確定模型在資料集中使用哪些特徵進行分類非常有幫助，同時也提供了對模型內部決策過程的深入洞察。

本資料集可從 UCI Machine Learning Repository 獲取：

https://archive.ics.uci.edu/dataset/42/glass+identification

7.4.1 資料集描述

該資料集包含了九項玻璃化學成分的組成含量，作為模型的輸入。而模型的目標是根據這些成分的組成來預測玻璃的類型 (本教學將從原始資料集中選取四種類型做示範)。玻璃的不同用途包括建築中的窗戶、車窗、玻璃容器等。這些類型的玻璃在組成上可能存在著差異，因此確定玻璃的類型對於鑑定非常重要。例如，在事故或犯罪現場，可能會發現玻璃碎片，透過分析這些碎片的成分，可以幫助警方或調查人員確定事件的發生原因或涉案方。

輸入特徵：

- **RI (Refractive Index):** 玻璃的折射率。

- **Na (Sodium):** 玻璃中的鈉含量。

- **Mg (Magnesium):** 玻璃中的鎂含量。

- **Al (Aluminum):** 玻璃中的鋁含量。

- **Si (Silicon):** 玻璃中的矽含量。

- **K (Potassium):** 玻璃中的鉀含量。

- **Ca (Calcium):** 玻璃中的鈣含量。

- **Ba (Barium):** 玻璃中的鋇含量。

- **Fe (Iron):** 玻璃中的鐵含量。

輸出：

- 四種不同類型的玻璃

  ○ Type 0：窗戶

  ○ Type 1：容器

  ○ Type 2：餐具

  ○ Type 3：頭燈

7.4.2 載入資料集

首先使用 Python 中的 Pandas 套件，以 read_csv() 方法讀取了名為 glass_identification.csv 的玻璃資料集。該資料集包含了多個玻璃樣本的特徵數據，例如化學成分和物理特性。藉由深入分析這些特徵，我們可以進一步了解這些樣本之間的異同，並根據其物理和化學特性進行準確分類。

➡ 程式 7.1 載入資料集

```
import pandas as pd

# 讀取資料集
df_data = pd.read_csv('../dataset/auto_mpg.csv')
```

資料成功讀取後我們可以呼叫 describe() 方法對資料框進行描述性統計分析，目的是了解資料集中數值的分佈情況。該方法會計算每個數值變數的基本統計數據，包括平均值、標準差、最小值、第　四分位數、中位數、第三四分位數和最大值。這些統計數據可以幫助我們瞭解數據的中心趨勢、離散程度和分佈形狀，進而進一步分析和理解資料的特性。

→ 程式 7.2 觀察資料集統計分佈

```
df_data.describe()
```

	RI	Na	Mg	Al	Si	K	Ca	Ba	Fe	Type
count	121.000000	121.000000	121.000000	121.000000	121.000000	121.000000	121.000000	121.000000	121.000000	121.000000
mean	1.518263	13.589752	2.364380	1.502231	72.718760	0.494711	8.908099	0.276777	0.042727	0.975207
std	0.002602	0.885814	1.579248	0.591973	0.828698	0.847275	1.119155	0.576527	0.087683	1.274512
min	1.511150	11.030000	0.000000	0.290000	69.890000	0.000000	5.430000	0.000000	0.000000	0.000000
25%	1.516850	12.880000	0.000000	1.190000	72.250000	0.050000	8.430000	0.000000	0.000000	0.000000
50%	1.517750	13.440000	3.430000	1.340000	72.860000	0.500000	8.710000	0.000000	0.000000	0.000000
75%	1.519660	14.200000	3.580000	1.810000	73.150000	0.590000	9.410000	0.090000	0.050000	2.000000
max	1.526670	17.380000	4.490000	3.500000	75.410000	6.210000	12.500000	2.880000	0.510000	3.000000

▲ 圖 7.13 資料統計分佈情況

我們可以將上述的統計表格用箱形圖視覺化使更容易觀察資料分佈。箱形圖能夠直觀地顯示數據的中位數、四分位數、極端值和離群值等統計量，有助於我們了解每個特徵的數據分佈情況和可能存在的異常值。

→ 程式 7.3 箱形圖分析

```python
import matplotlib.pyplot as plt
import seaborn as sns

# 定義特徵名稱串列
x_feature_names = ['RI', 'Na', 'Mg', 'Al', 'Si', 'K', 'Ca', 'Ba', 'Fe']
# 創建一個 3x3 的子圖佈局，每個特徵將有一個獨立的子圖
fig, axes = plt.subplots(3, 3, figsize=(8, 8))
# 將每個特徵的箱形圖分別繪製在不同的子圖中
for i, feature in enumerate(x_feature_names):
    row = i // 3   # 列索引
    col = i % 3    # 行索引
    # 使用 seaborn 繪製箱形圖
    sns.boxplot(y=df_data[feature], ax=axes[row, col], showmeans=True)
    axes[row, col].set_title(f'Boxplot of {feature}')  # 設置子圖標題
    axes[row, col].set_ylabel('')  # 設置 y 軸標籤為空

# 調整子圖之間的間距和布局
```

```
plt.tight_layout()
plt.show()
```

　　透過觀察箱形圖，我們可以快速判斷數據的集中趨勢、離散程度和是否有離群值。箱形圖的上下臂代表數據的分布範圍，而箱體內的水平線表示中位數。從下圖的視覺化結果中，我們可以清楚地觀察到 Si 特徵的平均值遠遠優於其他成分，這也合理解釋了玻璃主要基於二氧化矽。在箱型圖上，鬍鬚末端值以外的點稱為異常值 (離群值)。從結果中可以看出，K、Fe 和 Ba 三種成分存在明顯的離群值。這些異常點通常會導致模型過擬合，使得模型在對其他新收集的資料進行預測時效果不佳。因此，我們稍後將移除這些異常資料，以提高模型的泛化能力。

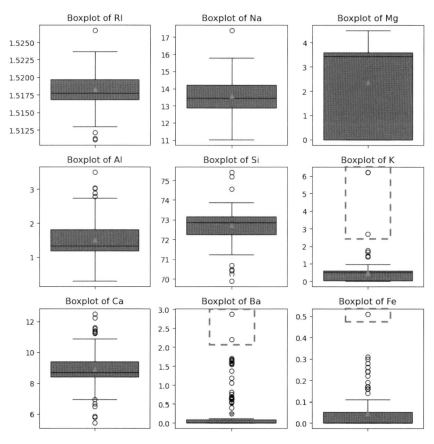

▲ 圖 7.14 箱形圖分析九個輸入特徵

在上一步驟中，我們對資料進行了資料分佈觀察，並且發現有三個特徵有明顯的離群值。接下來我們進一步處理這些資料集，從中篩選出了具有特定特徵值範圍的資料。首先，我們保留了 'K' 特徵值小於 2.5 的資料，接著從這些資料中再次篩選出 'Fe' 特徵值小於 0.4 的資料，最後再次從篩選後的資料集中篩選出 'Ba' 特徵值小於 2 的資料。最後，我們將提取這些篩選後的資料中的輸入特徵和目標變數，以便進行模型的訓練和測試。

→ 程式 7.4 移除離群值

```python
# 從資料集中篩選出 'K' 特徵值小於 2.5 的資料
df_data = df_data[df_data['K'] < 2.5]
# 從篩選後的資料集中再次篩選出 'Fe' 特徵值小於 0.4 的資料
df_data = df_data[df_data['Fe'] < 0.4]
# 從篩選後的資料集中再次篩選出 'Ba' 特徵值小於 2 的資料
df_data = df_data[df_data['Ba'] < 2]

# 提取輸入特徵和目標變數
X = df_data[['RI', 'Na', 'Mg', 'Al', 'Si', 'K', 'Ca', 'Ba', 'Fe']].values
y = df_data['Type'].values
```

最後我們來分析輸出類別的數量，這有助於了解資料集中每個玻璃類型的分佈情況。在這段程式碼中，我們使用了 Seaborn 套件的 countplot() 函數來繪製直方圖。每個直方圖的高度表示對應玻璃類型的樣本數量。為了進一步提升圖表的資訊呈現，我們使用 bar_label() 函數在每個直方圖的上方顯示了 count 數值。這樣的視覺化方式使我們更容易比較不同玻璃類型之間的數量分佈。

→ 程式 7.5 統計輸出類別數量

```python
# 使用 seaborn 的 countplot() 函數繪製直方圖
ax = sns.countplot(data=df_data, x='Type', hue='Type', palette='tab10')
# 在每個直方圖的上方顯示 count 數值
for container in ax.containers:
    ax.bar_label(container)
```

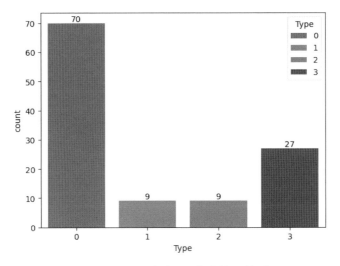

▲ 圖 7.15 四種類型玻璃數量統計

7.4.3 將資料切分成訓練集與測試集

資料清洗完後，我們需要將資料分割為訓練集和測試集，這樣可以確保我們在訓練模型時有一部分資料是獨立的，可用於評估模型的表現。我們使用 train_test_split() 函數來實現這一步驟，將輸入特徵 X 和輸出變數 y 按照指定的比例分割為訓練集和測試集。在此過程中，test_size 參數指定了測試集所佔的比例，這裡設置為 0.15，即 15% 的資料被保留用於測試。同時，random_state 參數的使用確保了每次執行程式時都能得到相同的切割結果，這有助於確保結果的可重複性。

→ 程式 7.6 將資料切分成訓練集與測試集

```python
from sklearn.model_selection import train_test_split

# 將資料集分為訓練集和測試集
X_train, X_test, y_train, y_test = train_test_split(X, y, test_size=0.15,
random_state=42)

print('Shape of training set X:', X_train.shape)
print('Shape of testing set X:', X_test.shape)
```

在本範例中，我們將訓練集的大小設定為 85%，即 97 筆資料用於模型的訓練，而剩下的 18 筆資料則被保留用於測試，以驗證模型的預測能力。

輸出結果：

Shape of training set X: (97, 9)

Shape of testing set X: (18, 9)

7.4.4 建立分類決策樹模型

在這段程式中，我們使用 scikit-learn 中的 DecisionTreeClassifier 來建立決策樹分類模型。我們指定了吉尼不純度（gini）作為分割節點的準則，並限制了樹的最大深度為 3 以防止過擬合。然後，我們使用 fit 方法來訓練模型，並使用 predict() 方法進行訓練數據的預測。

➜ 程式 7.7 建立分類決策樹模型

```python
from sklearn.tree import DecisionTreeClassifier

# 建立 DecisionTreeClassifier 模型
decision_tree_clf = DecisionTreeClassifier(criterion='gini', max_depth=3,
random_state=42)
# 模型訓練
decision_tree_clf.fit(X_train, y_train)
# 模型預測
y_pred = decision_tree_clf.predict(X_test)
```

以下是一些重要的參數和方法的說明：

參數 (Parameters):

- max_depth: 樹的最大深度，預設為 100。

- splitter: 選擇特徵劃分點的標準，可選擇 best 或 random。預設為 best。

- min_samples_split: 至少需要多少資料才能進行分裂，預設為 2。

- min_samples_leaf: 分裂後每個葉子節點至少需要多少資料，預設為 1。

- criterion: 衡量不純度的標準，可選擇 gini 、 entropy 和 log_loss。預設為 gini。

- min_impurity_decrease: 限制訊息增益的大小，當小於設定數值的分枝不會生長。

- random_state: 亂數種子，確保每次訓練結果一致。

屬性 (Attributes):

- feature_importances_: 查詢模型特徵的重要程度。

方法 (Methods):

- fit(X, y): 將特徵資料 X 和目標變數 y 放入進行模型擬合。

- predict(X): 進行預測並返回預測類別。

- score(X, y): 計算預測成功的比例。

- predict_proba(X): 返回每個類別的預測機率值。

- get_depth(): 獲取樹的深度。

7.4.5 評估模型

模型訓練完成後，可以使用 score() 方法來評估模型在訓練集和測試集上的表現。此步驟在機器學習流程中非常重要，用於評估模型的性能。score() 方法比對模型對每個樣本的預測結果與實際標籤的一致性，並返回一個介於 0 和 1 之間的值，代表模型的整體預測準確度。

➜ 程式 7.8 評估訓練結果

```
train_accuracy = decision_tree_clf.score(X_train, y_train)
test_accuracy = decision_tree_clf.score(X_test, y_test)

print('訓練集準確度：', train_accuracy)
print('測試集準確度：', test_accuracy)
```

輸出結果：

訓練集準確度：0.979381443298969

測試集準確度：0.944444444444444

在最後一步，我們對模型在測試集上的預測能力進行了分析，採用的是混淆矩陣分析。混淆矩陣是一個能夠顯示模型預測結果的總結性表格。我們使用 pd.crosstab() 函數生成混淆矩陣，然後使用 seaborn 庫中的 heatmap() 函數將其視覺化成熱圖，以便更直觀地理解。

→ 程式 7.9 測試集混淆矩陣

```python
from sklearn.metrics import confusion_matrix
import seaborn as sns
import matplotlib.pyplot as plt

def plot_confusion_matrix(actual, pred, labels):
    # 使用 pd.crosstab 函數生成混淆矩陣
    confusion_matrix = pd.crosstab(actual, pred,
                                    rownames=['Actual'],
                                    colnames=['Predicted'])


    # 使用 seaborn 繪製熱圖，顯示混淆矩陣
    sns.heatmap(confusion_matrix,xticklabels=labels,yticklabels=labels,
square=True,annot=True,cbar=False)

# 呼叫 plot_confusion_matrix 函數，將模型在測試集上的實際值和預測值傳入
plot_confusion_matrix(y_test, y_pred, labels=['Type0', 'Type1', 'Type2',
'Type3'])
```

在這個熱圖中，每個方格中的數字代表實際標籤和模型預測值的對應關係。對角線上的數字表示模型預測正確的情況，而非對角線上的數字則表示模型預測錯誤的情況。以測試集中 Type0 類別為例，總共有 12 筆資料被標示為 Type0，而模型成功預測其中 11 筆，僅有一筆被錯誤預測為 Type3。透過混淆矩陣的分

析，我們可以全面評估模型在不同類別上的表現，同時也能發現可能存在的錯誤預測，有助於進一步優化模型。

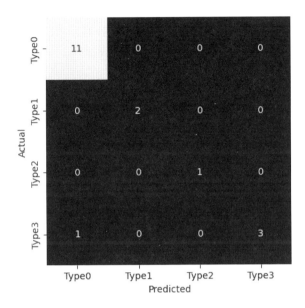

▲ 圖 7.16 測試集混淆矩陣分析

訓練結束後，可以使用 get_depth() 方法來查看決策樹模型的深度。如果在建立模型時沒有指定 max_depth 參數，則模型在訓練過程中會持續擴展，直到所有的葉子節點都變得純淨（即樣本全部屬於同一個類別），或者葉子節點包含的樣本數小於 min_samples_split 參數所設定的值。設置 max_depth 參數會影響決策樹的複雜度和過擬合問題，通常需要透過交叉驗證等方式來進行參數調整。

→ 程式 7.10 查詢決策樹模型深度

```
print(' 決策樹最大深度：',decision_tree_clf.get_depth())
```

輸出結果：

決策樹最大深度：3

7.4.6 模型的可解釋性

plot_tree() 是 sklearn 中用於繪製決策樹模型的方法。該方法可以將已擬合的決策樹模型以樹形結構的形式呈現出來，幫助我們更好地理解模型的決策過程和視覺化樹的結構。透過 plot_tree() 方法，我們可以查看每個節點的分裂條件、特徵重要性以及樹的深度等訊息，進而進一步分析和解釋模型的行為。

➔ **程式 7.11　視覺化決策樹**

```
from sklearn.tree import plot_tree
import matplotlib.pyplot as plt

# 定義輸入特徵名稱串列和目標標籤名稱串列
x_feature_names = ['RI', 'Na', 'Mg', 'Al', 'Si', 'K', 'Ca', 'Ba', 'Fe']
y_label_names = ['Type0', 'Type1', 'Type2', 'Type3']

# 使用 plot_tree 方法繪製決策樹模型
plot_tree(decision_tree_clf, feature_names=x_feature_names,
class_names=y_label_names, filled=True)
plt.show()  # 顯示決策樹圖形
```

在下圖的決策樹中，每個節點的 value 值表示該節點中每個類別的實際數量，這有助於我們了解模型在各個節點的分類情況。例如，根節點中有 97 個樣本，其中 59 個屬於 Type0，7 個屬於 Type1，8 個屬於 Type2，23 個屬於 Type3。此外，我們可以看到當前節點的 gini 值為 0.562，代表了節點的不純度程度。該決策樹在初始階段根據特徵 Mg 是否小於等於 2.55 進行了第一次切分，將其為 True 的資料子集劃分到左子樹節點。在左子樹節點中，樣本總數為 36 並且全部歸類為 Type3。而在右子樹中，61 筆資料被分配到右子樹，並被歸類為 Type0。在這一層決策中，有 59 筆資料被正確判斷為 Type0，但有 2 筆真實標籤 Type3 被誤判。這樣的決策樹會持續根據每個特徵進行決策，並不斷拓展，使樹的深度增加。

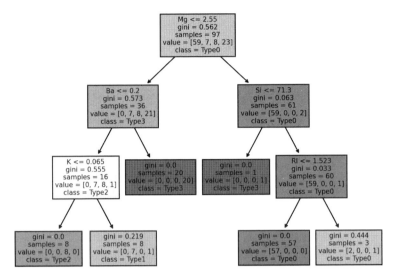

▲ 圖 7.17 決策樹視覺化結果

我們也可以透過 feature_importances_ 屬性取得決策樹模型中各個特徵的重要性值。這些重要性值能夠顯示出在決策樹中，各特徵對於最終預測結果的貢獻程度。當特徵的重要性值越高時，代表該特徵對於模型的影響力越大，它能夠更有效地區分資料，並對最終預測結果產生更為顯著的影響。此方法提供了一個重要的參考，幫助我們了解模型在做出預測時是如何利用每個特徵的訊息進行決策。

→ 程式 7.12　查詢決策樹特徵重要程度

```python
import numpy as np
# 提取特徵重要性數值
importances = decision_tree_clf.feature_importances_
# 取得特徵重要性排序後的索引
indices = np.argsort(importances)[::-1]
# 逐一列印每個特徵及其對應的重要性值
for f in range(X_train.shape[1]):
    print(f'{x_feature_names[indices[f]]}: {importances[indices[f]]:.2f}')
```

輸出結果：

Mg: 0.58

Ba: 0.23

K: 0.18

RI: 0.01

Fe: 0.00

Ca: 0.00

Si: 0.00

Al: 0.00

Na: 0.00

7.4.7 繪製決策邊界

在上述範例中，我們以九項玻璃化學成分的組成含量作為模型的輸入，預測玻璃的種類。透過模型的訓練與預測，我們獲得了模型的預測結果。有趣的是，透過特徵重要性分析，我們發現 Mg 和 Ba 這兩個特徵在模型中的重要性分數相當高。接下來，我們將進行另一項實作，將資料集中的原始九個特徵縮減至兩個特徵。這種縮減特徵的方法有助於降低資料的維度，同時保留模型中最具代表性的資訊。我們將以這兩個縮減後的特徵進行模型訓練，並將訓練結果繪製在二維平面上。透過繪製決策邊界，我們可以更清楚地了解決策樹在這個二維空間中是如何進行決策的，進一步提升我們對模型行為的理解。

首先，我們將進行特徵的縮減，從原本的九個特徵中選擇了 Mg 和 Ba 這兩個特徵。這個步驟的目的是降低資料的維度，同時保留對於模型預測相當重要的特徵。我們從原始資料集中提取了兩個特徵，即 Mg 和 Ba，並將它們組成一個新的輸入特徵矩陣 X。同時，我們也提取了目標變數 y，即玻璃的類別。

➜ 程式 7.13 提取特徵作為新的訓練集

```
# 提取輸入特徵和目標變數
X = df_data[['Mg', 'Ba']].values
```

```
y = df_data['Type'].values
print('Shape of training set X:', X.shape)
```

輸出結果：

Shape of training set X: (115, 9)

在這次的訓練中，我們選擇不將資料分割為訓練集和測試集，而是使用整個資料集進行模型的建立與訓練。這段程式碼中，DecisionTreeClassifier 模型使用 gini 準則，最大深度為 3。

➡ **程式 7.14 建立分類決策樹模型**

```
from sklearn.tree import DecisionTreeClassifier

# 建立 DecisionTreeClassifier 模型
decision_tree_clf = DecisionTreeClassifier(criterion = 'gini', max_depth=3,
random_state=42)
# 模型訓練
decision_tree_clf.fit(X, y)
```

以下是用於視覺化決策樹模型決策邊界的程式碼。make_meshgrid() 函式建立了一個網格點數據，而 plot_contours() 函式則用於在 matplotlib 圖中繪製決策樹分類器的決策邊界。這兩個函式的結合可以用來視覺化決策樹模型在訓練完成後的效果，直觀呈現模型在不同區域的預測。由於多個維度難以視覺化呈現，因此本範例挑選兩個特徵以利於在平面上觀察模型的決策邊界。

➡ **程式 7.15 繪製決策邊界函式**

```
import numpy as np

def make_meshgrid(x, y, h=.02):
    """ 建立一張網格點數據

    參數
    ----------
    x: 用於基於 x 軸的網格數據
    y: 用於基於 y 軸的網格數據
    h: 網格的步長
```

```
    返回
    -------
    xx, yy : ndarray
    """
    x_min, x_max = x.min() - 1, x.max() + 1
    y_min, y_max = y.min() - 1, y.max() + 1
    xx, yy = np.meshgrid(np.arange(x_min, x_max, h),
                         np.arange(y_min, y_max, h))
    return xx, yy


def plot_contours(ax, clf, xx, yy, **params):
    """ 繪製分類器的決策邊界。

    參數
    ----------
    ax: matplotlib axes 物件
    clf: 分類器
    xx: ndarray
    yy: ndarray
    params: plt 繪圖的參數樣式
    """
    Z = clf.predict(np.c_[xx.ravel(), yy.ravel()])
    Z = Z.reshape(xx.shape)
    ax.imshow(Z, interpolation='nearest',
            extent=(xx.min(), xx.max(), yy.min(), yy.max()),
            aspect='auto', origin='lower', **params)
```

透過下圖的決策邊界繪製結果，我們可以觀察到深度為 3 的決策樹，在二維的空間中依據四個門檻值對這兩個變數進行邊界切割。整體而言，模型在訓練資料上達到了 94% 的準確率。從中可以發現 Type1 和 2 在此空間中混再一起，難以清楚地被分開。因此若要提升模型的準確率必須增加樹的深度，使決策邊界切得更複雜。

➜ 程式 7.16 視覺化分類決策樹建模結果

```
# 取得 xy 座標數據點
X0, X1 = X[:, 0], X[:, 1]
# 建立網格點數據
xx, yy = make_meshgrid(X0, X1)
# 繪製決策邊界
plot_contours(plt, decision_tree_clf, xx, yy, cmap=plt.cm.coolwarm,
alpha=0.8)
# 繪製散點圖
scatter=plt.scatter(X0, X1, c=y, cmap=plt.cm.coolwarm, s=20, edgecolors='k')
# 添加圖例
plt.legend(*scatter.legend_elements(), title="Tabel", bbox_to_anchor=(1.15,
0.8))
plt.xlabel('Mg')
plt.ylabel('Ba')
# 計算準確率
accuracy = decision_tree_clf.score(X, y)
plt.title(f'Decision Tree Classifier \n Accuracy: {accuracy:.2f}')
plt.show()
```

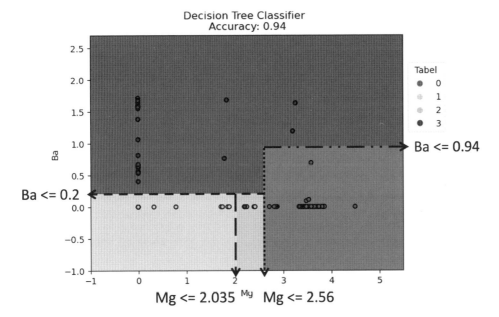

▲ 圖 7.18 深度為 3 的決策樹模型在訓練集的擬合結果

一樣地我們可以將訓練好的決策樹模型使用 plot_tree() 方法將整顆樹繪製出來，可以發現 Type3 的吉尼係數為 0，表示該資料集的純度越高，被這棵樹完美的分離出來。Type1 和 2 的吉尼係數偏高，這也可以呼應剛剛決策邊界視覺化的結果。

➔ 程式 7.17　視覺化決策樹

```
from sklearn.tree import plot_tree
import matplotlib.pyplot as plt

# 定義輸入特徵名稱串列和目標標籤名稱串列
x_feature_names = ['Mg', 'Ba']
y_label_names = ['Type0', 'Type1', 'Type2', 'Type3']

# 使用 plot_tree 方法繪製決策樹模型
plot_tree(decision_tree_clf, feature_names=x_feature_names,
class_names=y_label_names, filled=True)
plt.show()  # 顯示決策樹圖形
```

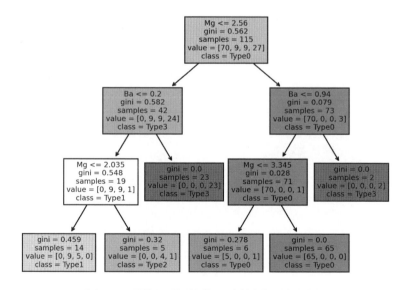

▲ 圖 7.19　選用兩個特徵，決策樹視覺化結果

　　各位讀者也可以試試不同樹的深度，但要注意並非深度越深越好。過擬合是一個常見的問題，特別是當訓練數據中存在異常值時。當決策樹的深度過深時，模型可能會記住訓練數據中的每個細節，這將導致在新的未見數據上表現不佳。因此，為了避免過擬合，我們需要謹慎地調整決策樹的深度，以在訓練集和測試集上都獲得良好的性能。

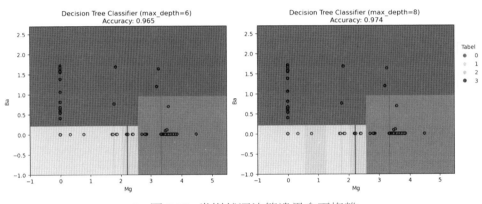

▲ 圖 7.20 當樹越深決策邊界會更複雜

7.5 決策樹（迴歸）實務應用：房價預測

　　在這個實際應用案例中，我們將利用 scikit-learn 提供的 fetch_california_housing 資料集，該資料集包含了加利福尼亞州各個地區房屋價格的相關資訊。透過此案例，我們將深入了解如何利用決策樹模型來進行加州地區的房價預測，並且從中分析模型是根據哪些特徵進行決策的。

　　本資料集可從 scikit-learn 獲取：

https://scikit-learn.org/stable/modules/generated/sklearn.datasets.fetch_california_housing.html

7.5.1 資料集描述

這份資料集總計包含 20640 筆樣本，每個樣本都提供了 8 個特徵，這些特徵包括了房屋年齡平均數、區域內房屋的平均房間數、區域內房屋的平均入住率、區域內家庭的中位數收入、區域內人口的平均數、區域內房屋的平均臥室數等等。而每個樣本的目標變數則為對應區域的房屋價格中位數。透過這些特徵，我們可以探索各個區域的不同特性，以及這些特性如何影響房屋價格的中位數。

輸入特徵：

- MedInc：該區域內家庭收入的中位數

- HouseAge：該區域內房屋的平均房齡

- AveRooms：該區域內房屋的平均房間數

- AveBedrms：該區域內房屋的平均臥室數

- Population：該區域內人口數

- AveOccup：該區域內平均每個房屋的居住人數

- Latitude：該區域內房屋所在緯度

- Longitude：該區域內房屋所在經度

輸出：

- MedHouseVal 房屋價格中位數

7.5.2 載入資料集

首先，利用 scikit-learn 中的 fetch_california_housing() 函數來載入加州地區的房屋價格預測資料集。這個資料集包含了加州地區的房屋相關數據，可以用於預測房屋的價格。透過設置 as_frame=True，可以將資料載入為 pandas DataFrame 格式，這樣方便進行後續的資料處理和分析。

➜ 程式 7.18 載入資料集

```
from sklearn.datasets import fetch_california_housing

# 載入加州地區房屋價格預測資料集
data = fetch_california_housing(as_frame=True)
# 將資料轉換為 DataFrame
df_data = data.frame
df_data
```

	MedInc	HouseAge	AveRooms	AveBedrms	Population	AveOccup	Latitude	Longitude	MedHouseVal
0	8.3252	41.0	6.984127	1.023810	322.0	2.555556	37.88	-122.23	4.526
1	8.3014	21.0	6.238137	0.971880	2401.0	2.109842	37.86	-122.22	3.585
2	7.2574	52.0	8.288136	1.073446	496.0	2.802260	37.85	-122.24	3.521
3	5.6431	52.0	5.817352	1.073059	558.0	2.547945	37.85	-122.25	3.413
4	3.8462	52.0	6.281853	1.081081	565.0	2.181467	37.85	-122.25	3.422
...	...	...	...	...	...	...	...	...	...
20635	1.5603	25.0	5.045455	1.133333	845.0	2.560606	39.48	-121.09	0.781
20636	2.5568	18.0	6.114035	1.315789	356.0	3.122807	39.49	-121.21	0.771
20637	1.7000	17.0	5.205543	1.120092	1007.0	2.325635	39.43	-121.22	0.923
20638	1.8672	18.0	5.329513	1.171920	741.0	2.123209	39.43	-121.32	0.847
20639	2.3886	16.0	5.254717	1.162264	1387.0	2.616981	39.37	-121.24	0.894

20640 rows × 9 columns

▲ 圖 7.21 資料集 DataFrame 讀取結果

　　我們可以利用 matplotlib 庫來繪製 DataFrame 中各特徵的直方圖。透過這些直方圖，我們可以快速了解每個特徵的分佈情況。從結果可以觀察，收入中位數的分佈呈現長尾分佈，這意味著大部分人的薪水集中在某個區間，但也有少部分人的薪水遠高於平均水平。另一方面，平均房屋年齡的分佈相對均勻。這些直方圖有助於我們對資料的特徵有更深入的了解。

➜ 程式 7.19 載入資料集

```
import matplotlib.pyplot as plt

# 繪製 DataFrame 中各特徵的直方圖
df_data.hist(bins=100, figsize=(18,10))
plt.show()
```

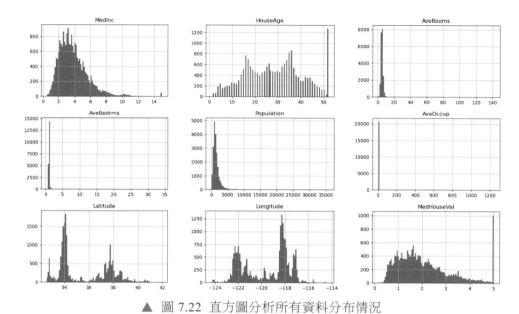

▲ 圖 7.22 直方圖分析所有資料分布情況

　　直方圖顯示了平均房間數、平均臥室數、平均房齡以及人口數等特徵的分佈情況。從這些直方圖可以觀察到，這些特徵的數值範圍非常廣泛，並且最大值不太明顯。這可能意味著這些特徵存在極端高值的情況，且這些情況出現的頻率很低。進一步觀察這些特徵的統計摘要資訊，讓我們可以更清楚地了解這種情況。

➜ 程式 7.20 觀察特定資料統計分佈

```
df_data[["AveRooms", "AveBedrms", "AveOccup", "Population"]].describe()
```

　　從結果可以觀察到這四個特徵的最大值與第三四分位數 (75%) 有明顯的差距，間接證實了此份資料集存在著極端數值。

	AveRooms	AveBedrms	AveOccup	Population
count	20640.000000	20640.000000	20640.000000	20640.000000
mean	5.429000	1.096675	3.070655	1425.476744
std	2.474173	0.473911	10.386050	1132.462122
min	0.846154	0.333333	0.692308	3.000000
25%	4.440716	1.006079	2.429741	787.000000
50%	5.229129	1.048780	2.818116	1166.000000
75%	6.052381	1.099526	3.282261	1725.000000
max	141.909091	34.066667	1243.333333	35682.000000

▲ 圖 7.23 資料統計分佈情況

在房價預測資料集中，包含了地理特徵經度和緯度。通常一個地區的地理位置與房價之間存在著密切的關聯。因此，我們可以透過繪製一個散佈圖來探索這種關聯性。在這個散佈圖中，我們將經度和緯度分別設置在 x 軸和 y 軸上，而圓圈的大小和顏色則將與該地區的房屋價值相關聯，這有助於我們更直觀地理解地理位置對房價的影響。

➡ 程式 7.21 觀察地理位置與房價關聯

```python
import seaborn as sns
import matplotlib.pyplot as plt

# 繪製散點圖
sns.scatterplot(
    data=df_data,  # 使用的資料為 df_data
    x="Longitude",  # x 軸為經度
    y="Latitude",  # y 軸為緯度
    size="MedHouseVal",  # 圓圈大小與房屋價值中位數相關
    hue="MedHouseVal",  # 圓圈顏色與房屋價值中位數相關
    palette="viridis",  # 設置色彩主題
    alpha=0.5,  # 設置圓圈的透明度
)

# 添加圖例，並調整顯示位置
plt.legend(title="MedHouseVal", bbox_to_anchor=(1.05, 0.95), loc="upper
left")

plt.show()
```

所有的數據點呈現了加州房價的分佈情況，恰巧所有的數據點在這張散佈圖中圍出了一個加州的輪廓。我們可以觀察到，房價較高的房屋通常位於沿海地區，這些地區包括加州的主要城市，如聖地牙哥、洛杉磯、聖荷西和舊金山。

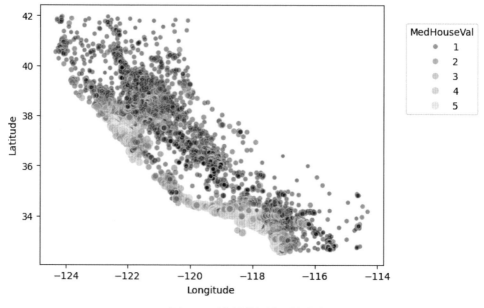

▲ 圖 7.24 地理位置與房價關聯

7.5.3 特徵工程

從剛剛的資料探索結果可以發現，經度和緯度之間存在著對角線方向上的趨勢，即靠近沿岸的地區，區房價隨之成長。因此將兩者相結合可以提供更全面的地理訊息，從而更好地捕捉到這種關係的變化。這段程式碼創建了一個名為 diag_coord 的新特徵，其值為經度（Longitude）和緯度（Latitude）兩者相加的結果。這個新特徵被稱為對角座標（diag_coord），它的生成是為了將經度和緯度的訊息合併到一個新的特徵中。

➡ 程式 7.22 特徵工程

```
# 建立一個新特徵，包含地理坐標的經度和緯度兩者的和
df_data['diag_coord'] = (df_data['Longitude'] + df_data['Latitude'])
```

7.5.4 將資料切分成訓練集與測試集

在這個步驟中，我們將資料集分為訓練集和測試集。首先，我們從資料中選擇了九個特徵作為模型的輸入，並將它們存儲在 X 變數中，同時將目標變數 MedHouseVal 存儲在 y 變數中。接著，我們使用 train_test_split() 函數將 X 和 y 分割成訓練集和測試集。在這個過程中，我們透過指定 test_size 參數來控制測試集所占的比例，這裡設置為 0.3，表示測試集包含資料集的 30%。另外，我們使用 random_state 參數確保每次執行這段程式時得到相同的切割結果，確保結果的可重複性。

➡ 程式 7.23 將資料切分成訓練集與測試集

```python
from sklearn.model_selection import train_test_split

# 輸入特徵
X = df_data[['MedInc', 'HouseAge', 'AveRooms', 'AveBedrms', 'Population',
'AveOccup', 'Latitude', 'Longitude', 'diag_coord']].values
# 輸出
y = df_data['MedHouseVal'].values
# 將資料集分為訓練集和測試集
X_train, X_test, y_train, y_test = train_test_split(X, y, test_size=0.3,
random_state=42)

print('Shape of training set X:', X_train.shape)
print('Shape of testing set X:', X_test.shape)
```

在本範例中，我們將訓練集的大小設定為 70%，即 14448 筆資料用於模型的訓練，而剩下的 6192 筆資料則被保留用於測試，以驗證模型的預測能力。

輸出結果：

Shape of training set X: (14448, 8)

Shape of testing set X: (6192, 8)

7.5.5 建立迴歸決策樹

在這段程式中，我們使用了 scikit-learn 中的 DecisionTreeRegressor 模型，這是一個用於迴歸任務的決策樹模型。我們指定了最大深度為 7，這意味著樹的深度最多可以達到 7 層。然後，我們使用訓練集（X_train 和 y_train）來訓練模型，fit 方法將模型與訓練數據進行擬合。訓練完成後，我們使用訓練好的模型對測試集（X_test）進行預測，並將預測結果存儲在 y_pred 中。這個過程將使我們能夠使用訓練好的模型對新的數據進行房價預測。

➜ 程式 7.24 建立迴歸決策樹模型

```python
from sklearn.tree import DecisionTreeRegressor

# 建立 DecisionTreeRegressor 模型
decision_tree_reg = DecisionTreeRegressor(max_depth=7, random_state=42)
# 模型訓練
decision_tree_reg.fit(X_train, y_train)
# 模型預測
y_pred = decision_tree_reg.predict(X_test)
```

以下是一些重要的參數和方法的說明：

參數 (Parameters):

- criterion: 切割點評估標準，可選擇 squared_error、friedman_mse、absolute_error 或 poisson，預設為 squared_error。

- max_depth: 樹的最大深度。

- splitter: 特徵切割點選擇方式，可以是 best 或 random。預設為 best。

- random_state: 亂數種子，確保每次訓練結果一致，只有當 splitter= random 時才有效。

- min_samples_split: 分割節點所需的最小樣本數。

- min_samples_leaf: 葉子節點所需的最小樣本數。

屬性 (Attributes):

- feature_importances_: 查詢模型特徵的重要程度。

方法 (Methods):

- fit(X, y): 將特徵資料 X 和目標變數 y 放入進行模型擬合。

- predict(X): 進行預測並返回預測類別。

- score(X, y): 使用 R2 Score 進行模型評估。

- get_depth(): 獲取樹的深度。

7.5.6 評估模型

在模型訓練完成後，我們需要評估模型的性能，以確保其在新資料上的預測能力。在這個例子中，我們使用了兩個常見的評估指標：R2 分數和均方誤差（MSE）。R2 分數是一個統計指標，用於評估迴歸模型的預測能力。它的值範圍在 0 到 1 之間，越接近 1 表示模型的預測效果越好。而均方誤差則是預測值與實際值之間的平方誤差的平均值，它的數值越小表示模型的預測越準確。這兩個指標結合起來可以提供對模型性能的全面評估。

➡ 程式 7.25 評估訓練結果

```python
from sklearn.metrics import mean_squared_error

# 在訓練集上進行預測並印出評估指標
print(" 訓練集 ")
y_train_pred = decision_tree_reg.predict(X_train)
print("R2 Score: ", decision_tree_reg.score(X_train, y_train)) # 計算 R2 Score
print("MSE: ", mean_squared_error(y_train, y_train_pred)) # 計算均方誤差 MSE

# 在測試集上進行預測並印出評估指標
print(" 測試集 ")
y_test_pred = decision_tree_reg.predict(X_test)
print("R2 Score: ", decision_tree_reg.score(X_test, y_test)) # 計算 R2 Score
print("MSE: ", mean_squared_error(y_test, y_test_pred)) # 計算均方誤差 MSE
```

輸出結果：

訓練集

R2 Score: 0.7668667042825923

MSE: 0.31232773848738254

測試集

R2 Score: 0.7178114414701146

MSE: 0.37038380103665447

7.5.7 模型的可解釋性

決策樹模型的一大優勢在於它可以計算每個特徵的重要程度。這使得我們可以更深入地理解模型在決策過程中判斷的根據，達到模型可解釋性的作用。接下來，我們將使用模型中的 feature_importances_ 屬性提取決策樹模型中各個特徵的重要性值。然後，我們將利用 matplotlib 庫來繪製水平長條圖，將這些特徵按照重要程度進行排序並以視覺化的方式呈現出來。透過這個長條圖，可以清楚地看到每個特徵的相對重要性，讓我們更好地理解模型的特徵選擇過程。

➔ 程式 7.26 查詢決策樹特徵重要程度

```python
import matplotlib.pyplot as plt
import numpy as np

# 輸入特徵名稱串列
x_feature_names = ['MedInc', 'HouseAge', 'AveRooms', 'AveBedrms', 'Population',
'AveOccup', 'Latitude', 'Longitude', 'diag_coord']
# 提取特徵重要性數值
importances = decision_tree_reg.feature_importances_
# 取得特徵重要性排序後的索引
indices = np.argsort(importances)

# 繪製水平長條圖
plt.figure(figsize=(10, 6))
bar_plot = plt.barh(range(len(x_feature_names)), importances[indices], align='center')
plt.yticks(range(len(x_feature_names)), [x_feature_names[i] for i in indices])
```

```
plt.xlabel('Feature Importance')
plt.ylabel('Features')
plt.title('Feature Importance Scores')
# 在每個 bar 後面顯示數值
for rect in bar_plot:
    width = rect.get_width()
    plt.annotate(f'{width:.3f}', xy=(width, rect.get_y() + rect.get_height() /
2))
plt.show()
```

從結果圖中我們可以觀察到，收入中位數在區分高價值房屋和低價值房屋方面發揮了重要作用。同時，透過特徵工程技巧，我們成功地讓經度和緯度等地理特徵也發揮了作用。因此，從這個特徵重要性排序中，我們可以理解哪些特徵的加入對於預測房屋中位數值具有顯著的幫助。

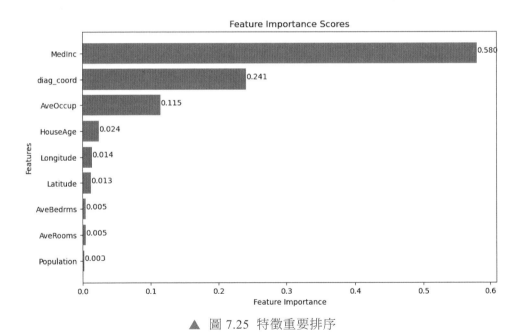

▲ 圖 7.25 特徵重要排序

MEMO

整體學習

8.1 何謂整體學習?

　　整體學習 (Ensemble Learning) 又稱集成學習、整合學習,是一種集成多個監督式學習模型的方法,旨在透過結合多個模型的預測,以產生一個更強大、更穩健的整體模型。這種結合的方式能夠彌補單一模型的不足,提高預測性能,因此在眾多科學競賽和實際應用中都取得了卓越的成就。此方法具有以下幾點優勢:

1. **提高模型準確度**：透過整合多個模型的預測結果，Ensemble Learning 能夠降低單一模型的過擬合風險，提高整體的泛化能力，進而提高預測的準確度。

2. **抗干擾能力強**：Ensemble Learning 能夠在某些模型預測出現錯誤的情況下，仍然保持整體的穩定性。這是由於不同模型可能會在不同的方面表現較好，互相補充。

3. **應對複雜問題**：對於複雜的問題，單一模型可能難以完全捕捉所有模式和特徵。Ensemble Learning 通常能夠更全面地考慮不同方面的訊息，更好地解決複雜的問題。

根據整體學習的處理方式，我們可以將其分為特徵面和資料面兩個層面進行討論。

特徵面

- Blending（混合）

- Stacking（堆疊）

資料面

- Bagging（自助重抽總合法）

- Random Forest

- Boosting（推升法）

- AdaBoost

- Gradient Boosting

- XGBoost

8.1.1 特徵面

在整體學習的特徵面，我們將主要聚焦於兩種主要方法：Blending（混合）和 Stacking（堆疊）。這兩種方法都屬於模型集成的範疇，然而，它們在模型預測結果的使用方式上存在關鍵的差異。在討論混合模型時，我們通常會將其與之後將提到的資料面的兩種方法一同討論，以全面理解整體學習的策略。

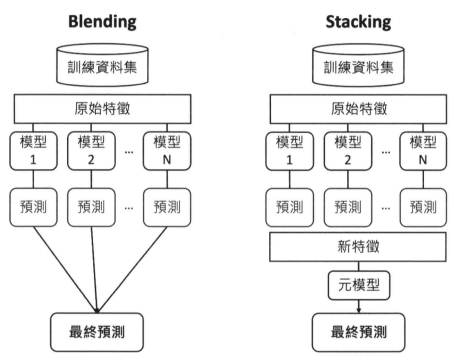

▲ 圖 8.1 Blending 和 Stacking 模型預測流程

Blending (混合)

　　混合是一種將不同基本模型的預測結果進行線性組合的方法。在 Blending 中，我們將訓練數據分為兩個部分，一部分用於訓練不同的基本模型，另一部分則用於訓練混合模型。混合模型通常是一個簡單的線性模型，它以基本模型的預測結果作為輸入，進行加權線性組合以生成最終的預測。

　　模型混合的概念相當簡單，就是將不同模型的預測值按照一定權重加權合成，而這些權重的總和為 1。如果每個模型的權重相同，可以選擇取預測的平均值，或者進行一人一票的多數決，這種情況下稱為投票。這種技術是最為直觀且易用的方法之一，迄今在機器學習競賽中仍然廣泛應用。不僅如此，在影像處理、自然語言處理等深度學習領域中，這種方法同樣有著廣泛的應用。

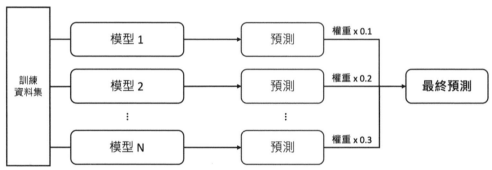

▲ 圖 8.2 混合不同模型輸出作為最終預測

Stacking（堆疊）

　　堆疊是一種將多個基本模型的預測結果作為新特徵，然後使用一個元模型對這些新特徵進行訓練的方法。與 Blending 不同，Stacking 使用了一個元模型，這個模型能夠進一步學習和捕捉基本模型的預測之間的複雜關係。通常，我們將訓練數據分成多個部分，使用一部分來訓練基本模型，然後將這些基本模型的預測結果作為新的特徵，最後使用元模型進行訓練。

Stacking 首先建立 N 個模型，這些模型彼此獨立且無關聯，例如第一個模型可以是線性迴歸，第二個模型可以是決策樹。在訓練完這 N 個模型之後，我們需要將它們結合在一起。結合的方法是再訓練一個模型，這個模型將前面 N 個模型的輸出當作自己的輸入，這種概念就是所謂的元學習。因此，我們將利用整體學習中的一種演算法來根據這 N 個特徵學習一個新模型，並用它來預測最終的結果。

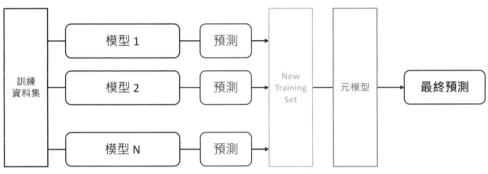

▲ 圖 8.3 堆疊不同模型輸出作為新的特徵

8.1.2 資料面

在資料面上，整體學習將不同的訓練資料子集餵給不同的基本模型。這些資料子集可以是隨機抽樣、有放回抽樣、樣本權重等方式得到的。資料面的方法包括 Bagging（自助重抽總合法）和 Boosting（推升法），這兩種方法都是透過在訓練過程中對數據進行不同的處理，進而提升整體模型的性能。

Bagging（自助重抽總合法）

Bagging（Bootstrap Aggregating）是一種常用的整體學習方法，其核心思想是透過隨機抽樣生成多個子樣本集，然後分別用這些子樣本集訓練出多個基本模型。在 Bagging 中，每個基本模型的訓練數據是由對原始資料集進行有放回抽樣得到的。這種抽樣方式被稱為自助法（Bootstrap），因此 Bagging 也被稱為自助重抽總合法。

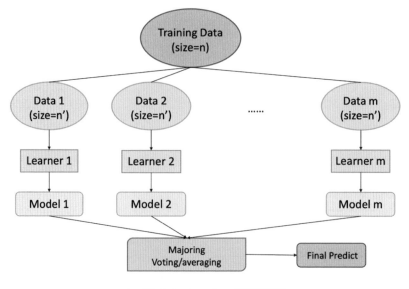

▲ 圖 8.4　Bagging 模型架構

　　Bagging 的主要概念是透過這些基本模型的集成來減少模型的方差，從而提高整體模型的泛化能力。在進行預測時，通常是將每個基本模型的預測結果進行平均或投票，以獲得最終的預測結果。由於 Bagging 能夠減少模型的方差，因此它通常對於高變異性的模型（如決策樹）非常有效。在機器學習領域中，Bagging 不僅是一種常見的整體學習方法，還擁有多項優點，這些優點使其在實際應用中受到廣泛關注和採用。

- **提高預測精度**：Bagging 透過減少模型的變異性和過擬合現象，提高了基礎模型的預測精度，使預測更加準確和穩定。

- **增強模型穩健性**：Bagging 可以透過降低雜訊資料點或異常值的影響，提高模型對於雜訊和異常值的穩健性，使得預測更加可靠。

- **處理不平衡資料**：Bagging 有效地收集少數類別實例並提高對於不平衡資料集的預測準確性，有助於有效管理不平衡資料集的問題。

　　隨機森林（Random Forest）是 Bagging 方法的一個典型應用，它在樹的建構過程中引入隨機性來進一步減少模型的方差。隨機森林同時擁有 Bagging 的優勢，即透過集成多個決策樹的預測來提高模型的準確性，以及引入隨機性來降低每棵樹的方差，進而提高整個模型的泛化能力。

Boosting (推升法)

　　Boosting 是一種整體學習方法，它會根據每個訓練資料的難易程度給予不同的權重來提升模型的性能。首先，我們訓練一個基礎學習器（base learner），然後根據該模型的預測結果，對每筆資料進行誤差分析，判斷其屬於簡單還是困難的資料。對於被判定為困難的資料，我們加強其權重，重新訓練一個新的分類器或迴歸器。我們的目標是希望新的模型在處理這些困難資料時能夠表現得更好。在整個建模的演算法中每一個基礎學習器彼此是互相關連的，最常見的方法建立很多棵不同的決策樹並透過推升法聚合。

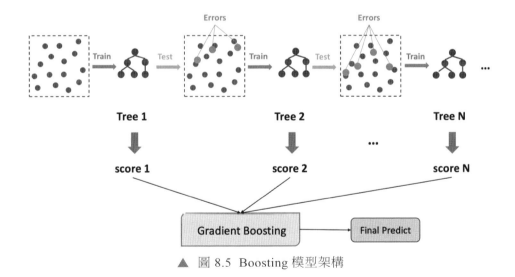

▲ 圖 8.5 Boosting 模型架構

　　這一過程不斷重複，每次引入一個新的基礎學習器，新的學習器會修正之前模型的錯誤。因此，Boosting 的每一個模型都與前面的模型有關聯，每個新模型都會針對前面模型的預測錯誤進行補強，以此不斷提升整個模型的性能。此方法的主要特點包括：

- **串行生成模型**：Boosting 逐步生成一系列弱學習器，每個弱學習器都是在上一個模型的基礎上進行優化，通常是針對之前模型預測錯誤的樣本進行調整。

- **集中精力修正錯誤**：Boosting 方法通常專注於修正之前模型的預測錯誤，使得後續模型更加關注這些錯誤樣本，逐步提高整個模型的性能。

- **提高模型性能**：透過逐步提升弱學習器的性能，Boosting 方法可以生成一個性能更強大的整體學習模型，適用於複雜的預測任務。

Boosting 的代表方法包括 AdaBoost、Gradient Boosting 和 XGBoost，這些演算法都以生成大量簡單的決策樹為特徵。Boosting 的目標在於，透過進一步強化之前模型未能正確預測的部分來提高整體性能。因此，最終需要將這些簡單的決策樹整合在一起以產生最終的預測結果。

8.2 隨機森林

8.2.1 隨機森林簡介

隨機森林是一種進階版的決策樹模型，其名稱中的「森林」意味著模型由多棵決策樹組成。這種演算法運用了 Bagging 與隨機特徵採樣的方法，透過同時建立多個決策樹並整合其結果，形成一個整體學習模型。

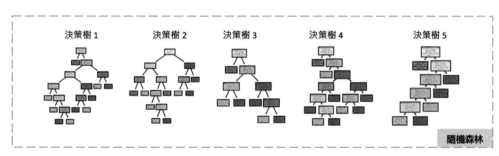

▲ 圖 8.6 隨機森林是由多棵決策樹組成

在先前的決策樹演算法中，當設定模型的樹最大深度過大時容易導致過擬合的問題。為了解決這個問題，隨機森林引入了多棵不同樹的概念，以減少過擬合的風險，同時提升整體預測能力。

隨機森林的主要特點包括：

- **Bagging 機制**：透過自助抽樣法，隨機從訓練數據中選擇子樣本，使每棵樹的訓練資料略有不同，增加模型的多樣性。

- **隨機特徵採樣**：在每次樹的建立過程中，只使用部分特徵進行分裂。這樣可以確保每棵樹都在不同的特徵集上進行分裂，進一步增加模型的多樣性。

- **避免過擬合**：由於隨機森林的每棵樹都在不同的資料子集和特徵子集上進行訓練，模型更能適應各種情境，減少對訓練數據的過擬合。

- **高預測準確性**：隨機森林整合了多個決策樹的預測結果，通常能夠提供更穩定且準確的預測。

隨機森林在建立每棵樹時使用了隨機性，這包括隨機選擇訓練資料和特徵，增加了模型的多樣性，減少了過擬合的風險。其次，隨機森林利用多個決策樹的預測結果進行投票，從而改善了模型的預測能力，提高了預測的準確性。此外，隨機森林由多棵獨立的決策樹組成，彼此間互不影響，這使得模型更加穩健，能夠應對各種不同的數據情境。最後，隨機森林中的每棵樹都可以平行化地運行，因此可以有效地利用計算資源，提高模型的訓練和預測效率，尤其在處理大型資料集時尤為顯著。簡單來說，隨機森林是一種強大且靈活的機器學習模型，廣泛應用於分類和迴歸等問題的解決中。

8.2.2 隨機森林的生成方法

隨機森林的生成方法可以區分為分類器和迴歸器兩種。首先,從訓練集中抽取 n' 筆資料出來,這些資料可以是重複抽取的,這樣可以確保每棵樹都有不同的訓練資料。舉例來說,如果我們有一百筆資料,要從中抽取十筆資料,那麼可能會包含有重複的資料點。

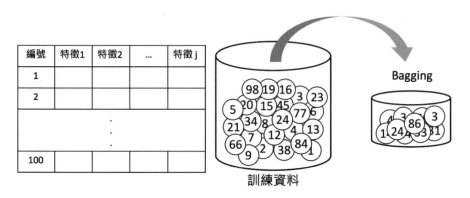

▲ 圖 8.7 Bagging 隨機從資料集中抽取 n' 筆

接下來,在這些抽取出來的資料中,隨機挑選 k 個特徵作為決策因子的候選集,這樣每棵樹只會看到部分的特徵,增加了模型的多樣性。

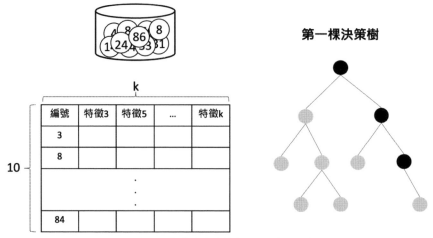

▲ 圖 8.8 每棵樹隨機挑選 k 個特徵

重複以上步驟 m 次，生成 m 棵決策樹。透過 Bootstrap 步驟的重複，我們將得到 m 組訓練資料，每一組都包含 n' 筆資料。

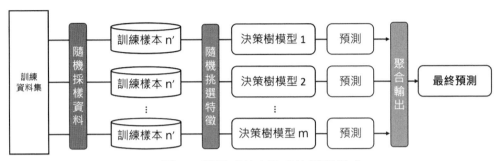

▲ 圖 8.9 隨機森林由許多決策樹組成

最後根據任務的不同，可以採用不同的整合方式進行預測。對於分類問題，採用多數決的投票機制；而對於迴歸問題，則採用將所有樹的預測結果取平均的方式得到最終答案。

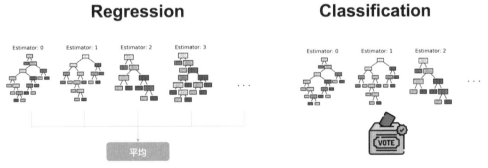

▲ 圖 8.10 隨機森林可以處理迴歸和分類任務

在隨機森林中，「隨機」一詞有兩個方面的意義。首先，隨機取樣是指每棵樹在生成過程中隨機抽取部分訓練資料和特徵進行訓練，使得每棵樹都是使用不同的隨機資料集訓練而成的。這種抽取方式稱為 Bootstrap，有助於減少過擬合的風險。其次，隨機森林中的每棵樹都是隨機選取特徵進行樣本訓練，從 n' 筆資料中隨機挑選 k 個特徵。這種隨機特徵選取增加了模型的多樣性，有助於提高整個隨機森林的泛化能力和預測效果。

8.3 隨機森林（分類）實務應用：糖尿病罹患預測

在這個實例中，我們將探討隨機森林在糖尿病罹患預測中的應用。我們將使用一個醫療研究用的糖尿病資料集，該資料集包含了病人的多個生理特徵以及是否罹患糖尿病的標籤。我們的目標是建立一個能夠準確預測病人是否罹患糖尿病的分類模型。在這個範例中，我們將探討決策樹的多寡對於隨機森林的影響。透過調整隨機森林中決策樹的數量，我們將觀察模型的性能和預測能力如何隨著決策樹數量的變化而變化。

本資料集可從 Kaggle 獲取：

https://www.kaggle.com/datasets/mathchi/diabetes-data-set

8.3.1 資料集描述

這個資料集源自美國國家糖尿病和消化和腎臟疾病研究所，目的在利用大數據診斷測量來預測病人是否患有糖尿病，這對於提早進行疾病預防和管理具有重要意義。總共包含 768 筆數據，每筆資料都提供了九個關鍵欄位的資訊，涵蓋了糖尿病預測模型的所有輸入和輸出。這些資料變數涵蓋了研究人員在糖尿病診斷中認為最具影響力的因素，其中包括了懷孕次數、血糖濃度、血壓、皮膚厚度、胰島素水平、身體質量指數、家族糖尿病史以及病人的年齡。透過深入研究這些變數之間的關係，我們可以更好地了解糖尿病的潛在風險因素，並尋找最佳的預測模型以幫助醫護人員進行更準確的診斷和治療。

輸入特徵：

- Pregnancies：懷孕次數。

- Glucose：糖耐量測試後 2 小時的血漿葡萄糖濃度，是診斷糖尿病的重要指標。

- BloodPressure：舒張壓（mm Hg），用於衡量心臟在收縮時的壓力。

- SkinThickness：三頭肌皮膚褶皺厚度（mm），反映了皮膚的脂肪層厚度。

- Insulin：2 小時血清胰島素水平（mu U/ml）。

- BMI：身體質量指數，是體重和身高的比例，用於評估體重狀況。

- DiabetesPedigreeFunction：糖尿病家族遺傳函數，用於評估患有糖尿病的家族遺傳風險。

- Age：病人的年齡。

輸出：

- Outcome：病人是否患有糖尿病。值為 0 表示未患糖尿病，值為 1 表示患有糖尿病。

8.3.2 載入資料集

首先，使用 Python 中的 Pandas 套件，我們透過 read_csv() 方法讀取了名為 diabetes.csv 的糖尿病資料集。此過程能夠快速且方便地將資料載入程式中，並進行後續分析。利用 Pandas，我們可以輕鬆檢視資料的基本結構，例如列數、欄數、每個特徵的名稱及其對應的數據型別，進一步了解資料的完整性和分佈情況。

➜ 程式 8.1 載入資料集

```python
import pandas as pd

# 讀取資料集
df_data = pd.read_csv('../dataset/auto_mpg.csv')
```

成功讀取資料後，我們可以使用 describe() 方法對資料框進行描述性統計分析。此方法的目的是探索資料集中數值的分佈情況。它計算每個數值變數的基本統計數據，包括平均值、標準差、最小值、第一四分位數、中位數、第三四分位數和最大值。這些統計數據有助於我們了解資料的中心趨勢、離散程度和分佈形狀，進而深入分析和理解資料的特性。

➜ 程式 8.2 觀察資料集統計分佈

```
df_data.describe()
```

由下表統計結果可以發現有許多的輸入特徵最小值為零的情形。因此稍後我們會針對這些特徵進行資料清理步驟。

	Pregnancies	Glucose	BloodPressure	SkinThickness	Insulin	BMI	DiabetesPedigreeFunction	Age	Outcome
count	768.000000	768.000000	768.000000	768.000000	768.000000	768.000000	768.000000	768.000000	768.000000
mean	3.845052	120.894531	69.105469	20.536458	79.799479	31.992578	0.471876	33.240885	0.348958
std	3.369578	31.972618	19.355807	15.952218	115.244002	7.884160	0.331329	11.760232	0.476951
min	0.000000	0.000000	0.000000	0.000000	0.000000	0.000000	0.078000	21.000000	0.000000
25%	1.000000	99.000000	62.000000	0.000000	0.000000	27.300000	0.243750	24.000000	0.000000
50%	3.000000	117.000000	72.000000	23.000000	30.500000	32.000000	0.372500	29.000000	0.000000
75%	6.000000	140.250000	80.000000	32.000000	127.250000	36.600000	0.626250	41.000000	1.000000
max	17.000000	199.000000	122.000000	99.000000	846.000000	67.100000	2.420000	81.000000	1.000000

▲ 圖 8.11 資料統計分佈情況

在進行資料清理之前,我們先仔細觀察五個特徵:Glucose(葡萄糖濃度)、BloodPressure(血壓)、SkinThickness(皮脂厚度)、Insulin(胰島素)和 BMI(身體質量指數)中數值為零的個數。

➜ 程式 8.3 計算特徵值為零的個數

```
# 定義需要檢查的特徵列表
zero_features = ['Glucose', 'BloodPressure', 'SkinThickness', 'Insulin', 'BMI']

for feature in zero_features:
    # 計算特徵值為零的個數
    zero_count = df_data[df_data[feature] == 0][feature].count()
    total_count = len(df_data[feature]) # 計算資料總比數
    # 計算零值的佔比,保留兩位小數
    percentage = round(100 * zero_count / total_count, 2)
    print(f'{feature} 特徵的數值中有 {zero_count} 筆為零,佔比為 {percentage}%')
```

輸出結果：

Glucose 特徵的數值中有 5 筆為零，佔比為 0.65 %

BloodPressure 特徵的數值中有 35 筆為零，佔比為 4.56 %

SkinThickness 特徵的數值中有 227 筆為零，佔比為 29.56 %

Insulin 特徵的數值中有 374 筆為零，佔比為 48.7 %

BMI 特徵的數值中有 11 筆為零，佔比為 1.43 %

　　根據上述結果，我們可以觀察到皮脂厚度和胰島素這兩個特徵中，有較多比例的數值為零。這種情況下，通常需要專業的醫療人員或相關領域的專家進行分析，以判斷這些零值是否合理。此外，我們也可以透過統計方法來處理這些零值，例如補上平均值或中位數，以提高數據的完整性和準確性。在本範例中我們嘗試將這些零值一律用中位數取代，因此我們可以先透過 pandas 內建函式 median( ) 快速計算每個特徵在資料集中的中位數數值。

➔ **程式 8.4　觀察特徵中位數**

```
df_data[zero_features].median()
```

輸出結果：

Glucose   117.0

BloodPressure   72.0

SkinThickness   23.0

Insulin   30.5

BMI   32.0

　　在確定了要補上的統計量後，我們可以使用 pandas 的 replace( ) 方法來將資料框中特定列的零值替換為每個特徵的中位數。

➜ 程式 8.5 將數值為零的特徵以中位數取代

```
# 計算零值特徵的中位數
zero_features_mean = df_data[zero_features].mean()

# 將零值特徵替換為其對應的中位數
df_data[zero_features] = df_data[zero_features].replace(0,
zero_features_mean)
```

　　資料處理完畢後我們可以透過長條圖觀察每個特徵的分佈情形。同時依據輸出的標籤分析在有無罹患糖尿病狀況下資料的分佈是否有明顯差異。

➜ 程式 8.6 直方圖分析特徵分佈

```
# 定義特徵名稱串列
x_feature_names = ['Pregnancies',
'Glucose','BloodPressure','SkinThickness','Insulin','BMI','DiabetesPedigreeFu
nction','Age']

# 建立多個子圖表
fig, axes = plt.subplots(4, 2, figsize=(10, 15))

# 繪製直方圖
for ax, name in zip(axes.flatten(), x_feature_names):
    sns.histplot(data=df_data, x=name, hue="Outcome", kde=True,
palette="tab10", ax=ax)
```

　　從下圖結果可以發現 Glucose（葡萄糖濃度）、BMI（身體質量指數）和 Age（年齡）這三個特徵在有無罹患糖尿病情況下彼此的數據分佈有明顯不同。因此我們可以預期這些特徵對於模型訓練是重要的因子。

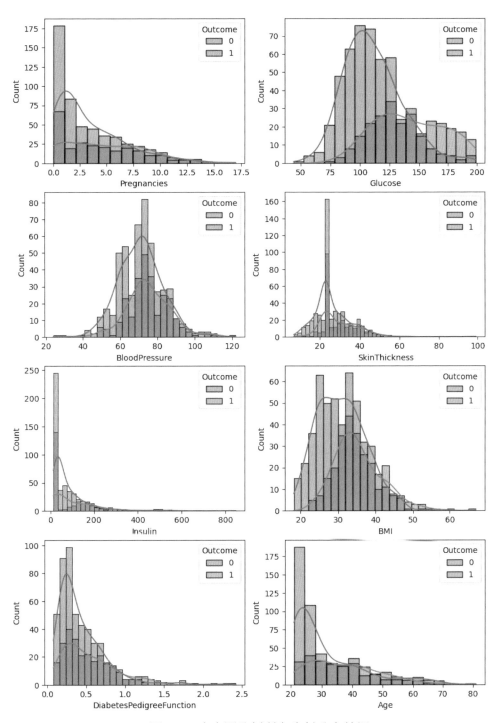

▲ 圖 8.12 直方圖分析所有資料分布情況

最後我們可以觀察輸出類別的數量，並評估資料集中輸出標籤的平衡程度。在這段程式碼中，我們利用 Seaborn 套件的 countplot() 函數繪製直方圖。每個直方圖的高度表示相應玻璃類型的樣本數量。為了進一步提升圖表的資訊呈現，我們使用 bar_label() 函數在每個直方圖的上方顯示了 count 數值。

➜ **程式 8.7 統計輸出類別數量**

```
# 使用 seaborn 的 countplot() 函數繪製直方圖
ax = sns.countplot(data=df_data, x='Outcome', hue='Outcome', palette='tab10')
# 在每個直方圖的上方顯示 count 數值
for container in ax.containers:
    ax.bar_label(container)
```

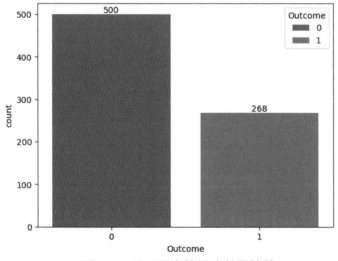

▲ 圖 8.13 是否罹患糖尿病數量統計

8.3.3 將資料切分成訓練集與測試集

資料清理後，我們必須將資料拆分為訓練集和測試集，這樣可以確保模型訓練時使用的資料與測試時使用的資料是相互獨立的，以便更準確地評估模型的表現。我們使用了 train_test_split() 函數來實現這一步驟，它會將輸入特徵 X 和輸出變數 y 按照指定的比例分割為訓練集和測試集。在這個過程中，我們設置了 test_size 參數，這表示測試集所佔的比例。例如設置為 0.1 意味著將 10%

的資料留作測試集。此外，我們還使用了 random_state 參數，這可以確保每次執行程式時，資料的切割結果都是相同的。這有助於確保結果的可重複性，使得實驗結果更具可比性。

➜ 程式 8.8 將資料切分成訓練集與測試集

```python
from sklearn.model_selection import train_test_split

# 移除 y 並取得剩下欄位資料
X = df_data.drop(['Outcome'], axis=1).values
# 取得病人糖尿病結果作為 y
y = df_data['Outcome'].values

X_train, X_test, y_train, y_test = train_test_split(X, y, test_size=0.1,
random_state=42, stratify=y)

print('Shape of training set X:', X_train.shape)
print('Shape of testing set X:', X_test.shape)
```

在本範例中，我們將訓練集的大小設定為 90%，即 691 筆資料用於模型的訓練，而剩下的 77 筆資料則被保留用於測試，以驗證模型的預測能力。

輸出結果：

Shape of training set X: (691, 8)

Shape of testing set X: (77, 8)

8.3.4 建立隨機森林分類模型

以下示範了如何使用 scikit-learn 中的 RandomForestClassifier 類別建立一個隨機森林分類器模型。在這個例子中，我們指定了 n_estimators 參數為 6，這表示我們將建立 6 棵決策樹來構成隨機森林。random_state 參數則設置為 42，這用於確保每次執行程式時得到的結果都是相同的。

➜ 程式 8.9 建立隨機森林分類模型

```python
from sklearn.ensemble import RandomForestClassifier
```

```
# 建立 RandomForestClassifier 模型
random_forest_clf = RandomForestClassifier(n_estimators=6, random_state=42)
# 模型訓練
random_forest_clf.fit(X_train, y_train)
```

以下是一些重要的參數和方法的說明：

參數 (Parameters):

- n_estimators：決定決策樹的數量，預設為 100。

- max_depth：決定每棵樹的最大深度，預設會不斷擴展節點，直到所有葉子都是純的或直到所有葉子包含少於 min_samples_split 樣本。

- min_samples_split：節點再分時所需的最小樣本數，預設為 2。

- min_samples_leaf：每個葉節點所需的最小樣本數，預設為 1。

- max_features：限制分枝時考慮的特徵個數，預設為 sqrt(n_features)。

- criterion：用於評估節點純度的標準，可以是 gini、entropy 或 log_loss，預設為 gini。

- min_impurity_decrease: 限制訊息增益的大小，當小於設定數值的分枝不會生長，預設為 0。

- bootstrap: 建立每棵樹時是否採用隨機抽取部分訓練資料，預設為 True。

- random_state：用於設置亂數種子，以確保每次訓練結果的一致性。

屬性 (Attributes):

- feature_importances_: 查詢模型特徵的重要程度。

方法 (Methods):

- fit(X, y): 將特徵資料 X 和目標變數 y 放入進行模型擬合。

- predict(X): 進行預測並返回預測類別。

- score(X, y): 計算預測成功的比例。

- predict_proba(X): 返回每個類別的預測機率值。

8.3.5 評估模型

　　模型訓練完成後，我們可以使用 score() 方法來評估模型在訓練集和測試集上的表現。score() 方法透過比對模型對每個樣本的預測結果與實際標籤的一致性，返回一個介於 0 和 1 之間的值，該值代表模型的整體預測準確度。此外，我們也可以嘗試調整模型的超參數，比如限制每棵樹的深度或是決策樹的數量。在許多情況下，模型很容易出現過擬合的問題，因此可以透過決策樹的剪枝技巧來限制模型的預測能力，以提高其泛化性能。

➜ 程式 8.10 評估訓練結果

```
train_accuracy = random_forest_clf.score(X_train, y_train)
test_accuracy = random_forest_clf.score(X_test, y_test)

print('訓練集準確度：', train_accuracy)
print('測試集準確度：', test_accuracy)
```

輸出結果：

訓練集準確度：0.9667149059334298

測試集準確度：0.8311688311688312

　　此外我們還可以使用 scikit-learn 中的 classification_report() 函數，以文字形式顯示主要的分類指標報告。該報告會顯示每個類別的精確度、召回率、F1 值等訊息，幫助我們更全面地評估模型的預測能力。

➜ 程式 8.11 觀察測試集每個類別預測準度

```
from sklearn.metrics import classification_report

# 模型預測
y_pred = random_forest_clf.predict(X_test)
print(classification_report(y_test, y_pred))
```

根據模型測試集上的預測結果評估，我們可以得出以下分析：

- **精確度（precision）**：對於未患糖尿病的預測，精確度為 0.85，表示在所有被模型預測為未患糖尿病的病人中，有 85％的病人實際上確實未患有糖尿病。對於患有糖尿病的預測，精確度為 0.79，表示在所有被模型預測為患有糖尿病的病人中，有 79％的病人實際上確實患有糖尿病。

- **召回率（recall）**：對於未患糖尿病的預測，召回率為 0.90，表示在所有實際未患糖尿病的病人中，有 90％的病人被模型正確預測為未患糖尿病。對於患有糖尿病的預測，召回率為 0.70，表示在所有實際患有糖尿病的病人中，有 70％的病人被模型正確預測為患有糖尿病。

- **F1 值（F1-score）**：F1 值綜合考慮了精確度和召回率，對於未患糖尿病和患有糖尿病兩種情況的預測，分別為 0.87 和 0.75。

- **準確度（accuracy）**：整體模型的準確度為 0.83，表示模型在預測所有病人是否患有糖尿病的能力為 83％。

綜合來看，模型在測試集上的表現良好，但在預測患有糖尿病的病人方面，召回率稍低，即代表模型在正式上線後真的罹患糖尿病的患者模型可能有一定機率無法第一時間被診斷預測出來。

輸出結果：

	precision	recall	f1-score	support
0	0.85	0.90	0.87	50
1	0.79	0.70	0.75	27
accuracy			0.83	77
macro avg	0.82	0.80	0.81	77
weighted avg	0.83	0.83	0.83	77

讓我們更進一步分析模型的錯誤預測情況。我們採用混淆矩陣進行分析，這是一個總結模型預測結果的表格。透過混淆矩陣，我們能夠清晰地了解模型在測試集上的表現，包括對於每個類別的預測情況。我們使用了 pd.crosstab() 函數來生成混淆矩陣，然後利用 seaborn 庫中的 heatmap() 函數將其視覺化成熱圖，這樣可以更直觀地觀察模型的錯誤預測情況。

➜ 程式 8.12 測試集混淆矩陣

```
from sklearn.metrics import confusion_matrix

import seaborn as sns
import matplotlib.pyplot as plt

def plot_confusion_matrix(actual_val, pred_val, labels, title=None):
    confusion_matrix = pd.crosstab(actual_val, pred_val,
                                   rownames=['Actual'],
                                   colnames=['Predicted'])
    plot = sns.heatmap(confusion_matrix, xticklabels=labels,
yticklabels=labels, annot=True, fmt=',.0f')

    if title is None:
        pass
    else:
        plot.set_title(title)

    plt.show()

plot_confusion_matrix(y_test, y_pred, labels=['No', 'Yes'])
```

在這個熱圖中，每個方格中的數字代表實際標籤和模型預測值的對應關係。這是一個 2x2 的混淆矩陣，用於評估二元分類模型的性能。在本例子中，矩陣的 Y 軸表示實際值，X 軸表示預測值。根據混淆矩陣的結果，我們可以得知以下訊息：

- **真陽性（True Positive，TP）**：病人患有糖尿病且模型預測為患有糖尿病的情況有 19 人。

- **真陰性（True Negative，TN）**：病人未患糖尿病且模型預測為未患有糖尿病的情況有 45 人。

- **偽陽性（False Positive，FP）**：病人未患糖尿病但模型預測為患有糖尿病的情況有 5 人。

- **偽陰性（False Negative，FN）**：病人患有糖尿病但模型預測為未患有糖尿病的情況有 8 人。

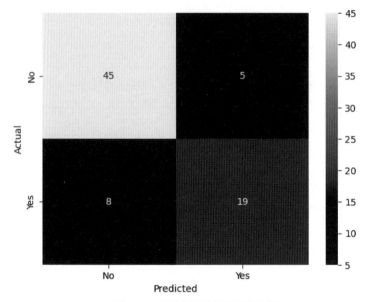

▲ 圖 8.14 測試集混淆矩陣分析

　　在醫療上，對於糖尿病檢測這類問題，我們通常會將召回率（recall）視為第一優先考慮的指標。召回率是指模型能夠正確檢測到所有實際患有糖尿病的人數所佔的比例。在這種情況下，假設一個患有糖尿病的人被錯誤地分類為未患糖尿病（假陰性），可能會導致該患者錯失及時的治療機會，對其健康產生不良影響。因此在本應用中，召回率更能反映出模型對於檢測疾病的有效性，通常會被視為更重要的評估指標。

8.3.6 模型的可解釋性

隨機森林透過整合多棵決策樹的預測來改善單個決策樹的預測準確性。在隨機森林中，特徵重要程度是衡量每個特徵對於模型預測的影響程度。在構建每棵樹時，隨機森林會依據不純度指標（例如 Gini 不純度或資訊增益）對特徵進行排序，以確定每次劃分時使用的最佳特徵。當樹被構建完成後，它們被用於進行預測。然後，隨機森林計算每個特徵在整個森林中的平均重要性。這是透過將每個特徵在所有樹中的劃分點上的不純度的改善，或者在迴歸問題中是變異數的減少，進行加總和正規化得到的數值。

在 scikit-learn 中，使用 RandomForestClassifier 建立的隨機森林模型可以透過 feature_importances_ 屬性提取各個特徵的重要性值。這個屬性返回一個和特徵數量相等的串列，其中每個元素代表相應特徵的重要性。該值越大，則該特徵對於模型的影響越大。這些重要性值可以用來進一步理解模型是如何做出預測的，以及哪些特徵對於預測的貢獻最大。

➔ 程式 8.13 查詢隨機森林特徵重要程度

```python
import matplotlib.pyplot as plt
import numpy as np

# 提取特徵重要性數值
importances = random_forest_clf.feature_importances_
# 取得特徵重要性排序後的索引
indices = np.argsort(importances)

# 繪製水平長條圖
plt.figure(figsize=(8, 4))
bar_plot = plt.barh(range(len(x_feature_names)), importances[indices], align='center')
plt.yticks(range(len(x_feature_names)), [x_feature_names[i] for i in indices])
plt.xlabel('Feature Importance')
plt.ylabel('Features')
plt.title('Feature Importance Scores')
# 在每個 bar 後面顯示數值
for rect in bar_plot:
    width = rect.get_width()
```

```
    plt.annotate(f'{width:.2f}', xy=(width, rect.get_y() + rect.get_height() /
2))
plt.show()
```

　　特徵的重要性值反映了它們對模型的整體預測能力的貢獻。較高的重要性值意味著該特徵對於預測的影響較大,而較低的值則表示該特徵對預測的影響較小。透過這些重要性值,我們可以了解哪些特徵對於模型的決策最為重要。在這個例子中,葡萄糖濃度被認為是最重要的決策因素,其次是 BMI 和年齡。

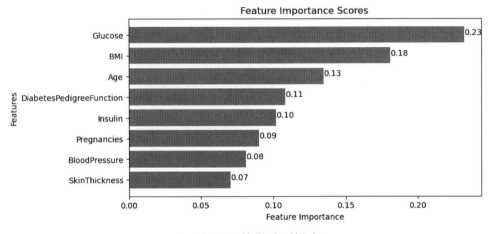

▲ 圖 8.15　特徵重要排序

　　了解特徵的相對重要性有助於解釋模型的決策過程。在醫療領域中,這些結果可能有助於醫生或醫療專業人員更好地理解模型是如何做出預測的,並提供有價值的臨床洞察。最後建議讀者自行實驗,試著增加或減少樹的複雜度,以了解對模型預測準確度的影響。另外也可以嘗試使用前一章節介紹的決策樹分類器進行訓練,並比較加入整體學習機制的概念是否真的能夠提升模型的準確性。

8.4 隨機森林（迴歸）實務應用：帕金森氏症評估預測

在本範例中，我們將學習如何運用隨機森林迴歸器來預測帕金森氏症患者的運動和總 UPDRS 分數。UPDRS 代表 Unified Parkinson's Disease Rating Scale，是一種常用的評估帕金森氏症病情嚴重程度的量表。它包括了多個項目，其中 "motor UPDRS" 評估了帕金森氏症患者的運動功能，而 "total UPDRS " 則是考慮了除運動外的其他症狀，如情緒、認知和日常生活活動的影響。透過建立一個機器學習模型，我們希望能夠提供更準確的方法來監測和診斷帕金森氏症，同時也有助於我們更深入地了解這種疾病的特徵和進展。

本資料集可從 UCI Machine Learning Repository 獲取：

https://archive.ics.uci.edu/dataset/189/parkinsons+telemonitoring

8.4.1 資料集描述

這份帕金森資料集共包含 5875 筆資料，每筆資料提供了 42 名早期帕金森氏症患者的相關資訊以及量測的聲音訊號特徵。這些患者參與了一項為期六個月的遠端疾病監測設備試驗，並在家中自動記錄了相關數據。資料集中的欄位包括每位患者的索引號、年齡、性別、自初始招募日期以來的時間長度、運動 UPDRS 和總 UPDRS 指數，以及 16 個醫療音訊測量值。建模的主要目標是根據這 16 個音訊測量結果與基本資訊來預測 UPDRS 評估分數，包括 "motor_UPDRS" 和 "total_UPDRS"。

輸入特徵：

- subject: 受試者編號。

- age: 受試者年齡。

- sex: 受試者性別，'male' 表示男性，'female' 表示女性。

- test_time: 自入試驗起的時間。整數部分表示自入試驗以來的天數。

- Jitter(%), Jitter(Abs), Jitter:RAP, Jitter:PPQ5, Jitter:DDP: 訊號中基本頻率變化的幾個衡量指標。

- Shimmer, Shimmer(dB), Shimmer:APQ3, Shimmer:APQ5, Shimmer:APQ11, Shimmer:DDA: 訊號中振幅變化的幾個衡量指標。

- NHR, HNR: 聲音中噪音與音調成分之比。

- RPDE: 非線性動態複雜度測量。

- DFA: 訊號分形標度指數。

- PPE: 非線性的基頻變化量測。

輸出：

- motor_UPDRS: 臨床醫師評估的運動 UPDRS 分數。

- total_UPDRS: 臨床醫師評估的總 UPDRS 分數。

8.4.2 載入資料集

首先，我們透過 Python 中的 Pandas 套件，使用 read_csv() 方法成功讀取了名為 parkinsons_updrs.csv 的資料集。這一步驟能迅速將 CSV 格式的資料導入為 Pandas 的 DataFrame 物件，便於後續的數據處理和分析。

➜ 程式 8.14 載入資料集

```python
import pandas as pd

# 讀取資料集
df_data = pd.read_csv('../dataset/auto_mpg.csv')
```

除了使用 describe() 方法進行資料框的描述性統計分析外，我們還可以使用 info() 方法。這能夠初步觀察資料是否有缺失值，以及每個特徵的資料型態。

➡ **程式 8.15 觀察資料集特徵資訊**

```
df_data.info()
```

從以下結果可以初步獲得一些資料集的資訊。首先，我們可以得知資料總筆數為 5875。另外我們可以迅速檢查每個特徵是否存在缺失值。在本範例中，資料集非常乾淨，沒有缺失值存在。此外，我們也能觀察到每個特徵的資料型態。例如，性別（sex）是物件（object）型態，原始資料以字串表示。因此，在後續的資料前處理中，我們需要進行編碼。另外，受試者編號（subject）和年齡（age）是整數（int64）型態，而其他特徵則是浮點數（float64）型態。

```
<class 'pandas.core.frame.DataFrame'>
RangeIndex: 5875 entries, 0 to 5874
Data columns (total 22 columns):
 #   Column        Non-Null Count  Dtype
---  ------        --------------  -----
 0   subject       5875 non-null   int64
 1   age           5875 non-null   int64
 2   sex           5875 non-null   object
 3   test_time     5875 non-null   float64
 4   Jitter(%)     5875 non-null   float64
 5   Jitter(Abs)   5875 non-null   float64
 6   Jitter:RAP    5875 non-null   float64
 7   Jitter:PPQ5   5875 non-null   float64
 8   Jitter:DDP    5875 non-null   float64
 9   Shimmer       5875 non-null   float64
 10  Shimmer(dB)   5875 non-null   float64
 11  Shimmer:APQ3  5875 non-null   float64
 12  Shimmer:APQ5  5875 non-null   float64
 13  Shimmer:APQ11 5875 non-null   float64
 14  Shimmer:DDA   5875 non-null   float64
 15  NHR           5875 non-null   float64
 16  HNR           5875 non-null   float64
 17  RPDE          5875 non-null   float64
 18  DFA           5875 non-null   float64
 19  PPE           5875 non-null   float64
 20  motor_UPDRS   5875 non-null   float64
 21  total_UPDRS   5875 non-null   float64
dtypes: float64(19), int64(2), object(1)
memory usage: 1009.9+ KB
```

▲ 圖 8.16 顯示每個欄位的名稱、非空值的數量、資料型態等資訊

接下來，我們需要對年齡（age）這個類別型特徵進行編碼，這是因為大多數機器學習模型要求輸入為數值型格式。因此，在這個例子中，我們可以使用 scikit-learn 中的 OrdinalEncoder 來處理這個特徵。首先，我們初始化了一個 OrdinalEncoder 物件，然後將待轉換的欄位提取出來，並使用 fit_transform() 方法完成了 fit 和 transform 兩個步驟，即學習類別與將類別轉換為數字標籤。最後，我們將轉換後的數字標籤存儲在 DataFrame 中的 age_encoded 欄位中。

➔ 程式 8.16　類別特徵編碼

```python
from sklearn.preprocessing import OrdinalEncoder

# 初始化 OrdinalEncoder 物件
encoder = OrdinalEncoder()

# 提取要轉換的欄位，並將其轉換為數字標籤
# 假設 'sex' 是 DataFrame 中的性別欄位
# fit_transform 方法同時完成了 fit 和 transform 兩個步驟
df_data['sex_encoded'] = encoder.fit_transform(df_data[['sex']])

# 印出編碼後的類別
print("Encoded categories:", encoder.categories_)
```

輸出結果：

Encoded categories: [array(['female', 'male'], dtype=object)]

我們可以試著觀察 sex 和 sex_encoded 欄位的內容是否有對應到相對應的編號標籤。在本例子中 male 會編碼成 0，female 會編碼成 1 來做表示。

➔ 程式 8.17　觀察性別編碼結果

```python
df_data[['sex', 'sex_encoded']]
```

	sex	sex_encoded
0	male	1.0
1	male	1.0
2	male	1.0
3	male	1.0
4	male	1.0
...	...	...
5870	female	0.0
5871	female	0.0
5872	female	0.0
5873	female	0.0
5874	female	0.0

5875 rows × 2 columns

▲ 圖 8.17　觀察性別編碼結果

在建立模型之前，透過探索資料可以更清楚了解資料的特性與分佈。讓我們來觀察在 5875 筆資料中男性與女性的比例。首先，我們使用 value_counts() 方法計算了資料集中各類別的數量，然後分別提取了類別名稱和對應的數量。接著，我們使用 plt.pie() 函數繪製圓餅圖，將類別名稱作為標籤，並使用 autopct 參數設定數量百分比的顯示格式。其中 %.1f%% 表示顯示小數點一位的浮點數，後方加上百分比符號。透過此圖表可以直觀地顯示不同類別的數量佔比情況。

➡ 程式 8.18　觀察資料集特徵資訊

```python
import matplotlib.pyplot as plt

# 統計男生和女生的數量
sex_counts = df_data['sex'].value_counts()
# 提取性別類別名稱
sex_names = sex_counts.index.tolist()
# 提取性別類別的數量
sex_values = sex_counts.values.tolist()
 # 繪製餅圖，autopct 參數用於顯示每個部分的百分比，labels 參數指定每個部分的標籤
plt.pie(sex_counts, autopct='%.1f%%', labels = sex_names)
plt.show()
```

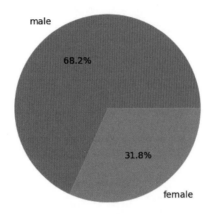

▲ 圖 8.18　性別比例

　　我們可以藉由視覺化不同性別間的年齡層分佈情況，以更深入了解資料集中的族群特徵。由於資料集僅提供性別和年齡欄位，因此我們需要自行定義年齡群組，將受試者依據年齡區間進行分類。透過 Pandas 的 groupby() 方法，我們能夠方便地對年齡和性別進行分組統計，進而獲得不同年齡層在男女性別間的人數分布情況。

➔ **程式 8.19　觀察不同性別間年齡分佈**

```
# 指定年齡分組範圍和標籤
age_bins = [0, 5, 10, 15, 20, 25, 30, 35, 40, 45, 50, 55, 60, 65, 70, 75, 80,
85, 90, float('inf')]
age_labels = ["0-4", "5-9", "10-14", "15-19", "20-24", "25-29", "30-34", "35-
39", "40-44", "45-49", "50-54", "55-59","60-64", "65-69", "70-74", "75-79",
"80-84", "85-89", "90+"]
# 將年齡資料分組並加入到 DataFrame 中
df_data['age_group'] = pd.cut(df_data['age'], bins=age_bins,
labels=age_labels)
# 對年齡和性別進行分組統計
df_population = df_data.groupby(['age_group', 'sex'],
observed=False).size().unstack()
# 將索引重置為 DataFrame 的一部分
df_population = df_population.reset_index()
# 移除 male 和 female 兩個欄位都為 0 的資料
df_population = df_population[(df_population['male'] != 0) |
(df_population['female'] != 0)]
```

```python
# 計算男女各群組所需的資料
x_male = df_population['male'] * -1
x_female = df_population['female']
y = df_population['age_group']
# 繪製水平條形圖
fig, ax = plt.subplots()
ax1 = ax.barh(y, x_male, label='Male')
ax2 = ax.barh(y, x_female, label='Female')
# 顯示各年齡層人數
ax.bar_label(ax1, labels=[f'{int(x)}' if x != 0 else '' for x in -ax1.datavalues])
ax.bar_label(ax2, labels=[f'{x}' if x != 0 else '' for x in ax2.datavalues])
# 隱藏外框和 x 軸
ax.set_frame_on(False)

# 設定 x 軸範圍和刻度
ax.set_xlim(-1300, 1300)
ax.set_xticks([-1000, -750, -500, -250, 0, 250, 500, 750, 1000])
ax.set_xticklabels([1000, 750, 500, 250, 0, 250, 500, 750, 1000])
# 設定 y 軸標籤
ax.set_xlabel('Number')
ax.set_ylabel('Age groups')
# 顯示圖例
ax.legend()
plt.show()
```

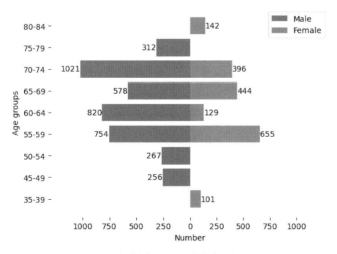

▲ 圖 8.19 根據性別統計各年齡區間人數

透過直方圖，我們能夠清晰地觀察特徵的資料分佈情況。這也是資料探索和預處理過程中的一個重要步驟，有助於我們發現潛在的數據模式和異常值。讀者們可以透過自行練習，探索並觀察輸入特徵的分佈情形，進一步鞏固對資料集的理解。以下範例將帶領各位觀察兩個目標輸出的分佈情形。透過視覺化的方式，我們能夠直觀地比較兩個目標輸出的分佈特性，並在後續的分析中加以考慮，進而提高模型的性能和預測準確度。

➜ 程式 8.20 觀察目標輸出資料分佈

```python
import seaborn as sns

# 定義特徵名稱串列
x_feature_names = ['motor_UPDRS', 'total_UPDRS']

# 建立多個子圖表
fig, axes = plt.subplots(1, 2, figsize=(10, 3))

# 繪製直方圖
for ax, name in zip(axes.flatten(), x_feature_names):
    sns.histplot(data=df_data, x=name, kde=True, ax=ax)
```

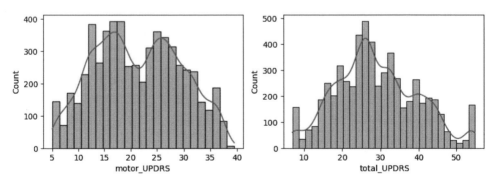

▲ 圖 8.20 目標輸出資料分佈

8.4.3 將資料切分成訓練集與測試集

我們挑選 19 個特徵作為模型的輸入並放置變數 X 中，其中包含受試者的年齡、性別、受試時間、以及 16 個醫療音訊測量值。而模型輸出為兩個數值分別為 motor_UPDRS 和 total_UPDRS，應儲存在 y 變數中。最後使用 scikit-learn 的 train_test_split() 函數將輸入特徵 X 和輸出變數 y 按照指定的比例分割為訓練集和測試集。

→ 程式 8.21 將資料切分成訓練集與測試集

```python
from sklearn.model_selection import train_test_split

x_feature_names = ['age', 'sex_encoded', 'test_time', 'Jitter(%)', 'Jitter(Abs)',
        'Jitter:RAP', 'Jitter:PPQ5', 'Jitter:DDP', 'Shimmer', 'Shimmer(dB)',
        'Shimmer:APQ3', 'Shimmer:APQ5', 'Shimmer:APQ11', 'Shimmer:DDA', 'NHR',
        'HNR', 'RPDE', 'DFA', 'PPE']
y_target_names = ['motor_UPDRS', 'total_UPDRS']
# 提取輸入特徵和目標變數
X = df_data[x_feature_names].values
y = df_data[y_target_names].values
# 將資料集分為訓練集和測試集
X_train, X_test, y_train, y_test = train_test_split(X, y, test_size=0.3,
random_state=42)


print('Shape of training set X:', X_train.shape)
print('Shape of testing set X:', X_test.shape)
```

在本範例中，我們將訓練集的大小設定為 80%，即 4112 筆資料用於模型的訓練，而剩下的 1763 筆資料則被保留用於測試，以驗證模型的預測能力。

輸出結果：

Shape of training set X: (4112, 19)

Shape of testing set X: (1763, 19)

8.4.4 建立隨機森林分類模型

以下示範了如何使用 scikit-learn 中的 RandomForestRegressor 類別建立一個隨機森林迴歸器模型。在這個例子中，我們指定了 n_estimators 參數為 10，這表示我們將建立 10 棵決策樹來構成隨機森林，同時限制每一棵樹的深度最深 12 層。random_state 參數則設置為 42，這用於確保每次執行程式時得到的結果都是相同的。

→ 程式 8.22 建立隨機森林分類模型

```python
from sklearn.ensemble import RandomForestRegressor

# 建立 RandomForestRegressor 模型
random_forest_reg = RandomForestRegressor(n_estimators=10, max_depth=12,
random_state=42)
# 模型訓練
random_forest_reg.fit(X_train, y_train)
```

以下是一些重要的參數和方法的說明：

參數 (Parameters):

- n_estimators：決定決策樹的數量，預設為 100。

- max_depth：決定每棵樹的最大深度，預設會不斷擴展節點，直到所有葉子都是純的或直到所有葉子包含少於 min_samples_split 樣本。

- min_samples_split：節點再分時所需的最小樣本數，預設為 2。

- min_samples_leaf：每個葉節點所需的最小樣本數，預設為 1。

- max_features：限制分枝時考慮的特徵個數，預設為 1。

- criterion：用於評估節點純度的標準，可以是 squared_error、absolute_error、friedman_mse 或 poisson，預設為 squared_error。

- min_impurity_decrease: 限制訊息增益的大小，當小於設定數值的分枝不會生長，預設為 0。

- bootstrap: 建立每棵樹時是否採用隨機抽取部分訓練資料，預設為 True。

- random_state：用於設置亂數種子，以確保每次訓練結果的一致性。

屬性 (Attributes):

- feature_importances_ : 查詢模型特徵的重要程度。

方法 (Methods):

- fit(X, y): 將特徵資料 X 和目標變數 y 放入進行模型擬合。

- predict(X): 進行預測並返回預測類別。

- score(X, y): 使用 R2 Score 進行模型評估。

8.4.5 評估模型

　　在模型訓練完成後，我們需要評估模型的性能，以確保其在新資料上的預測能力。在這個例子中，我們使用了兩個常見的評估指標：R2 分數和均方誤差（MSE）。R2 分數是一個統計指標，用於評估迴歸模型的預測能力。它的值範圍在 0 到 1 之間，越接近 1 表示模型的預測效果越好。而均方誤差則是預測值與實際值之間的平方誤差的平均值，它的數值越小表示模型的預測越準確。以下程式碼分別對訓練集和測試集上的兩個目標變數（motor_UPDRS 和 total_UPDRS）進行預測，並計算了兩個指標的值，以評估模型在不同集合上的表現。

➜ 程式 8.23 評估訓練結果

```
from sklearn.metrics import r2_score, mean_squared_error

# 在訓練集上進行預測並印出評估指標
print(" 訓練集 ")
y_train_pred = random_forest_reg.predict(X_train)
print("motor_UPDRS(y1) R2 Score: ", r2_score(y_train[:, 0], y_train_pred[:,
0])) # 計算 y1 的 R2 Score
print("motor_UPDRS(y1) MSE: ", mean_squared_error(y_train[:, 0],
y_train_pred[:, 0])) # 計算 y1 的均方誤差 MSE
print("total_UPDRS(y2) R2 Score: ", r2_score(y_train[:, 1], y_train_pred[:,
```

```
1])) # 計算 y2 的 R2 Score
print("total_UPDRS(y2) MSE: ", mean_squared_error(y_train[:, 1],
y_train_pred[:, 1])) # 計算 y2 的均方誤差 MSE

# 在測試集上進行預測並印出評估指標
print(" 測試集 ")
y_test_pred= random_forest_reg.predict(X_test)
print("motor_UPDRS(y1) R2 Score: ", r2_score(y_test[:, 0], y_test_pred[:,
0])) # 計算 y1 的 R2 Score
print("motor_UPDRS(y1) MSE: ", mean_squared_error(y_test[:, 0], y_test_pred[:,
0])) # 計算 y1 的均方誤差 MSE
print("total_UPDRS(y2) R2 Score: ", r2_score(y_test[:, 1], y_test_pred[:,
1])) # 計算 y2 的 R2 Score
print("total_UPDRS(y2) MSE: ", mean_squared_error(y_test[:, 1],
y_test_pred[:, 1])) # 計算 y2 的均方誤差 MSE
```

輸出結果：

訓練集

motor_UPDRS(y1) R2 Score: 0.9542407264171414

motor_UPDRS(y1) MSE: 3.0505637514649915

total_UPDRS(y2) R2 Score: 0.9558415928710364

total_UPDRS(y2) MSE: 5.102331930644496

測試集

motor_UPDRS(y1) R2 Score: 0.8734500811688924

motor_UPDRS(y1) MSE: 8.186697614147965

total_UPDRS(y2) R2 Score: 0.880374374787352

total_UPDRS(y2) MSE: 13.395913569483344

8.4.6 模型的可解釋性

在 scikit-learn 中，使用 RandomForestRegressor 建立的隨機森林模型可以透過 feature_importances_ 屬性提取各個特徵的重要性值。這個屬性返回一個和特徵數量相等的串列，其中每個元素代表相應特徵的重要性。該值越大，則該特徵對於模型的影響越大。這些重要性值可以用來進一步理解模型是如何做出預測的，以及哪些特徵對於預測的貢獻最大。

➜ 程式 8.24 查詢隨機森林特徵重要程度

```python
import matplotlib.pyplot as plt
import numpy as np

# 提取特徵重要性數值
importances = random_forest_reg.feature_importances_
# 取得特徵重要性排序後的索引
indices = np.argsort(importances)

# 繪製水平長條圖
plt.figure(figsize=(8, 6))
bar_plot = plt.barh(range(len(x_feature_names)), importances[indices], align='center')
plt.yticks(range(len(x_feature_names)), [x_feature_names[i] for i in indices])
plt.xlabel('Feature Importance')
plt.ylabel('Features')
plt.title('Feature Importance Scores')
# 在每個 bar 後面顯示數值
for rect in bar_plot:
    width = rect.get_width()
    plt.annotate(f'{width:.3f}', xy=(width, rect.get_y() + rect.get_height() /
2))
plt.show()
```

特徵的重要性值反映了它們對模型的整體預測能力的貢獻。較高的重要性值意味著該特徵對於預測的影響較大，而較低的值則表示該特徵對預測的影響較小。透過這些重要性值，我們可以了解哪些特徵對於模型的決策最為重要。在這個例子中，年齡被認為是最重要的決策因素。

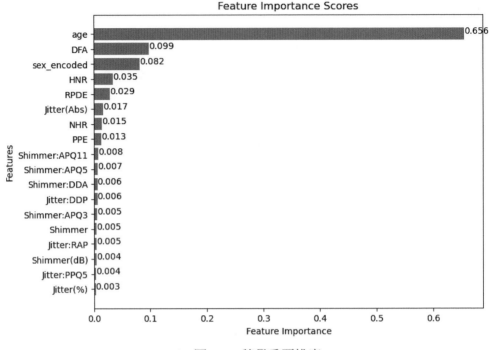

▲ 圖 8.21 特徵重要排序

8.5 極限梯度提升（XGBoost）

　　極限梯度提升方法（eXtreme Gradient Boosting, XGBoost）是一種強大的機器學習演算法，廣泛應用於各種資料科學競賽中。其高效的計算能力和優異的預測性能，使得它在眾多比賽和實際應用中脫穎而出。本章節將詳細介紹 XGBoost 的基本概念、模型結構、參數設置、模型訓練、特徵重要性分析、模型評估以及實作範例，幫助讀者全面了解並掌握這一強大的工具。接下來，我們將逐步深入探討 XGBoost 的核心原理和應用方法。

8.5.1 極限梯度提升簡介

　　XGBoost 是目前 Kaggle 競賽中最常見的演算法之一，並且是許多得獎者所使用的模型。這個機器學習模型由華盛頓大學博士生陳天奇提出，它基於梯度提升（Gradient Boosting），並加入了一些新的技術，使其兼具 Bagging 和 Boosting 的優點。XGBoost 保持了梯度提升的特性，每一棵樹都與前面的樹相關聯，目的是希望後面生成的樹能夠修正前面樹的錯誤。此外，XGBoost 採用特徵隨機採樣技術，類似於隨機森林，在生成每一棵樹時隨機抽取特徵，因此每次生成樹的時候並不會使用全部的特徵參與決策。為了防止模型過於複雜，XGBoost 在目標函數中加入了正則化項。因為模型在訓練時會為了擬合訓練資料產生許多高次項函數，這些高次項容易受到雜訊干擾，導致過擬合。因此，XGBoost 使用 L1 和 L2 正則化來平滑損失函數，提高抗雜訊干擾能力。最後，XGBoost 利用一階導數（Gradient）和二階導數（Hessian）來生成下一棵樹，進一步提升模型的性能和穩定性。

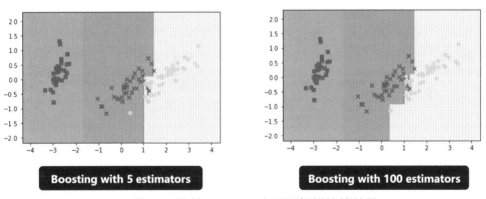

▲ 圖 8.22 比較 Boosting 在不同棵樹決策結果

8.5.2 XGBoost 模型結構

XGBoost 使用的模型基礎是「決策樹」。與傳統的決策樹不同，XGBoost 的樹模型是多棵決策樹的集成，每棵樹試圖修正前一棵樹的預測誤差。這些樹之間是互相關聯的，並通過梯度提升算法來實現這種增強效果。每棵樹從根節點開始進行特徵分裂，逐步分成多個子節點，每個節點根據特徵值進行二元分裂，最終形成預測結果。

我們透過一個簡單的例子來說明 XGBoost 的工作原理。假設我們希望預測某人是否適合跑馬拉松。我們知道年輕人比年長者更適合跑馬拉松，而運動習慣頻繁的人比不常運動的人更適合。因此，我們首先根據年齡區分年輕人和年長者，接著再根據運動習慣進行細分，最終給每個人一個「跑馬拉松適合度」的分數。

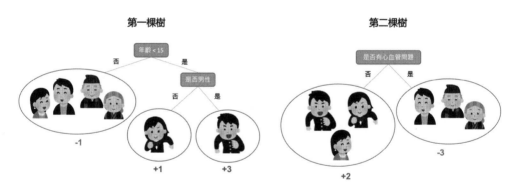

▲ 圖 8.23 XGBoost 決策樹運作範例

在這個例子中，我們會先構建第一棵決策樹，根據年齡進行分裂。例如，年輕運動愛好者獲得較高的分數，而年長且運動頻率低的人則得到較低的分數。這時，XGBoost 還會疊加第二棵樹，考慮到其他因素，例如「是否有心血管問題」。這棵新樹會對初始預測進行調整，例如有心血管問題的人會扣分，而健康狀況良好的人則可能增加分數。

$$f(\text{👦}) = 3 + 2 \qquad f(\text{👴}) = -1 + (-3)$$
$$= 5 \qquad\qquad\qquad = -4$$

▲ 圖 8.24 XGBoost 根據不同資料計算結果

最終預測結果是兩棵樹的結果相加，例如年輕運動愛好者的最終分數可能是第一棵樹的 3 分加上第二棵樹的 2 分，總分 5 分。同理，年長且有健康問題的人的預測分數可能是第一棵樹的 -1 分加上第二棵樹的 -3 分，總分 -4 分。這樣，XGBoost 就能通過多棵樹的累加來做出更精確的預測。這裡我們可以發現，XGBoost 的方法與 GBDT 確實有很多相似之處，但兩者最大的區別在於目標函數的定義。

在 XGBoost 中，與 GBDT 相比，最核心的區別在於目標函數的設計。XGBoost 的目標函數不僅包括損失函數，還添加了正則化項來控制模型的複雜度，這是防止模型過擬合的關鍵。損失函數用來衡量模型預測與真實值的差距，正則化項則是 L1 和 L2 的結合，用來平衡模型的簡化與性能。

$$Obj^{(t)} = \sum_{i=1}^{n} L\left(y_i, \hat{y}_i^{(t-1)} + f_t(x_i)\right) + \Omega(f_t) + constant$$

▲ 公式 8.1 XGBoost 目標函數

為了提升優化的效率，XGBoost 採用了泰勒展開對目標函數進行近似處理。在這一過程中，XGBoost 利用了一階導數（梯度）和二階導數（曲率），使得模型在更新決策樹時能夠更準確地調整每個節點的權重。泰勒展開的優勢在於，它能通過偏導數形式來進行葉子節點的優化，無需依賴特定的損失函數。這種方法不僅加快了收斂速度，還使得 XGBoost 能夠靈活應用於不同的任務，包括分類與迴歸問題。

- **泰勒展開**：$f(x+\Delta x) \cong f(x) + f'(x) + \frac{1}{2}f''(x)\Delta x^2$
- **定義**：$g_i = \partial_{\hat{y}(t-1)} L\left(y_i, \hat{y}_i^{(t-1)}\right), h_i = \partial^2_{\hat{y}(t-1)} L\left(y_i, \ddot{y}_i^{(t-1)}\right)$

$$Obj^{(t)} \cong \sum_{i=1}^{n} \left[L\left(y_i, \hat{y}_i^{(t-1)}\right) + g_i f_t(x_i) + \frac{1}{2} h_i f_t^2(x_i) \right] + \Omega(f_t) + constant$$

▲ 公式 8.2 泰勒展開式近似目標函數

透過這種結構設計，XGBoost 在兼顧模型性能與複雜度控制的同時，保證了高效的計算性能，使得它在大多數資料集上有優秀的表現。我們可以進一步觀察 XGBoost 的核心運算過程。每次模型的更新都是基於前一次迭代的預測結果，並通過學習一個新的函數來縮小預測值與真實值之間的殘差。在每一輪迭代中，模型不斷地累加新的樹，每棵樹的目標是修正前面樹所遺留下的誤差。因此，隨著模型迭代的進行，預測結果逐漸接近真實值。

XGBoost 的優勢之一在於它將每棵樹的學習過程分成了多個小步驟，並且在每一步中都利用了一階和二階導數來指引學習方向，這讓模型不僅能快速收斂，還能更精準地優化每一個分裂點。此外，這種逐步添加新樹的方式，也使得模型能夠有效處理複雜的非線性關係，而不需要在初期就對數據進行過多的假設。 具體來說，XGBoost 的每一棵新樹都根據當前模型的殘差來學習，即這棵新樹專注於修正當前模型的預測誤差。當我們完成所有的樹時，每棵樹的預測值會被累加起來，最終形成對每個樣本的預測分數。

$$\hat{y}_i^{(0)} = 0$$

$$\hat{y}_i^{(1)} = f_1(x_i) = \hat{y}_i^{(0)} + f_1(x_i)$$

$$\hat{y}_i^{(0)} = f_1(x_i) + f_2(x_i) = \hat{y}_i^{(1)} + f_2(x_i)$$

$$\cdots$$

$$\hat{y}_i^{(t)} = \sum_{k=1}^{t} f_k(x_i) = \hat{y}_i^{(t-1)} + f_t(x_i)$$

第 t 輪訓練時的模型　　　　保留前一輪新增的函數　　新函數

▲ 公式 8.3 XGBoost 模型的迭代過程

上述是 XGBoost 模型更新的過程，重點在於每次訓練過程中，模型如何不斷添加新的函數來改善預測結果。

- **初始預測：**

從最上方的數學表示式顯示，模型的初始預測是常數值，這裡設定為 0。也就是說，模型在第 0 輪 $\hat{y}_i^{(0)}$ 並沒有任何特徵資訊，只是做出一個簡單的常數預測。

$$\hat{y}_i^{(0)} = 0$$

▲ 公式 8.4 初始預測

- **第一輪更新：**

在第一輪訓練過程中，模型會根據輸入 x_i 學習到一個新的函數 $f_1(x_i)$，用來修正最初的預測值。這樣一來，第一輪後的預測 $\hat{y}_i^{(1)}$ 就等於初始預測值加上新學到的函數 $f_1(x_i)$。

$$\hat{y}_i^{(1)} = f_1(x_i) = \hat{y}_i^{(0)} + f_1(x_i)$$

▲ 公式 8.5 第一輪更新

- **第二輪更新：**

在第二輪訓練時，模型會再學習一個新的函數 $f_2(x_i)$，這個函數是基於第一輪的預測誤差進行調整。於是第二輪的預測值 $\hat{y}_i^{(2)}$ 就是第一輪的預測值加上第二個修正函數。

$$\hat{y}_i^{(2)} = f_1(x_i) + f_2(x_i) = \hat{y}_i^{(1)} + f_2(x_i)$$

▲ 公式 8.6 第二輪更新

- **第 t 輪更新：**

每次訓練後，模型會根據之前的預測結果學習新的修正函數。在第 t 輪訓練後，預測值 $\hat{y}_i^{(t)}$ 是由之前所有的修正函數的總和，再加上最新學到的函數 $f_t(x_i)$ 來做預測。

$$\hat{y}_i^{(t)} = \sum_{k=1}^{t} f_k(x_i) = \hat{y}_i^{(t-1)} + f_t(x_i)$$

▲ 公式 8.7 第 t 輪更新

接下來的問題是，我們如何在每一輪選擇合適的函數 $f_t(x_i)$ 來加入模型呢？其實答案相當直觀，我們的目標是選擇一個 $f_t(x_i)$ ，使得整個目標函數能夠在每一輪的更新中得到最大幅度的減少。為了達到這個目標，我們可以使用泰勒展開進行近似，這樣可以將複雜的優化問題簡化為一個可行的數學形式。

具體而言，每一個樣本的預測值會影響葉子節點的分配，這樣每個葉子節點都會對應一個目標函數值 Obj 。因此，整個優化過程實際上是在不同的分裂節點與葉子節點組合下，尋找使目標函數最小化的方案。換句話說，我們的目標就是在所有可能的分裂組合中找到最佳解，每一個組合對應不同的目標函數值，並且我們希望通過選擇合適的 $f_t(x_i)$ 來持續降低這個值。

$$Obj^{(t)} = \sum_{i=1}^{n} L\left(y_i, \hat{y}_i^{(t-1)} + f_t(x_i)\right) + \Omega(f_t) + constant$$

損失函數　　正規化項 (L1、L2)　　常數項

▲ 公式 8.8 XGBoost 的目標函數

到目前為止，我們討論的都是目標函數的第一部分，即訓練誤差，它反映了模型對訓練數據的擬合程度。然而，光考慮訓練誤差是不夠的，因為模型很容易過擬合。因此，我們還需要考慮目標函數的第二部分，也就是正則化項，這部分對應的是對樹模型複雜度的約束。正則化項通過限制樹的複雜度來避免過擬合問題，使得模型能夠更好地在不同資料集上進行泛化。

在我們深入了解 XGBoost 的優化過程和計算方式後，會發現一個問題：到底 XGBoost 中的樹是怎麼生成的？簡單來說，決策樹的生成是從根節點開始，每個節點根據特徵將數據劃分成兩部分，並不斷重複這個過程，直到生成完整的樹。但是，究竟該如何選擇每個節點的分裂點呢？ XGBoost 的作者在其論文中提出了一種名為貪婪演算法的分裂方法，用於尋找最佳的樹結構。具體來說，

這個方法會逐一嘗試不同的分裂方式，並利用評分函數來衡量每個分裂後的效果。通過不斷地計算每個分裂的損失函數，最終選擇能夠最大化增益、最小化損失的分裂點。當找到最優分裂後，便將樹進一步分裂成子節點。這個過程會不斷重複，直到生成一棵完整的決策樹。

其樹的生成過程採用了基於層拓展的 Level-Wise Growth 機制。Level-Wise Growth 是指每次分裂時，XGBoost 會優先將所有同一層的節點進行分裂，並確保所有節點在當前層完成分裂後，才會進行下一層的分裂。這樣的層級式生長方式可以使 XGBoost 充分利用並行計算的優勢，極大地提升了訓練效率。

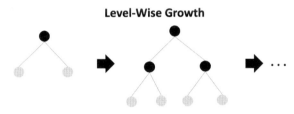

Level-Wise Growth

▲ 圖 8.25 XGBoost 每棵樹拓展的機制

在 XGBoost 中，這個分裂過程與 CART 迴歸樹的想法非常相似，都是利用貪婪方法來尋找最佳的特徵劃分點。唯一的不同在於使用的目標函數有所變化。XGBoost 在分裂後會計算分裂後的目標函數值和未分裂時的增益，只有當增益超過設定的閾值時，才會繼續分裂，從而有效地控制了樹的深度，避免過擬合。這樣一棵棵的決策樹被生成並疊加，形成最終的 XGBoost 模型。

XGBoost 是一種基於樹結構的模型，它通過多棵決策樹的集合來進行預測。每一棵樹都是在前一棵樹的基礎上構建的，目的是修正前一棵樹的錯誤。這種逐步改進的方式使得 XGBoost 能夠有效地提升模型的準確性和穩定性。

- 決策樹基模型

   ○ XGBoost 的基礎模型是 CART（分類／迴歸樹）。每棵樹都試圖最大化資訊增益，通過不斷分裂節點來建構樹結構。

   ○ 每個節點的分裂是基於特徵的最佳分裂點，以最大化訊息增益或減少均方誤差。

- 逐步添加樹模型

  - 每棵新樹的生成是為了校正前一棵樹的預測誤差。這意味著，後續的每一棵樹都是針對上一棵樹的殘差進行訓練的。

  - 這種方法可以看作是對模型進行迭代改進，使得最終的預測結果更加準確。

- 特徵隨機採樣

  - XGBoost 採用了類似於隨機森林的方法，在生成每一棵樹時隨機抽取特徵進行分裂，這樣可以防止過擬合並提高模型的泛化能力。

- 正則化

  - XGBoost 在目標函數中加入了 L1 和 L2 正則化項，以控制模型的複雜度，避免過擬合。這使得模型在訓練時能夠更好地平衡擬合和泛化性能。

8.6 XGBoost（分類）實務應用： 銀行客戶定存申辦預測

在本章節，我們將實作一個分類任務，並應用 XGBoost 演算法來預測銀行客戶是否會申辦定期存款。此實作將帶領大家一步步了解如何使用 XGBoost 進行分類問題的建模，包括資料的前處理、模型訓練、預測以及模型效能的評估。透過這個實務應用，我們希望能夠深入理解 XGBoost 在解決實際分類問題上的強大之處，並學習如何在金融領域應用這種技術來提升預測準確度。

本資料集可從 UCI Machine Learning Repository 獲取：

https://archive.ics.uci.edu/dataset/222/bank+marketing

8.6.1 資料集描述

這份資料集共有 11,162 筆資料，涵蓋了 17 個欄位，這些欄位提供了關於銀行客戶的詳細資訊。其中，輸入特徵包括了客戶年齡、職業、收入、貸款狀況、婚姻狀態、教育背景等多種變數，這些變數能夠幫助我們分析和預測客戶的行為。模型的預測目標是判斷某位客戶是否會接受銀行提供的定期存款產品（即目標變數）。在這個實作過程中，我們將運用 XGBoost 演算法進行分類模型的訓練和預測，並且通過對特徵重要性的分析，進一步理解哪些變數對模型的決策有顯著影響，這將幫助我們優化銀行的商業策略和行銷活動，進而提升預測的精準度及業務績效。

輸入特徵：

- age（數值型）：年齡。

- job（類別型）：職業。

    ○ admin 管理員

    ○ blue-collar 藍領

    ○ entrepreneur 企業家

    ○ housemaid 保姆

    ○ management 經理

    ○ retired 已退休

    ○ self-employed 自顧

    ○ services 服務業

    ○ student 學生

    ○ technician 技術員

    ○ unemployed 待業

    ○ unknown 未知

- marital（類別型）：婚姻狀況。

  ○ divorced 離婚

  ○ married 已婚

  ○ single 單身

- education（類別型）：教育背景。

  ○ primary 國小

  ○ secondary 國中

  ○ tertiary 高中以上

  ○ unknown 未知

- default（類別型）：是否有信用卡違約紀錄。

  ○ no 否

  ○ yes 是

  ○ unknown 未知

- balance（數值型）：帳戶餘額。

- housing（類別型）：是否有住房貸款。

  ○ no 否

  ○ yes 是

  ○ unknown 未知

- loan（類別型）：是否有個人貸款。

  ○ no 否

  ○ yes 是

  ○ unknown 未知

- contact（類別型）：聯繫方式。

- ○ cellular 行動電話

- ○ telephone 室內電話

- ○ unknown 未知

- day（數值型）：最後一次聯繫日。

- month（類別型）：最後一次聯繫月份。

- duration（數值型）：聯繫持續時間（秒）。

- campaign（數值型）：此次行銷活動與客戶聯繫的次數。

- pdays（數值型）：距離上次聯繫的天數。

- previous（數值型）：之前行銷活動中與客戶聯繫的次數。

- poutcome（類別型）：之前行銷活動的結果。

- ○ failure 失敗

- ○ unknown 無記錄

- ○ success 成功

- ○ other 其他

輸出：

- deposit（類別型）：此客戶最後是否辦理定存。

- ○ yes 是

- ○ no 否

8.6.2 載入資料集

我們將使用 pandas 來載入銀行定存申辦的資料集。透過 read_csv() 方法，我們將資料從 CSV 檔案中讀取並儲存在 DataFrame 物件中。這個資料集包含了客戶的個人資料和金融行為的相關資訊，將作為我們進行 XGBoost 分類任務的主要數據來源。接下來，我們會基於這份資料集進行資料清理、特徵工程以及模型訓練等操作。

➜ 程式 8.25　載入資料集

```
import pandas as pd

# 讀取資料集
df_data = pd.read_csv('../dataset/auto_mpg.csv')
```

成功讀取資料後，我們可以透過 info() 方法來檢視資料集的基本結構和資訊。此方法會顯示出資料框中的列數和欄數、每個欄位的名稱、非空值的數量以及每個欄位的資料型別。這些資訊能幫助我們初步了解資料的完整性和特徵的類型，並決定後續的資料清理或特徵工程工作。

➜ 程式 8.26　檢查資料集的基本結構

```
df_data.info()
```

```
<class 'pandas.core.frame.DataFrame'>
RangeIndex: 11162 entries, 0 to 11161
Data columns (total 17 columns):
 #   Column     Non-Null Count  Dtype
---  ------     --------------  -----
 0   age        11162 non-null  int64
 1   job        11162 non-null  object
 2   marital    11162 non-null  object
 3   education  11162 non-null  object
 4   default    11162 non-null  object
 5   balance    11162 non-null  int64
 6   housing    11162 non-null  object
 7   loan       11162 non-null  object
 8   contact    11162 non-null  object
 9   day        11162 non-null  int64
 10  month      11162 non-null  object
 11  duration   11162 non-null  int64
 12  campaign   11162 non-null  int64
 13  pdays      11162 non-null  int64
 14  previous   11162 non-null  int64
 15  poutcome   11162 non-null  object
 16  deposit    11162 non-null  object
dtypes: int64(7), object(10)
memory usage: 1.4+ MB
```

▲ 圖 8.26　顯示每個欄位的名稱、非空值的數量、資料型態等資訊

從上述執行結果中，我們可以清楚看到該資料集包含了多種類型的輸入特徵，其中既有連續性數值型特徵（如 int, float 等），也有字串類別型特徵（如 object）。這些特徵類型的區分對後續的資料處理過程非常重要，因為不同型別的資料需要不同的處理方法。為了方便後續的資料視覺化和前處理，我們可以先用程式分別提取數值型和類別型特徵，以便於為每一類特徵選擇合適的處理方式。

➡ 程式 8.27 取得數值型與類別型特徵名稱

```python
import numpy as np

# 取得數值型特徵名稱
numerical_columns = df_data.select_dtypes(include=np.number).columns.tolist()

# 取得字串類別型特徵名稱
categorical_columns = df_data.select_dtypes(include='object').columns.tolist()

# 顯示結果
print("Numerical Features:", numerical_columns)
print("Categorical Features:", categorical_columns)
```

輸出結果：

Numerical Features: ['age', 'balance', 'day', 'duration', 'campaign', 'pdays', 'previous']

Categorical Features: ['job', 'marital', 'education', 'default', 'housing', 'loan', 'contact', 'month', 'poutcome', 'deposit']

我們可以從前面取得的結果中確認每個欄位的資料型態，接下來我們將針對數值型特徵進行資料視覺化分析。透過繪製數值型特徵的直方圖，我們可以直觀地觀察各數值特徵的資料分佈情況，並將目標變數（是否接受定存產品）的影響作為區分，方便進行進一步的分析。這樣的視覺化有助於我們了解每個特徵的分佈趨勢，是否存在明顯的資料偏態，並觀察不同客戶在各特徵上的表現差異，為後續的特徵選取和資料處理提供依據。

➔ 程式 8.28 直方圖分析數值型特徵分佈情形

```python
import matplotlib.pyplot as plt
import seaborn as sns

# 定義數值特徵名稱串列
numerical_columns = ['age', 'balance', 'day', 'duration', 'campaign',
'pdays', 'previous']

# 建立多個子圖表
fig, axes = plt.subplots(4, 2, figsize=(10, 15))

# 繪製直方圖
for ax, name in zip(axes.flatten(), numerical_columns):
    sns.histplot(data=df_data, x=name, hue="deposit", kde=True,
palette="tab10", ax=ax)
```

從視覺化結果，我們可以觀察到不同數值型特徵的資料分佈情況，並以是否申辦定期存款（deposit）為區分標準進行了對比。

- **age（年齡）**：年齡的分佈顯示大部分客戶集中在 20-60 歲之間。可以看出，申辦定存的客戶大多數年齡較為集中在 30-40 歲之間，而沒有申辦的年齡分佈則相對分散，尤其在年輕和年長群體中出現較多未申辦的情況。

- **balance（餘額）**：餘額的分佈顯示出非常明顯的右偏分佈（長尾分佈），大部分客戶的餘額集中在 0-20000 之間，且有少數餘額極高的客戶。從分佈看，申辦定存的客戶大多有較高的餘額，而未申辦的則更多分佈在餘額較低的部分。

- **day（聯繫日期）**：聯繫日期在月份內的分佈相對均勻，但似乎沒有明顯的規律可推測出與是否申辦的關聯，這可能暗示該特徵對最終決策的影響較小。

- **duration（通話時長）**：通話時長也是一個右偏分佈的特徵。顯然，通話時間較長的客戶更有可能接受定存產品，這或許是因為較長的交流時間增強了客戶對產品的了解與信任。

- **campaign（聯繫次數）**：這個特徵也呈現出明顯的右偏分佈，大部分客戶在此次活動中只被聯繫了幾次。申辦定存的客戶聯繫次數相對較少，這可能意味著頻繁的聯繫反而降低了客戶接受的意願。

- **pdays（與上次聯繫的天數）**：此特徵顯示大多數客戶在活動期間之前很久未被聯繫，這可能導致大多數人不願意接受定存產品。

- **previous（之前聯繫次數）**：與 campaign 類似，之前聯繫次數多的客戶並不多，並且顯示出明顯的右偏分佈。

綜合來看，從這些數值型特徵中，我們可以發現與申辦定存產品相關的幾個主要特徵，如年齡、餘額和通話時長等，這些特徵對於後續模型的訓練有很大幫助，因為它們對客戶的決策行為具有一定的區分度。尤其是通話時長越長的客戶，越有機會申辦定存。而其他一些特徵，如聯繫日期和次數等，則可能對預測的幫助相對有限。

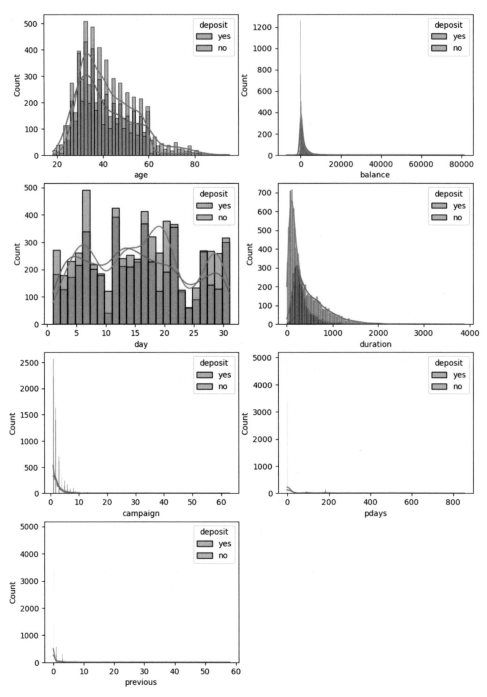

▲ 圖 8.27 直方圖分析數值型特徵分佈情形

從直方圖的結果中，我們發現特徵 balance（餘額）、pdays（上次聯繫後的天數）、campaign（聯繫次數）和 previous（先前聯繫次數）都有明顯的右偏分佈和離群值。這些離群值可能會影響模型的準確性，因此接下來我們使用箱形圖來深入分析這些特徵的離群分佈狀況。透過箱形圖，我們能夠直觀地觀察到每個特徵的數據範圍以及是否存在極端值，進而決定是否需要進行進一步的資料清理或移除這些極端值，以提升模型的預測性能。

➔ 程式 8.29 使用箱形圖近一步分析右偏特徵

```python
import matplotlib.pyplot as plt
import seaborn as sns

# 定義特徵名稱串列
x_feature_names = ['balance', 'pdays', 'campaign', 'previous']
# 創建一個 3x3 的子圖佈局，每個特徵將有一個獨立的子圖
fig, axes = plt.subplots(1, 4, figsize=(12, 4))
# 將每個特徵的箱形圖分別繪製在不同的子圖中
for i, feature in enumerate(x_feature_names):
    # 使用 seaborn 繪製箱形圖
    sns.boxplot(y=df_data[feature], ax=axes[i], showmeans=True)
    axes[i].set_title(f'Boxplot of {feature}')  # 設置子圖標題
    axes[i].set_ylabel('')  # 設置 y 軸標籤為空

# 調整子圖之間的間距和布局
plt.tight_layout()
plt.show()
```

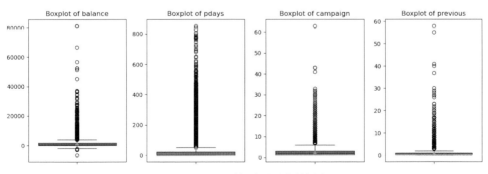

▲ 圖 8.28 箱形圖分析結果

在使用 XGBoost 進行分類時，處理資料中的離群值顯得極為重要，因為這些異常點可能會影響模型的表現並導致不穩定的預測結果。XGBoost 對於離群值的敏感性可以從其模型特性與 Boosting 機制來解釋。Boosting 演算法的特點是將許多弱分類器（如決策樹）結合起來，逐步校正前一輪分類器所犯的錯誤，最小化損失函數。這種方法會讓模型非常專注於修正前一輪預測中的錯誤，因此如果資料集中存在離群值，這些極端值的錯誤預測會在每一輪的 Boosting 過程中不斷被強調。這使得模型可能過度關注這些異常點，導致影響整體預測的準確性，使模型的 variance（方差）提升。

相比之下，Bagging（如隨機森林）透過對樣本進行重複採樣，並對多個子樣本集訓練模型，最後通過平均化結果來降低模型的 variance。由於它每個模型的 bias（偏差）低且獨立，重複平均操作可以有效降低過擬合的風險。而 Boosting 是針對錯誤進行強化訓練，會更加傾向於降低 bias，但對於離群值較為敏感，容易受資料中的噪音或極端值影響，使得模型產生過擬合，特別是在高 variance 的情況下。因此，在資料中存在離群值時，XGBoost 可能會過於專注於這些點而影響模型的泛化能力。

➡ 程式 8.30　移除離群值

```python
import pandas as pd

def remove_outliers(df, numerical_columns):
    """
    根據指定的數值型欄位，移除超過 3 倍標準差 ( 極端離群值 ) 範圍的資料。
    參數：
    df (pd.DataFrame): 輸入的資料
    numerical_columns (list): 需要篩選的數值型欄位

    回傳：
    pd.DataFrame: 移除異常值後的資料
    """
    # 對於每個數值型欄位，移除超過 3 倍標準差範圍外的資料
    for column in numerical_columns:
        mean = df[column].mean()
        std = df[column].std()
        # 篩選出落在 [mean - 3*std, mean + 3*std] 之間的資料
```

```
    df = df[(df[column] >= (mean - 3 * std)) & (df[column] <= (mean + 3 * std))]

    return df


# 針對數值型特徵進行離群值移除
numerical_columns = ['age', 'balance', 'day', 'duration', 'campaign',
'pdays', 'previous']
df_data = remove_outliers(df_data, numerical_columns)
```

在處理離群值時，常見的做法是根據資料的特性和分析目的來決定使用幾倍標準差來篩選資料。以下是常見的倍數標準：

- **1.5 倍標準差**：這個範圍有時用來篩選出輕微的離群值，特別是在較小的資料集中。

- **2 倍標準差**：在常態分佈下，約有 95% 的資料會落在平均值的正負 2 倍標準差之間，這是常用的判定異常值的範圍。

- **3 倍標準差**：最常用的標準。在常態分佈下，約有 99.7% 的資料會落在平均值的正負 3 倍標準差之間，因此超過這個範圍的資料通常會被認為是極端的離群值。

使用哪個倍數取決於你對資料敏感度的要求。若希望更嚴格地控制離群值，可以選擇 2 倍或 3 倍的標準差；如果只想排除輕微的異常，則 1.5 倍標準差可能是較合適的選擇。在本範例中，我們選擇了 3 倍數來避免極端離群值影響模型，減少過擬合的風險。

接下來，我們將對類別型資料進行視覺化分析。這一步主要針對資料中的類別型特徵，觀察這些特徵與目標變數（即客戶是否接受銀行定期存款產品）的關係。我們使用 countplot() 函數，將每個類別型特徵依據 deposit 變數進行分組顯示，這樣我們可以直觀地了解不同類別下的客戶行為。每個子圖展示了某個類別型特徵的分佈情況，以及對應的客戶是否選擇定期存款的比例。這種視覺化有助於我們發現可能與預測結果相關的模式或異常情況，有利於後續的資料前處理和模型訓練。

➜ 程式 8.31 直方圖分析類別型特徵分佈情形

```python
import matplotlib.pyplot as plt
import seaborn as sns

# 定義類別型特徵名稱串列
categorical_columns = ['job', 'marital', 'education', 'default', 'housing', 'loan',
'contact', 'month', 'poutcome']

# 建立多個子圖表
fig, axes = plt.subplots(3, 3, figsize=(12, 12))

# 繪製 countplot，對每個類別型特徵依照 deposit (yes/no) 做分組顯示
for ax, name in zip(axes.flatten(), categorical_columns):
    sns.countplot(data=df_data, x=name, hue='deposit', palette='tab10', ax=ax)
    ax.set_title(f'{name.capitalize()} and Deposit')  # 設置子圖標題
    ax.tick_params(axis='x', rotation=90)  # 直接設定 X 軸標籤的旋轉角度

# 調整圖表之間的間距
plt.tight_layout()
plt.show()
```

　　從類別型資料的視覺化結果可以發現，不同特徵對於客戶是否選擇銀行定期存款有明顯的影響。例如，教育程度較高的客戶、使用行動電話聯繫的客戶以及上一個行銷活動成功的客戶，選擇存款的比例較高。而有房貸或個人貸款的客戶，則較少選擇存款。這些觀察有助於我們理解不同客群的行為模式，並提供進一步優化行銷策略的依據。從類別型資料的視覺化結果中。

　　我們可以觀察到以下幾點關鍵分析：

- **職業（Job）與定期存款（Deposit）的關係**：我們可以發現部分職業群體，例如管理層，申辦定期存款的比例較高，這可能是因為這些職業的收入較為穩定。另外退休人員，申辦的比例明顯高，這也反應大多人想為自己養老做規劃。而藍領中未申辦定期存款的人數則明顯較多，這或許與他們的消費能力或收入狀況相關。

- **婚姻狀況（Marital）與定期存款**：已婚（married）群體中未申辦定存的比例高於申辦定存的人數，而單身（single）群體則相反，有更多人選擇申辦定期存款。這可能反映出單身群體有更多的餘額可以進行投資，或對金融產品的需求較大。

- **教育程度（Education）與定期存款**：受過高等教育（tertiary）的人群申辦定存的比例較高，這也暗示了教育程度可能會影響金融產品的接受度，可能因為他們對產品的理解更深入。

- **違約記錄（Default）**：幾乎所有有違約記錄的人都沒有申辦定期存款，而沒有違約記錄的人群則申辦定存的比例較高，這符合常理，因為有違約記錄的人可能在財務管理上較為保守或缺乏資源進行投資。

- **房貸（Housing）與定期存款**：擁有房貸的人大多沒有申辦定期存款，可能是因為房貸已經占用了他們的一部分資金流，而沒有房貸的人更傾向於進行定期存款。

- **貸款（Loan）**：與房貸相似，擁有貸款的人多數未申辦定期存款，這說明貸款可能會影響客戶的理財行為，使其更少資金用於其他金融產品。

- **聯絡方式（Contact）**：透過行動電話（cellular）聯絡的人申辦定期存款的比例較高，這可能是因為電話聯絡能夠提供更直接的資訊，促使客戶做出決策。

- **月份（Month）**：我們可以看到在不同月份的定存申辦比例有明顯的變化，尤其是在 5 月，未申辦定期存款的人數顯著增加，而 3 月、4 月和 9 月則明顯有更多人選擇申辦定期存款，這可能反映出銀行在某些月份的行銷活動更為成功。

- **先前行銷結果（Poutcome）**：之前成功（success）的行銷活動顯著影響了定期存款的申辦率，過去行銷活動成功的人再次申辦定存的比例很高，而行銷失敗（failure）的人則較少申辦定存，這表明過去的成功經驗對於未來的決策影響甚大。

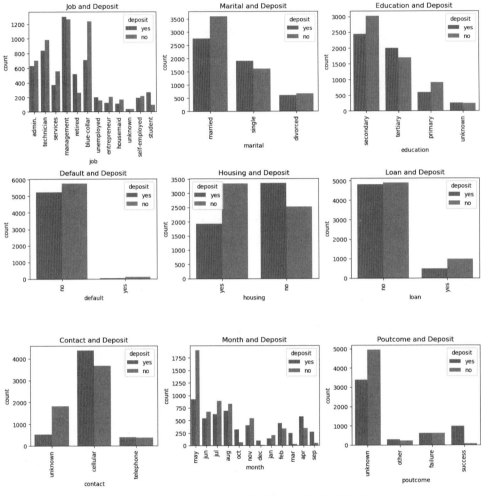

▲ 圖 8.29　直方圖分析類別型特徵分佈情形

接下來，我們將使用 Seaborn 的 countplot() 函數來觀察資料集中目標輸出（deposit）的分佈情況。透過這個直方圖，我們可以清楚地看到有多少客戶選擇了申辦定存產品（標籤為 "yes"）以及多少客戶沒有申辦（標籤為 "no"）。此外，我們還會在每個直方圖的上方顯示具體的樣本數量，以便更直觀地觀察資料的分佈。這樣的視覺化結果將有助於我們了解類別平衡，並評估模型在處理這類不平衡資料時的表現。

➜ 程式 8.32 統計輸出類別數量

```python
import matplotlib.pyplot as plt
import seaborn as sns

# 定義類別型特徵名稱串列
categorical_columns = ['job', 'marital', 'education', 'default', 'housing', 'loan',
'contact', 'month', 'poutcome']

# 建立多個子圖表
fig, axes = plt.subplots(3, 3, figsize=(12, 12))

# 繪製 countplot，對每個類別型特徵依照 deposit (yes/no) 做分組顯示
for ax, name in zip(axes.flatten(), categorical_columns):
    sns.countplot(data=df_data, x=name, hue='deposit', palette='tab10', ax=ax)
    ax.set_title(f'{name.capitalize()} and Deposit')  # 設置子圖標題
    ax.tick_params(axis='x', rotation=90)  # 直接設定 X 軸標籤的旋轉角度

# 調整圖表之間的間距
plt.tight_layout()
plt.show()
```

　　下圖顯示了在經過離群值移除後的資料數量分佈情況。我們可以看到，未申辦定存（標籤為 "no"）的客戶數量為 5488，而已申辦定存（標籤為 "yes"）的客戶數量為 4591。從數據比例來看，未申辦定存的客戶數量稍高於已申辦定存的客戶，但兩者之間的差距並不大，這表示資料集相對平衡，模型在進行分類時不會過於偏向單一類別，避免了嚴重的類別不平衡問題。這樣的分佈有助於模型進行更精確的預測。

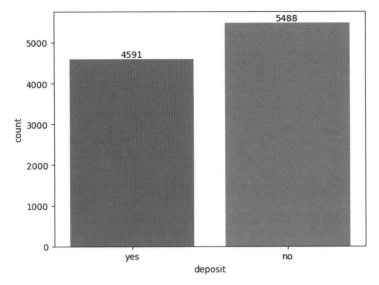

▲ 圖 8.30 是否申辦定存數量統計

　　雖然目前資料相對平衡，但在遇到不平衡資料集時，模型可能會更偏向於預測較多數的類別，導致預測準確度失衡。為了應對這種情況，可以採用幾種常見的處理方法。首先，上採樣（如 SMOTE）可以透過合成新樣本來增加少數類別的數據量；其次，下採樣 可以減少多數類別的數據量，使得兩個類別的比例更加平衡。還可以選擇加權損失函數，使模型在訓練時更加重視少數類別的錯誤。此外，也可使用專門針對不平衡資料集設計的演算法，如 XGBoost 支持的 scale_pos_weight 參數來平衡正負樣本的影響。

- **重抽樣技術**：可以對少數類別進行上採樣（如 SMOTE，合成少數類別樣本），或者對多數類別進行下採樣，從而使資料集變得更加平衡。

- **加權損失函數**：在模型訓練中可以對損失函數進行加權，給少數類別分配更高的權重，從而強化模型對少數類別的關注度。

- **整體學習**：使用集成的方法（如 Bagging 或 Boosting），這些方法可以通過多次抽樣來改善模型的穩定性，進一步處理不平衡問題。

8.6.3 資料清理

　　在進行機器學習建模之前，我們必須先對資料進行清理和前處理，以確保模型能夠正確處理並運算資料中的各個特徵。在這個範例中，我們將採用 Ordinal Encoding 來將字串標籤轉換為數值型資料。資料集中的一些特徵如「職業」、「婚姻狀況」、「教育程度」等類別型特徵，是以字串標籤的形式呈現。這樣的表示方式對人類來說十分直觀和易於理解，但機器學習模型無法直接處理這些字串型資料。為了讓模型能夠運算這些特徵，我們需要將它們轉換為數值型資料。

　　在進行資料編碼時，我們首先針對具有明顯順序的類別型特徵進行處理。例如，education（教育程度）和 month（月份）這兩個特徵本身具備自然的順序，這樣的順序對於後續模型的訓練具有重要意義。因此，使用 OrdinalEncoder 可以為這些特徵進行編碼。透過指定這些特徵的順序，我們能夠更精確地保留這些特徵之間的相對關係，避免模型在訓練時將這些特徵視為無序的類別資料。

➜ 程式 8.33 指定自定義的類別順序

```python
from sklearn.preprocessing import OrdinalEncoder

# 指定自定義的類別順序
custom_categories = [
    ['primary', 'secondary', 'tertiary', 'unknown'],  # education
    ['jan', 'feb', 'mar', 'apr', 'may', 'jun', 'jul', 'aug', 'sep', 'oct',
'nov', 'dec']  # month
]

# 需要自定義順序的類別特徵
custom_columns = ['education', 'month']

# 對自定義的特徵進行編碼
ordinal_encoder_custom = OrdinalEncoder(categories=custom_categories)
df_data[custom_columns] =
ordinal_encoder_custom.fit_transform(df_data[custom_columns])

# 顯示自定義的類別順序
```

```
for col, categories in zip(custom_columns,
ordinal_encoder_custom.categories_):
    print(f'{col} 編碼順序為：{list(categories)}')
```

輸出結果：

education 編碼順序為：['primary', 'secondary', 'tertiary', 'unknown']

month 編碼順序為：['jan', 'feb', 'mar', 'apr', 'may', 'jun', 'jul', 'aug', 'sep', 'oct', 'nov', 'dec']

接著，我們對剩餘的類別型特徵進行自動編碼處理。這些特徵包括 job（職業）、marital（婚姻狀況）、default（是否違約）、housing（是否有房貸）、loan（是否有個人貸款）、contact（聯絡方式）和 poutcome（先前行銷活動結果）。這些特徵並不像之前提到的 education 和 month 一樣具有明顯的順序，因此我們使用 OrdinalEncoder 的自動推斷功能來進行編碼。這樣可以有效地將這些字串類型的特徵轉換為數值型，便於後續機器學習模型的訓練。

➜ **程式 8.34 自動推斷的類別特徵**

```
# 自動推斷的類別特徵
auto_columns = ['job', 'marital', 'default', 'housing', 'loan', 'contact',
'poutcome']

# 對其他自動推斷的特徵進行編碼
ordinal_encoder_auto = OrdinalEncoder()
df_data[auto_columns] =
ordinal_encoder_auto.fit_transform(df_data[auto_columns])

# 顯示自動推斷的類別順序
for col, categories in zip(auto_columns, ordinal_encoder_auto.categories_):
    print(f'{col} 編碼順序為：{list(categories)}')
```

輸出結果：

job 編碼順序為：['admin.', 'blue-collar', 'entrepreneur', 'housemaid', 'management', 'retired', 'self-employed', 'services', 'student', 'technician', 'unemployed', 'unknown'] marital 編碼順序為：['divorced', 'married', 'single']

default 編碼順序為：['no', 'yes']

housing 編碼順序為：['no', 'yes']

loan 編碼順序為：['no', 'yes']

contact 編碼順序為：['cellular', 'telephone', 'unknown']

poutcome 編碼順序為：['failure', 'other', 'success', 'unknown']

最後，我們需要將目標變數（即 "deposit" 欄位）進行數值化轉換。由於 deposit 是一個二元分類的標籤，表示客戶是否接受銀行定期存款產品，我們使用 LabelEncoder 將其從文字（yes 或 no）轉換為數值（0 或 1）。這樣的處理使得機器學習模型能夠理解並處理這一分類任務。

➜ 程式 8.35 目標變數進行數值化轉換

```python
# 自動推斷的類別特徵
auto_columns = ['job', 'marital', 'default', 'housing', 'loan', 'contact',
'poutcome']

# 對其他自動推斷的特徵進行編碼
ordinal_encoder_auto = OrdinalEncoder()
df_data[auto_columns] =
ordinal_encoder_auto.fit_transform(df_data[auto_columns])

# 顯示自動推斷的類別順序
for col, categories in zip(auto_columns, ordinal_encoder_auto.categories_):
    print(f'{col} 編碼順序為：{list(categories)}')
```

在這段程式碼中，我們透過 LabelEncoder 來完成此轉換，並最終列印出 deposit 編碼後的類別順序，確認是否已經正確將其編碼為 0 和 1。這樣一來，我們的資料已經完全準備好進行後續的模型訓練與預測。

輸出結果：

deposit 編碼後的順序：['no' 'yes']

df_data

	age	job	marital	education	default	balance	housing	loan	contact	day	month	duration	campaign	pdays	previous	poutcome	deposit
0	59	0.0	1.0	1.0	0.0	2343	1.0	0.0	2.0	5	4.0	1042	1	-1	0	3.0	1
2	41	9.0	1.0	1.0	0.0	1270	1.0	0.0	2.0	5	4.0	1389	1	-1	0	3.0	1
3	55	7.0	1.0	1.0	0.0	2476	1.0	0.0	2.0	5	4.0	579	1	-1	0	3.0	1
4	54	0.0	1.0	2.0	0.0	184	0.0	0.0	2.0	5	4.0	673	2	-1	0	3.0	1
5	42	4.0	2.0	2.0	0.0	0	1.0	1.0	2.0	5	4.0	562	2	-1	0	3.0	1
...	...	...	...	...	...	...	...	...	...	...	...	...	...	...	...	...	...
11157	33	1.0	2.0	0.0	0.0	1	0.0	0.0	0.0	20	3.0	257	1	-1	0	3.0	0
11158	39	7.0	1.0	1.0	0.0	733	0.0	0.0	2.0	16	5.0	83	4	-1	0	3.0	0
11159	32	9.0	2.0	1.0	0.0	29	0.0	0.0	0.0	19	7.0	156	2	-1	0	3.0	0
11160	43	9.0	1.0	1.0	0.0	0	0.0	1.0	0.0	8	4.0	9	2	172	5	0.0	0
11161	34	9.0	1.0	1.0	0.0	0	0.0	0.0	0.0	9	6.0	628	1	-1	0	3.0	0

10079 rows × 17 columns

▲ 圖 8.31 最終資料處理結果

8.6.4 將資料切分成訓練集與測試集

在這段程式碼中，我們首先定義了一組特徵名稱 x_feature_names，這些特徵包括客戶的年齡、職業、婚姻狀況、教育程度、貸款狀況等等共有十六個輸入特徵。接著，我們將這些特徵提取出來，並將其存儲在變數 X 中，而目標變數（是否申請定期存款）則存儲在 y 中。

為了進行模型訓練與評估，我們使用了 train_test_split() 函數將資料集分割為訓練集和測試集。這裡我們設定測試集佔總資料集的 10%，並透過 stratify=y 參數確保訓練集和測試集中的目標變數分佈與原始資料一致，以避免樣本不均衡的問題。

➜ 程式 8.36 將資料切分成訓練集與測試集

```python
from sklearn.model_selection import train_test_split

# 定義特徵名稱串列
x_feature_names = ['age', 'job', 'marital', 'education', 'default', 'balance',
'housing',
       'loan', 'contact', 'day', 'month', 'duration', 'campaign', 'pdays', 'previous',
       'poutcome']
# 根據指定欄位取得輸入特徵
X = df_data[x_feature_names].values
```

```
# 目標輸出
y = df_data['deposit'].values


X_train, X_test, y_train, y_test = train_test_split(X, y, test_size=0.2,
random_state=42, stratify=y)

print('Shape of training set X:', X_train.shape)
print('Shape of testing set X:', X_test.shape)
```

在本範例中，我們將訓練集的大小設定為 80%，即 8,063 筆資料用於模型的訓練，而剩下的 2,016 筆資料則被保留用於測試，以驗證模型的預測能力。

輸出結果：

Shape of training set X: (8063, 16)

Shape of testing set X: (2016, 16)

8.6.5 建立 XGBoost 分類模型

在這一段程式碼中，我們開始進行模型訓練，並使用了 XGBoost 提供的 XGBClassifier 進行分類任務。首先，我們初始化了一個 XGBClassifier 模型，並設定了兩個關鍵參數：

- n_estimators=20：這個參數決定了模型中要生成的樹的數量，也就是迭代次數。每一棵樹都是在前一棵樹的基礎上進行優化，逐步減少誤差。

- learning_rate=0.3：學習率用來控制每一步優化的幅度，較大的學習率會加速模型的收斂，但也可能導致模型過快收斂而錯過最優解。0.3 是一個預設的學習率，通常能夠達到較好的平衡。

接著，我們使用 fit() 函數將訓練資料 X_train 和 y_train 傳入模型中，開始訓練過程。模型會根據訓練資料中的特徵與標籤進行學習，逐步建立起一個分類器，能夠預測每一筆資料是否會申辦定期存款。

➔ 程式 8.37 建立 XGBoost 分類模型

```python
from xgboost import XGBClassifier

# 建立 XGBClassifier 模型
xgb_clf = XGBClassifier(n_estimators=20, learning_rate= 0.3)
# 使用訓練資料訓練模型
xgb_clf.fit(X_train, y_train)
```

以下是一些重要的參數和方法的說明：

參數 (Parameters):

- n_estimators：決定迭代的總次數，即模型中決策樹的數量，預設值為 100。

- max_depth：樹的最大深度，預設值為 6，控制樹的複雜度。

- booster：選擇模型的類型，可以是樹模型 gbtree（預設）或線性模型 gbliner。

- learning_rate：學習速率，控制每次更新的步幅，預設值為 0.3。

- gamma：節點分裂的最小損失函數下降值，這個懲罰項有助於防止過度分裂。

屬性 (Attributes):

- feature_importances_：查詢模型特徵的重要程度。

方法 (Methods):

- fit(X, y): 將特徵資料 X 和目標變數 y 放入進行模型擬合。

- predict(X): 進行預測並返回預測類別。

- score(X, y): 計算預測成功的比例。

- predict_proba(X): 返回每個類別的預測機率值。

8.6.6 評估模型

在模型訓練完成後，下一步是評估模型的性能，以確保其對於新資料具有良好的預測能力。通常我們會分別計算模型在訓練集和測試集上的準確度，這樣可以幫助我們判斷模型是否過擬合。此步驟的目的在於評估模型在訓練集和測試集上的表現。如果訓練集的準確度遠高於測試集，這可能是過擬合，意味著模型在訓練資料上過度學習，但無法在新資料上泛化。反之，如果兩者的準確度相近且保持較高的水準，則表示模型具有良好的預測能力。

➔ 程式 8.38 評估訓練結果

```
train_accuracy = xgb_clf.score(X_train, y_train)
test_accuracy = xgb_clf.score(X_test, y_test)

print(' 訓練集準確度：', train_accuracy)
print(' 測試集準確度：', test_accuracy)
```

輸出結果：

訓練集準確度：0.8958204142378767

測試集準確度：0.8685515873015873

透過觀察訓練集和測試集的準確度，我們可以更深入了解模型的性能。如果訓練集準確度遠高於測試集，則可能存在過擬合的問題，這時候可以透過調整超參數（如 n_estimators 或 max_depth）來改善模型的表現。

在進行模型評估時，除了透過準確度來判斷模型的整體表現外，還可以利用更多評估指標來深入了解模型在分類問題中的表現。這時，我們可以使用 classification_report 來生成主要分類指標的報告，包含精確度（precision）、召回率（recall）、F1-score 等指標。

這段程式會根據測試集 y_test 與 y_pred 來產生分類報告，顯示每個類別的 precision、recall 和 F1-score。這樣的評估方式能夠更細緻地評估模型在不同類別上的表現，特別是在類別不平衡的情況下，這些指標可以比單一的準確度指標提供更有用的洞察。

➔ 程式 8.39 觀察測試集每個類別預測準度

```python
from sklearn.metrics import classification_report

# 模型預測
y_pred = xgb_clf.predict(X_test)
print(classification_report(y_test, y_pred))
```

從分類報告中可以看到，模型在預測「不申辦定存」的類別上有較高的精確度（0.90），而在預測「申辦定存」的類別上召回率表現較好（0.89），這意味著模型能夠成功辨識大多數申辦定存的客戶。整體來看，F1-score 在兩個類別上分別為 0.88 和 0.86，顯示模型在平衡精確度和召回率上表現不錯。總體準確度為 87%，表明模型對測試集的預測能力較強，在分類問題中具備一定的實用性。

輸出結果：

	precision	recall	f1-score	support
0	0.90	0.85	0.88	1098
1	0.83	0.89	0.86	918
accuracy			0.87	2016
macro avg	0.87	0.87	0.87	2016
weighted avg	0.87	0.87	0.87	2016

8.6.7 模型的可解釋性

在進行模型訓練後，了解哪些特徵對模型預測有較大影響是非常重要的。透過特徵重要性分析，我們可以清楚地看到哪些特徵對於模型的預測能力具有較大的貢獻。XGBoost 提供了 feature_importances_ 屬性，讓我們可以取得每個特徵的重要性得分。上述程式碼透過繪製水平長條圖，將特徵重要性進行排序和可視化。我們可以直觀地從圖表中看到每個特徵的重要性得分，並且可以進一步分析哪些特徵對於分類任務最為關鍵。這些資訊對於模型的優化以及未來的商業策略調整具有參考價值。

➡ 程式 8.40 查詢 XGBoost 特徵重要程度

```python
import matplotlib.pyplot as plt
import numpy as np

# 提取特徵重要性數值
importances = xgb_clf.feature_importances_
# 取得特徵重要性排序後的索引
indices = np.argsort(importances)

# 繪製水平長條圖
plt.figure(figsize=(8, 4))
bar_plot = plt.barh(range(len(x_feature_names)), importances[indices], align='center')
plt.yticks(range(len(x_feature_names)), [x_feature_names[i] for i in indices])
plt.xlabel('Feature Importance')
plt.ylabel('Features')
plt.title('Feature Importance Scores')
# 在每個 bar 後面顯示數值
for rect in bar_plot:
    width = rect.get_width()
    plt.annotate(f'{width:.2f}', xy=(width, rect.get_y() + rect.get_height() /
2))
plt.show()
```

　　從特徵重要性分析圖中，我們可以清楚地看到不同特徵對於預測銀行客戶是否會申辦定存產品的影響程度。以下是一些觀察與分析：

- **Duration（通話時長）**：這是最重要的特徵，顯示通話時長對於預測是否申辦定存具有最直接的影響。這意味著，通話時長越長，客戶越可能接受定存產品。

- **Contact（聯絡方式）**：聯絡方式的影響緊隨其後。不同的聯絡方式可能會影響客戶的決策，顯示出聯絡方式對客戶行為的重要性。

- **Housing（是否有房貸）**：客戶是否擁有房貸對其選擇定存的可能性也具有重要影響。

- **Poutcome（上次行銷活動的結果）**：以往行銷活動的成效會影響客戶是否接受這次的定存提案。

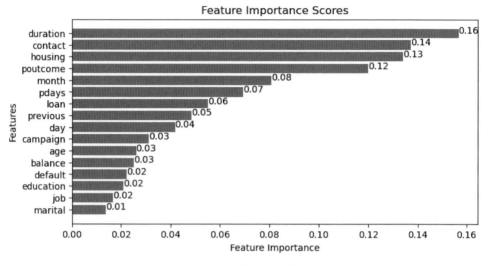

▲ 圖 8.32 特徵重要排序

8.7 XGBoost（迴歸）實務應用： 汽車燃油效率預測

在本章節，我們將使用 XGBoost 演算法進行迴歸分析，目標是預測汽車的燃油效率。這項實作將展示 XGBoost 在迴歸問題中的應用，並突顯其強大之處，特別是在處理高維度數據和非線性關係時的優勢。汽車燃油效率是一個連續數值型的預測問題，涵蓋了各種車輛的特徵，例如引擎大小、車重、氣缸數等。在此範例中，我們將運用 XGBoost 迴歸器來預測這些數據中的燃油效率，並分析模型的表現與特徵重要性，並了解哪些因素對燃油效率的影響最為顯著。

本資料集可從 UCI Machine Learning Repository 獲取：

https://archive.ics.uci.edu/dataset/9/auto+mpg

8.7.1 資料集描述

這份汽車燃油效率資料集來自 CMU StatLib 資料庫，主要用來分析市區循環中的燃油消耗情況。資料集中包含 391 筆資料（原始資料有 398 筆，7 筆因為缺失值被移除），每筆資料都有 7 個特徵變數，包括汽缸數、排氣量、馬力、重量、加速度、車型年份、產地、和汽車產地等。這些變數被用來預測每輛汽車的燃油效率 (mpg)。

輸入特徵：

- cylinders：氣缸數，表示引擎的氣缸數量（整數）。

- displacement：排量，表示引擎的總排氣量（單位：立方英寸）。

- horsepower：馬力，表示引擎的動力輸出（單位：馬力）。

- weight：車重，表示車輛的重量（單位：磅）。

- acceleration：加速度，表示車輛從靜止到 60 英里 / 小時所需的時間（單位：秒）。

- model year：車型年份，表示車輛的生產年份（整數）。

- origin：產地，表示車輛的生產地區（類別數值，1：美國，2：歐洲，3：日本）。

- car name：車名，表示車輛的名稱（字串，類別型特徵）。

輸出：

- mpg (Miles Per Gallon)：每加侖行駛的英里數，即燃油效率。

8.7.2 載入資料集

首先，我們透過 pandas 函式庫來讀取這份汽車燃油效率資料集。使用 read_csv() 方法可以輕鬆地將 CSV 格式的數據檔案讀取到一個 DataFrame 中，這是一種表格化的數據結構，非常適合進行資料操作與分析。在這個範例中，資料集 auto_mpg.csv 被載入至 df_data 這個變數中。

→ 程式 8.41 載入資料集

```python
import pandas as pd

# 讀取資料集
df_data = pd.read_csv('../dataset/auto_mpg.csv')
```

成功讀取資料後，我們可以使用 info() 方法來快速檢視資料集的結構與基本資訊。該方法會顯示每個欄位的名稱、資料的型別、非空值的數量，以及資料集的總大小。這些資訊對於初步評估資料的品質和特徵類型非常有幫助，能夠讓我們了解資料中是否存在缺失值、每個欄位的數據型態，並為後續的資料清理和特徵工程奠定基礎。

→ 程式 8.42 檢查資料集的基本結構

```python
df_data.info()
```

```
<class 'pandas.core.frame.DataFrame'>
RangeIndex: 392 entries, 0 to 391
Data columns (total 9 columns):
 #   Column        Non-Null Count  Dtype
---  ------        --------------  -----
 0   mpg           392 non-null    float64
 1   cylinders     392 non-null    int64
 2   displacement  392 non-null    float64
 3   horsepower    392 non-null    int64
 4   weight        392 non-null    int64
 5   acceleration  392 non-null    float64
 6   model year    392 non-null    int64
 7   origin        392 non-null    int64
 8   car name      392 non-null    object
dtypes: float64(3), int64(5), object(1)
memory usage: 27.7+ KB
```

▲ 圖 8.33 顯示每個欄位的名稱、非空值的數量、資料型態等資訊

　　資料集成功載入後，我們可以透過視覺化分析進一步探索數據特徵。這裡，我們使用資料視覺化工具 Seaborn 繪製 origin 特徵的長條圖，來統計資料集中來自三個不同地區（1 代表美國，2 代表歐洲，3 代表日本）的車輛數量。程式碼中，我們使用 countplot() 函數來繪製各地區的車輛分佈，並透過 hue='origin' 參數來區分每個地區的數據。此外，我們還使用 bar_label() 方法，在每個長條的上方標註具體數值，讓圖表資訊更加清晰易讀。這樣的視覺化圖表有助於快速了解資料集中各地區車輛的分佈情況，為後續的分析提供參考依據。

➜ 程式 8.43 統計車輛的生產地區數量

```python
import matplotlib.pyplot as plt
import seaborn as sns

# 使用 seaborn 的 countplot() 函數繪製直方圖
ax = sns.countplot(data=df_data, x='origin', hue='origin', palette='tab10')
# 在每個直方圖的上方顯示 count 數值
for container in ax.containers:
    ax.bar_label(container)
```

　　從圖表結果可以看出，在該資料集中，來自美國（origin 1）的車輛數量最多，共計 245 輛，佔據了絕大部分的資料。來自日本（origin 3）的車輛數量為 79 輛，而來自歐洲（origin 2）的車輛數量最少，僅有 68 輛。這說明資料集中的汽車大多來自美國，這樣的資料分佈提供了重要的背景資訊，可能會對後續的分析產生影響，尤其是在分析車輛燃油效率時，不同地區的車輛可能存在差異。

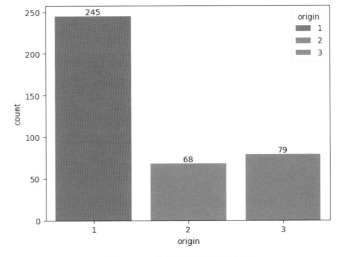

▲ 圖 8.34 生產地區數量統計

接下來可以透過繪製直方圖來觀察資料集中所有輸入特徵的分布趨勢。程式首先定義了一個包含多個特徵名稱的串列，包括車輛的「氣缸數」、「排量」、「馬力」、「重量」、「加速度」、「年份」和「每加侖英里數」等重要的特徵。接著，程式使用 matplotlib 的 subplots 方法來建立多個子圖，這樣我們可以在一個圖表中一次性觀察所有特徵的分布。每個特徵的直方圖都分別顯示了來自不同地區（origin）的車輛數據分布趨勢，並加上了核密度估計（kde）曲線來強化趨勢的可視化效果。

➡️ **程式 8.44 直方圖分析特徵分佈**

```python
import matplotlib.pyplot as plt
import seaborn as sns

# 定義特徵名稱串列
x_feature_names = ['cylinders', 'displacement', 'horsepower', 'weight',
'acceleration', 'model year', 'mpg']

# 建立多個子圖表
fig, axes = plt.subplots(4, 2, figsize=(10, 15))

# 繪製直方圖
for ax, name in zip(axes.flatten(), x_feature_names):
    sns.histplot(data=df_data, x=name, hue="origin", kde=True,
palette="tab10", ax=ax)
```

根據圖表的結果，我們可以觀察到不同地區車輛在各個輸入特徵上的分布趨勢，並且從這些趨勢中得出以下幾個觀察：

- **氣缸數 (cylinders)**：美國車輛多為 6、8 氣缸，而歐洲和日本車輛則多為 4 氣缸，顯示出地區間的車輛設計差異。

- **排量 (displacement) 與馬力 (horsepower)**：美國車輛排量和馬力較大，歐洲與日本車則集中在較小範圍。

- **重量 (weight)**：美國車輛較重，歐洲和日本車輛普遍較輕。

- **加速度 (acceleration)**：三個地區的車輛加速度分布較為均勻。

- **燃油效率 (mpg)**：美國車輛的燃油效率較低，歐洲與日本車輛的效率較高。

總結來看，視覺化結果顯示出美國車輛偏向於大排量、高馬力和高重量的設計，而日本和歐洲車輛則更加注重燃油效率和小型化的設計，這也反映了不同地區汽車工業的設計方向和市場需求的差異。

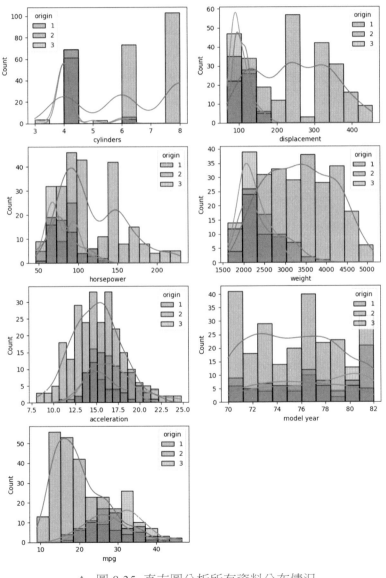

▲ 圖 8.35 直方圖分析所有資料分布情況

接下來，我們將透過相關性熱圖觀察汽車燃油效率（mpg）與其他輸入特徵之間的相關性。首先，使用 corr() 方法計算出燃油效率與其他變數（如汽缸數、排氣量、馬力、重量等）的相關性矩陣。為了簡化視覺化，我們應用了遮罩來只顯示對角矩陣上方的相關性數值，避免重複顯示。相關性熱圖是評估變數之間線性關聯性的常用工具，在這裡，sns.heatmap() 函數幫助我們將相關性數值以色彩深淺的方式可視化。

➜ 程式 8.45 繪製相關性熱圖

```python
import numpy as np

# 計算資料集 df_data 的特徵之間的相關性矩陣
corr = df_data[['mpg', 'cylinders', 'displacement', 'horsepower', 'weight',
'acceleration', 'model year']].corr()
# 生成一個遮罩，將相關性矩陣簡化為對角矩陣型，以避免重複顯示相關性
mask = np.triu(np.ones_like(corr, dtype=np.bool_))

# 使用 seaborn 的 heatmap 函數繪製相關性熱圖
sns.heatmap(corr, square=True, annot=True, mask=mask, cmap="RdBu_r")
```

根據相關性熱圖可以看出，燃油效率（mpg）與汽缸數（cylinders）、排氣量（displacement）、馬力（horsepower）和重量（weight）之間呈現強烈的負相關，這表示車輛越重、排氣量越大、馬力越強，燃油效率就越低。相反地，燃油效率與車輛年份（model year）呈現正相關，顯示較新的車型有較好的燃油效率。

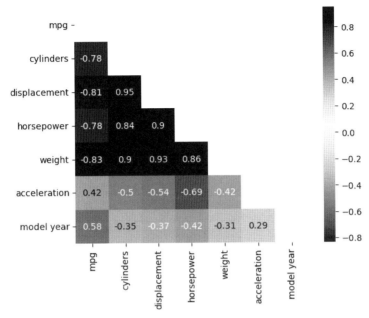

▲ 圖 8.36 相關性熱圖分析特徵之間的關聯程度

8.7.3 將資料切分成訓練集與測試集

在這段程式碼中，我們首先定義了一組特徵名稱 x_feature_names，這些特徵包括汽缸數（cylinders）、排氣量（displacement）、馬力（horsepower）、重量（weight）、加速度（acceleration）、年份（model year）和汽車原產地（origin），共七個輸入特徵。這些特徵被提取並存儲於變數 X 中，而欄位 car name 因為為車輛名稱，是一個無法直接參與模型訓練的類別變數，因此被排除在外。燃油效率（mpg）則作為目標變數，存儲在變數 y 中。

為了進行模型的訓練與評估，我們使用了 train_test_split() 函數，將資料集分割為訓練集與測試集。這裡測試集佔總資料的 10%，並設定隨機種子以確保結果可重現。

➜ 程式 8.46 將資料切分成訓練集與測試集

```python
from sklearn.model_selection import train_test_split

# 定義特徵名稱串列
x_feature_names = ['cylinders', 'displacement', 'horsepower', 'weight',
'acceleration', 'model year', 'origin']
# 根據指定欄位取得輸入特徵
X = df_data[x_feature_names].values
# 目標輸出
y = df_data['mpg'].values
# 將資料集分為訓練集和測試集
X_train, X_test, y_train, y_test = train_test_split(X, y, test_size=0.1,
random_state=42)

print('Shape of training set X:', X_train.shape)
print('Shape of testing set X:', X_test.shape)
```

　　在本範例中，我們將訓練集的大小設定為 90%，即 352 筆資料用於模型的訓練，而剩下的 40 筆資料則被保留用於測試，以驗證模型的預測能力。

輸出結果：

Shape of training set X: (352, 7)

Shape of testing set X: (40, 7)

8.7.4 建立 XGBoost 迴歸模型

　　資料準備完成後，我們便可以開始進行模型訓練。在這裡，我們選擇了 XGBoost 提供的 XGBRegressor 來建立迴歸模型。首先，我們先始化模型，其中 n_estimators=10 代表我們將使用 10 棵決策樹進行整體學習。這是一種強大的機器學習方法，透過集成多個弱模型來提升預測的準確度。接著，我們使用 fit() 函數將模型與訓練資料 X_train 以及對應的目標變數 y_train 進行擬合，這個過程使模型學習資料中的模式和特徵之間的關聯性。最終，這樣訓練好的模型將能夠對未來的測試資料進行準確的預測。

➜ 程式 8.47 建立 XGBoost 迴歸模型

```python
from xgboost import XGBRegressor

# 建立 XGBRegressor 模型
xgb_reg = XGBRegressor(n_estimators=10)
# 使用訓練資料訓練模型
xgb_reg.fit(X_train, y_train)
```

以下是一些重要的參數和方法的說明：

參數 (Parameters):

- n_estimators：決定迭代的總次數，即模型中決策樹的數量，預設值為 100。

- max_depth：樹的最大深度，預設值為 6，控制樹的複雜度。

- booster：選擇模型的類型，可以是樹模型 gbtree（預設）或線性模型 gbliner。

- learning_rate：學習速率，控制每次更新的步幅，預設值為 0.3。

- gamma：節點分裂的最小損失函數下降值，這個懲罰項有助於防止過度分裂。

屬性 (Attributes):

- feature_importances_: 查詢模型特徵的重要程度。

方法 (Methods):

- fit(X, y): 將特徵資料 X 和目標變數 y 放入進行模型擬合。

- predict(X): 進行預測並返回預測類別。

- score(X, y): 使用 R2 Score 進行模型評估。

8.7.5 評估模型

模型訓練完畢後，我們使用訓練完成的迴歸模型進行模型評估，並採用了 R2 分數與 RMSE（均方根誤差）這兩種評估指標。在 scikit-learn 1.4 以上的版本中，可以直接使用 root_mean_squared_error() 函數來計算 RMSE。首先，模型對訓練資料進行預測，並計算訓練集上的 R2 分數來衡量模型的解釋能力，RMSE 用來評估模型預測的準確度。接著，同樣對測試資料進行預測，計算測試集上的 R2 分數與 RMSE，檢查模型的泛化能力。這樣的評估方式能夠全面衡量模型的表現，確保模型在訓練集和測試集上都能有良好的預測效果。

➜ 程式 8.48 評估訓練結果

```python
from sklearn.metrics import root_mean_squared_error

# 在訓練集上進行預測並印出評估指標
print(" 訓練集 ")
y_train_pred = xgb_reg.predict(X_train)
print("R2 Score: ", xgb_reg.score(X_train, y_train)) # 計算 R2 Score
print("RMSE: ", root_mean_squared_error(y_train, y_train_pred)) # 計算均方根誤差

# 在測試集上進行預測並印出評估指標
print(" 測試集 ")
y_test_pred = xgb_reg.predict(X_test)
print("R2 Score: ", xgb_reg.score(X_test, y_test)) # 計算 R2 Score
print("RMSE: ", root_mean_squared_error(y_test, y_test_pred)) # 計算均方根誤差
```

輸出結果：

訓練集

R2 Score: 0.9804346590060213

RMSE: 1.0916009539257558

測試集

R2 Score: 0.9181013969541822

RMSE: 2.2074935545346843

8.7.6 模型的可解釋性

最後我們可以對訓練好的 XGBoost 模型進行特徵重要性分析，並將每個特徵的重要性以視覺化的方式呈現。首先，透過呼叫模型的 feature_importances_ 提取每個特徵的重要性分數，然後將這些特徵按重要性排序。接著，使用 matplotlib 繪製水平的長條圖來顯示每個特徵的重要性，條形圖的高度代表特徵的重要性，越高的值表示該特徵對模型影響越大。此外，可以透過繪圖工具在每個長條上顯示具體的數值，讓圖表更加直觀清晰。此分析有助於理解哪些特徵對模型的預測影響最大，幫助我們做出進一步的模型改進或資料特徵篩選的決策。

➜ 程式 8.49 查詢 XGBoost 特徵重要程度

```python
import matplotlib.pyplot as plt
import numpy as np

# 提取特徵重要性數值
importances = xgb_reg.feature_importances_
# 取得特徵重要性排序後的索引
indices = np.argsort(importances)

# 繪製水平長條圖
plt.figure(figsize=(8, 4))
bar_plot = plt.barh(range(len(x_feature_names)), importances[indices],
align='center')
plt.yticks(range(len(x_feature_names)), [x_feature_names[i] for i in
indices])
plt.xlabel('Feature Importance')
plt.ylabel('Features')
plt.title('Feature Importance Scores')
# 在每個 bar 後面顯示數值
for rect in bar_plot:
    width = rect.get_width()
    plt.annotate(f'{width:.2f}', xy=(width, rect.get_y() + rect.get_height() /
2))
plt.show()
```

從特徵重要性分析的結果圖中，我們可以觀察到以下幾個重點：

- **排氣量（displacement）** 是最重要的特徵，對模型的影響遠遠高於其他特徵，特徵重要性分數為 0.52。這表示排氣量對於預測燃油效率有著最強的影響。

- **汽缸數（cylinders）** 排在第二，特徵重要性為 0.16，顯示該特徵對於燃油效率的預測次於排氣量，但影響力仍相當顯著。

- **年份（model year）** 和**馬力（horsepower）** 都有相近的重要性分數，分別為 0.11，這表明它們在模型中的貢獻相對較小，但仍然是關鍵因素。

- **重量（weight）** 的重要性稍低，為 0.08，但依然對預測有一些影響。

- **原產地（origin）** 和**加速度（acceleration）** 這兩個特徵的影響最小，重要性分數僅為 0.02，表明它們對燃油效率的預測貢獻較小。

總結來說，排氣量和汽缸數是預測燃油效率時的關鍵特徵，而其他特徵如年份、馬力和重量也有一定的影響，但相對較小。原產地和加速度則對模型預測的影響微乎其微。

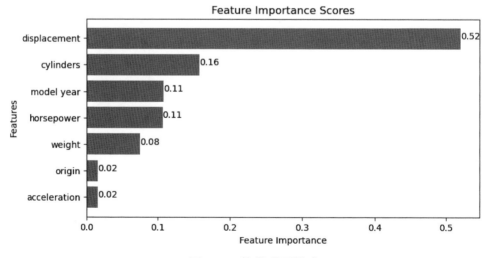

▲ 圖 8.37　特徵重要排序

MEMO

第**3**部分
進階概念與
應用

交叉驗證和錯誤修正

9.1 不能忽視的過擬合與欠擬合

在機器學習的過程中，許多初學者經常會遇到一個常見的問題：當我們訓練出了一個看似表現不錯的模型，並且在測試集上也獲得了良好的成績，然而當這個模型被部署到真實場域進行預測時，表現卻遠遠不如預期。這種情況讓許多新手困惑不已，事實上這就是所謂的過擬合問題。在本章節中我們將深入探討這兩個現象：過擬合與欠擬合，並了解如何透過調整模型的複雜度、資料處理和正則化技術來解決這些問題，使模型達到良好的泛化性能。

9.1.1 如何選擇最佳的模型？

我們在訓練模型時，通常希望預測的結果盡可能接近實際數值，這意味著我們需要最小化模型的誤差。然而，如何評估模型的好壞呢？假設我們正在訓練一個二元分類器，最簡單的方法是找到一條能夠將兩個類別資料分開的線。但問題是，這條分隔線該怎麼選擇才是最理想的呢？

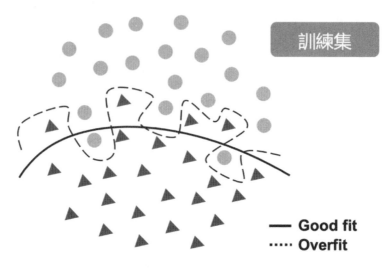

▲ 圖 9.1　模型在訓練集上的過擬合與適當擬合比較

以圖例為例，虛線代表一個完整擬合訓練資料的模型。這條虛線精確地記住了訓練集中所有資料點，表現似乎很完美。然而，當我們將這個模型應用於測試資料時，發現它無法很好地處理新的資料，特別是在類別邊界附近的點。這表明紅色虛線的模型過擬合了訓練資料，僅僅記住了訓練資料中的細節，導致對新資料的泛化能力差。

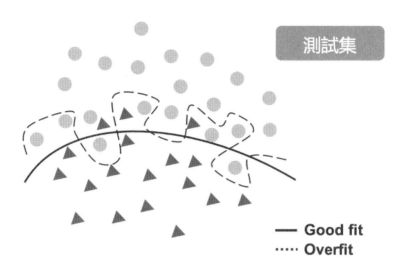

▲ 圖 9.2 模型在測試集上的過擬合與適當擬合比較

　　相較之下，實線代表的模型在訓練集中可能有幾個資料點的預測是錯誤的，但它在測試資料上的表現更加穩定。這表明這個模型並沒有過擬合，而是找到了兩類之間一條平滑且具泛化能力的分隔線。

　　從這個例子中我們可以學到，訓練集的誤差並不是越小越好。如果模型過度地記住訓練資料，這意味著它可能無法應對測試集中的新資料。因此，我們的目標應該是在訓練集和測試集之間達到平衡，確保兩者的誤差接近，以提高模型的泛化能力。

9.1.2 過擬合 vs 欠擬合

　　過擬合的反義是欠擬合，兩者的區別在於模型的複雜程度及其預測能力。欠擬合發生在模型過於簡單時，無法有效學習數據中的重要模式，導致模型的預測能力不足。這種情況通常是由於模型的複雜度不足，或者在訓練過程中加入過多的 L1/L2 正則化，使得模型變得過於僵化，無法靈活處理數據。

▲ 圖 9.3 模型不同擬合程度影響模型表現

在統計學和機器學習中，偏差（Bias）和方差（Variance）是衡量模型預測誤差的重要概念。當模型過於簡單時，它會有較小的方差，但偏差會較大，這意味著它無法很好地擬合訓練數據。而當模型過於複雜時，雖然偏差較小，但方差會增大，因為模型開始擬合訓練數據中的雜訊。這種情況稱為「過擬合」，模型雖然在訓練數據上的表現很好，但在新數據上表現不佳。

欠擬合（Underfitting）

- 模型過於簡單，無法有效學習數據中的趨勢。

- 預測結果缺乏彈性，無法捕捉複雜關係。

- 訓練集與測試集表現皆不佳。

- 具備 低方差（low variance） 與 高偏差（high bias） 的特徵。

過擬合（Overfitting）

- 模型過於複雜，能夠完全擬合訓練資料。

- 在訓練集表現極好，但測試集表現不佳。

- 具備 高方差（high variance） 與 低偏差（low bias） 的特徵。

模型的總誤差由偏差和方差共同決定，我們需要在兩者之間找到平衡。以實際例子來說，假設我們希望透過模型 $f(x)$ 預測輸出 $\hat{y}$，我們期望 $\hat{y}$ 盡可能接近真實的輸出 y。當 $\hat{y} \neq y$ 時，模型就產生了誤差，而這個誤差的來源可以分為偏差和方差兩部分。因此,理解並控制這兩者對模型預測的影響,是選擇和調整模型的關鍵。

9.1.3 偏差與方差的差權衡

在機器學習中,偏差和方差是衡量預測誤差的兩個重要指標。偏差指的是模型的預測與真實值之間的系統性差異,而方差則指的是模型在不同資料集上的預測波動。過於複雜的模型,儘管可以將訓練數據擬合得很好,但會因方差過大而在新數據上表現不佳;過於簡單的模型則可能無法有效學習數據中的關鍵模式,導致偏差過大。

我們可以透過打靶的例子來解釋兩者的關係。如圖所示,當打靶的結果集中且靠近靶心時,我們說偏差低(low bias)且方差低(low variance),表示模型精準且穩定。相反,當打靶結果分散但平均位置接近靶心,偏差低但方差高(high variance)。如果結果集中在離靶心較遠的地方,則表示偏差高(high bias)。假設我們發射十次,我們說一個人的打靶技術很精準。其中的「精」就表示這十個把面上的點彼此間距離都相當近,也就是我的方差非常低 (low variance)。另外所謂的「準」就表示這十個點都離準心很近,也就是我們的偏差非常低 (low bias)。

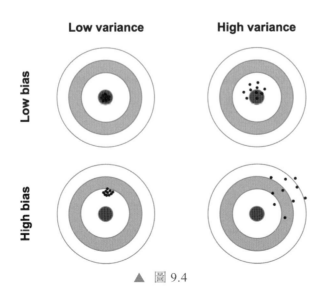

▲ 圖 9.4

因此，在構建模型時，我們需要在偏差和方差之間取得平衡，這就是機器學習中的「偏差 - 方差權衡」（Bias-Variance Tradeoff）。簡單來說，我們希望模型既不會過於簡單而造成欠擬合，也不會過於複雜而導致過擬合。我們的目標是最小化總體誤差，使得模型能夠在訓練集和測試集上都表現良好。以下我們就針對這兩個名詞做更深入的解釋。

誤差來至於偏差（Bias）

偏差指的是模型的預測結果與真實值之間的系統性差異。理想狀況下，我們希望模型能夠準確地預測真實答案，但在現實中，簡單的模型，如線性模型，常無法處理複雜的非線性數據。當模型偏差過大，這通常表明模型過於簡單，無法捕捉資料中的複雜模式，無論我們如何增加資料，線性模型仍然無法有效擬合非線性曲線。簡單模型雖然穩定，但其預測能力有限，這就導致了較大的偏差。

- 簡單的模型通常具有較大的偏差和較小的方差。

- 當模型的誤差主要來自於偏差過大時，這種情況稱為「欠擬合」。

誤差來至於方差 (variance)

方差反映了模型對數據的敏感度。如果模型過於複雜，它會過擬合訓練資料，包括數據中的隨機誤差或離群值。當模型記住了所有訓練集中的細節後，對新的資料預測能力就會下降，這是因為它過度依賴於訓練數據，缺乏泛化能力。這樣的模型雖然能在訓練集上表現很好，但會在測試集上表現不佳，而導致高方差誤差，這種現象稱為過擬合。

- 較複雜的模型通常具有較小的偏差和較大的方差。

- 當模型的誤差主要來自於方差過大時，這種情況稱為「過擬合」。

9.1.4 如何避免欠擬合？

當模型偏差過大，導致模型過於簡單、無法擬合訓練資料時，我們可以採取一些措施來解決欠擬合問題。首先，可以增加輸入特徵，透過特徵工程讓模型能夠觀察更多線索。這樣可以幫助模型從數據中學到更多有用的訊息，減少欠擬合的風險。此外，我們也可以選擇更複雜的模型，例如使用更高次的多項式模型，或者在基於樹的模型（如隨機森林或梯度提升樹）中適當增加樹的深度，提升模型的表現能力。

需要注意的是，當模型欠擬合時，僅增加訓練資料並不能解決問題。由於簡單的模型對數據的敏感度較低，訓練更多的數據並不會有效降低偏差。因此，在面對欠擬合時，我們更需要關注模型的複雜度與設計，而不是僅僅擴展資料集。

提升模型表現的幾種方式

- **增加輸入特徵或進行特徵工程**：這能讓模型從更多的資料中學習，幫助模型擬合更複雜的關聯性。

- **提高模型複雜度**：使用更高次的多項式模型，或調整決策樹的深度等，這能讓模型更好地適應數據的複雜性。

9.1.5 如何避免過擬合？

當模型過於複雜時，過擬合的風險會增加，我們可以透過觀察訓練集與測試集的表現來檢測這一問題。若發現模型在訓練集上表現很好，但在測試集上表現不佳，則可能是過擬合的跡象。那麼，該如何避免這種情況呢？首先，我們需要診斷模型誤差的來源。模型的誤差通常來自於偏差和方差兩個方面。過擬合往往與方差過大有關，因此我們可以採取一些技術來降低方差，進而減少過擬合的情況。

避免模型過於複雜的幾種方式

- **收集更多訓練資料**：增加訓練集資料量可以有效降低方差，這是一種常見且有效的策略，而且不會增加偏差。

- **模型添加正規化（Regularization）**：通過在損失函數中加入正則化項（如 L1 或 L2 正則化）可以降低模型的複雜性，從而減少過擬合的風險。

- **交叉驗證（Cross Validation）**：使用交叉驗證可以更好地評估模型在不同資料集上的表現，幫助我們選擇最佳的模型，而不是單單依賴測試集誤差來進行優化。

- **提前停止（Early Stopping）**：當訓練過程中模型的誤差不再改善時，可以設置一個停止標準來提前終止訓練，避免模型學習到過多無用的細節。

- **整體學習（Ensemble Learning）**：透過訓練多個模型，並將每個模型的預測結果平均來獲取最終的預測，這有助於提升模型的泛化能力並降低過擬合的風險。

9.2 交叉驗證簡介

在機器學習中，我們經常會面臨模型過擬合的問題。為了避免這種情況，除了訓練模型，我們還需要對模型進行驗證。通常，我們會將訓練集的一部分數據切割出來作為驗證集，來評估模型在訓練過程中的預測能力。然而，單純從資料集中切一小部分資料作為驗證集，並不足以有效評估模型的泛化能力。因為隨機選取的驗證集有可能剛好適合某次模型訓練，導致結果表現不一致，這就反映出模型的泛化能力不足。在本節中，我們將介紹交叉驗證的原理及其應用，並探討常見的交叉驗證方法，如 Holdout、K-Fold 等。

9.2.1 何謂交叉驗證？

在解釋交叉驗證之前，我們先來探討資料集的分割問題。在機器學習中，通常我們會將資料集切分為訓練集和測試集。訓練集用來擬合模型，而測試集則保留不參與訓練，用來最終評估模型的泛化能力。然而，為了找到最優的超參數設置，我們經常需要進一步將訓練集分割出一部分作為驗證集，用來調整模型的參數，使得模型不僅在訓練集表現良好，也能在驗證集上獲得最好的表現。

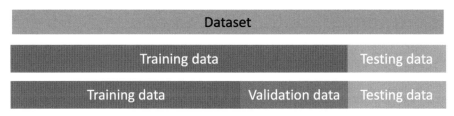

▲ 圖 9.5 機器學習中資料集的分割問題

如果驗證集僅從訓練集中隨意切割出一部分，模型可能會過擬合這部分驗證集。因此，為了更全面且穩定地評估模型性能，交叉驗證（Cross Validation）方法應運而生。交叉驗證的基本概念是將訓練資料進行多次分組，每次選擇不同的子集用來訓練與驗證。這樣，我們可以確保模型不會過擬合單一驗證集，而是通過多次驗證得到更穩健的評估。

交叉驗證的幾個主要方法包括：

- **Holdout**：簡單分割訓練和驗證集，但可能有隨機性。

- **K-Fold**：將資料分成 K 份，輪流選擇一部分作為驗證集，其他部分作為訓練集。

- **Leave One Out**：每次只留一筆資料作為驗證集，其餘作為訓練集，適合小樣本資料。

- **Random Subsampling**：多次隨機分割訓練和驗證集進行多次評估。

- **Bootstrap**：通過重複抽樣進行訓練和驗證，對模型有更靈活的評估方式。

這些方法都能幫助我們更全面地了解模型的表現，避免過擬合或欠擬合的問題。接下來，我們將逐一介紹上述幾種常見的交叉驗證方法。

Holdout 方法

Holdout 方法是最經典且簡單的交叉驗證方法。其核心在於將資料集隨機分成三部分：訓練集、驗證集和測試集。只有訓練集參與模型訓練，驗證集則用於檢視訓練過程中的趨勢，幫助發現過擬合問題並調整超參數，最終選擇最佳模型。驗證集僅能代表部分資料，因此最後會使用測試集來進行模型的最終評估，以檢查其泛化能力，確保模型在新資料上的表現。

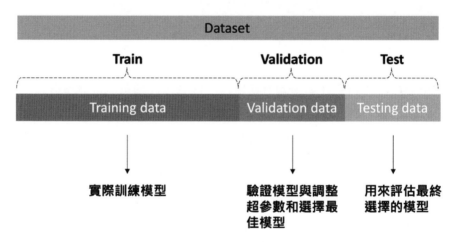

▲ 圖 9.6 Holdout 方法的資料集切分示意圖

優點：

- 簡單易實作。

- 驗證集能評估訓練中的模型表現。

- 測試集用於最終模型的泛化評估。

缺點：

- 資料變異量大時，驗證集可能無法準確評估模型。

- 不適用於資料不平衡的資料集。

K-Fold 方法

上一個方法雖然簡單，但僅使用一份驗證集來評估模型，往往無法全面反映模型的表現。因此，我們可以利用一些技巧，如 K-Fold 方法，來更公平地評估模型。在 K-Fold 交叉驗證中，我們將訓練資料分成 K 份，每次迭代選擇其中一組作為驗證集，其餘 (K-1) 組作為訓練集。這樣不同的分組結果會進行平均，從而減少模型對於數據劃分的敏感度，提升性能的穩定性。

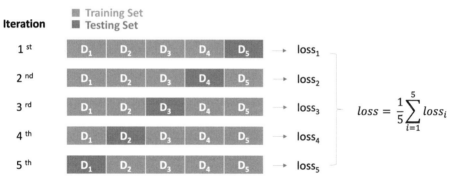

▲ 圖 9.7 K-Fold 交叉驗證示意圖

優點：

- 降低訓練過程中的偏差。

- 訓練集與驗證集得以充分利用。

缺點：

- 不適用於資料不平衡的情況。

- 若不慎操作，K-fold 可能會導致資料洩漏，影響超參數調整的結果。

- 在相同的驗證集上反覆驗證，可能導致過擬合風險。

Leave One Out 方法

這個方法是 K-Fold 交叉驗證的一種特例，當 K 等於資料集的總數時，就稱為 Leave One Out 方法。每次訓練時僅將一筆資料作為測試集，其餘 N-1 筆資料用於訓練。這個方法非常直觀，但由於需要進行大量的訓練，因此計算成本高且耗時。與此類似的還有 Leave p-out 方法，使用者可以自訂 p 的數值，來決定每次訓練時保留多少筆資料作為測試集。

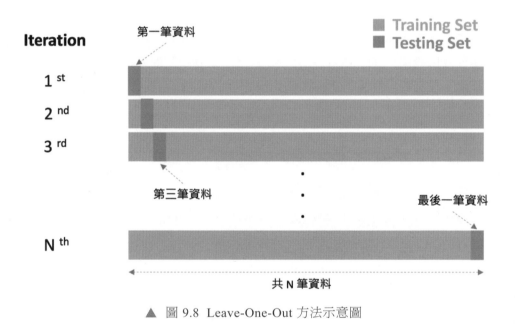

▲ 圖 9.8 Leave-One-Out 方法示意圖

優點：

- 簡單易懂，實作起來相對直接且容易。

缺點：

- 由於需要針對每個資料點或多個資料點進行訓練，這會大幅增加訓練時間，尤其是在資料集較大的情況下，訓練負擔變得更重。

Random Subsampling 方法

　　此方法是一種將資料集隨機多次分割成訓練集與測試集的交叉驗證技術。每次隨機抽樣一部分資料作為訓練集，另一部分作為測試集。這種方式與 Hold-out 方法類似，但它通過多次隨機抽樣來減少由資料切割所導致的偏差，每次測試結果進行平均，以提高評估的可靠性。

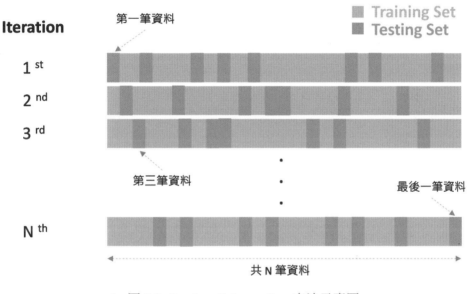

▲ 圖 9.9　Random Subsampling 方法示意圖

優點：

- 多次隨機抽樣能減少資料劃分的偏差。

- 可以靈活選擇訓練和測試集的比例。

缺點：

- 多次重複抽樣需要較大的計算資源。

- 每次隨機抽樣的資料集可能會有所不同，結果不穩定。

Random Subsampling 方法

　　最後一種較為特殊的交叉驗證方式是 Bootstrapping 自助抽樣法。這種方法透過有放回的均勻抽樣，從訓練集中選取樣本，也就是說，每次選中一個樣本後，它仍有可能再次被選中並加入訓練集中。假設每次抽取十個樣本，其中某些樣本可能多次被選到，而未被選中的樣本則作為測試集來評估模型性能。這種方法能有效利用小規模資料集來進行多次訓練，並提高模型的穩定性。

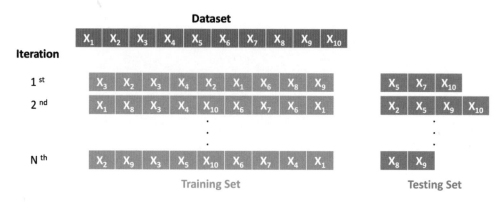

▲ 圖 9.10　Random Subsampling 方法示意圖

優點：

- 能在小資料集的情況下提高模型穩定性。

- 可重複利用相同的數據來進行多次訓練。

缺點：

- 重複樣本可能導致模型過擬合。

- 測試集中資料量較少，可能導致模型泛化能力評估不夠充分。

9.2.2　K-Fold 交叉驗證

　　K-Fold 交叉驗證是一種廣泛應用於機器學習中的技術，用來評估模型的性能和泛化能力。它的主要目的是將資料集劃分為 K 個相等大小的部分，模型在每次迭代中都使用 K-1 的部分進行訓練,並用剩下的一份進行驗證。如此反覆進行 K 次,使每個子集都成為一次的驗證集。這樣可以讓模型在不同數據劃分上進行訓練,避免過度依賴單一訓練集或驗證集的結果,從而獲得更公正的評估。

在這個章節中,我們將詳細介紹 K-Fold 交叉驗證的流程、其變型如 Stratified K-Fold 和 Nested K-Fold,並透過 scikit-learn 來展示如何在實際應用中進行實作。

K-Fold Cross Validation

K-Fold 交叉驗證是一種常用的資料驗證技術,用來評估機器學習模型的泛化能力。此方法將資料集切分為 K 等份,K 值由使用者設定。以 K=10 為例,資料集會被切分為十份,每次選其中九份作為訓練資料,剩下一份作為驗證資料,重複此過程十次。每次訓練模型的結果會計算一個評估指標,如迴歸問題中的 MSE、MAE、或 RMSE。這些結果將被平均來作為模型的最終評估值。透過這種方式,能夠減少模型對於資料劃分的敏感性,進而提升模型性能的穩定性與泛化能力。K-Fold 特別適用於資料不多的情境,因為它能最大限度地利用所有資料進行驗證。

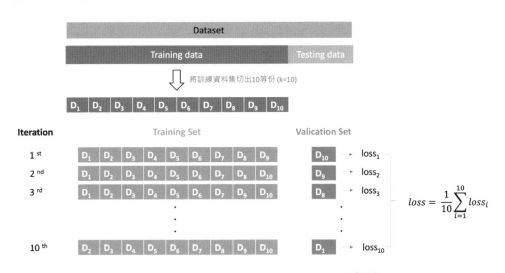

▲ 圖 9.11 K-Fold Cross Validation 示意圖

接下來的實作展示了如何使用 scikit-learn 中的 KFold 方法進行 K-Fold 交叉
驗證。範例程式中，我們使用了經典的 Iris 資料集，並搭配支援向量機（SVM）
模型進行分類。 KFold() 函數將資料集切割為五個子集，模型每次使用其中四個
子集作為訓練資料，剩下的一個子集作為測試資料，進行五次訓練並計算每次
的準確率。最終，我們將顯示每次的準確率以及五次測試的平均準確率。這種
方法有效地評估了模型的泛化能力。

➔ 程式 9.1 實作 K-Fold Cross Validation

```python
from sklearn.model_selection import KFold
from sklearn.datasets import load_iris
from sklearn.svm import SVC
from sklearn.metrics import accuracy_score

# 載入資料集
iris = load_iris()
X, y = iris.data, iris.target

# 初始化模型
model = SVC()

# 初始化 K-Fold，將資料分成 5 份
kf = KFold(n_splits=5, shuffle=True, random_state=42)

# 記錄每個分割的準確率
accuracies = []

# 進行 K-Fold 交叉驗證
for train_index, test_index in kf.split(X):
    X_train, X_test = X[train_index], X[test_index]
    y_train, y_test = y[train_index], y[test_index]

    # 模型訓練
    model.fit(X_train, y_train)

    # 預測
    y_pred = model.predict(X_test)

    # 計算準確率
```

```
    acc = accuracy_score(y_test, y_pred)
    accuracies.append(acc)

# 顯示每次的準確率和平均準確率
print(f"K-Fold 準確率：{accuracies}")
print(f" 平均準確率：{sum(accuracies)/len(accuracies)}")
```

輸出結果：

K-Fold 準確率：[1.   1.   0.93333333 0.93333333 0.96666667]

平均準確率：0.9666666666666668

在進行 K-Fold 交叉驗證時，我們也可以直接使用 cross_val_score() 來簡化實作過程。cross_val_score() 函數可以自動完成模型的訓練與驗證，並返回每個 K-Fold 的評估結果。例如，在以下程式碼中，一樣使用了 SVC 模型和 Iris 資料集，透過 KFold 將資料集分為 5 份，並且將其傳入 cross_val_score()，即可直接取得每次交叉驗證的準確率。此外，這個方法會自動完成交叉驗證過程，簡化了程式的撰寫。

➜ 程式 9.2 實作 K-Fold Cross Validation

```
from sklearn.model_selection import cross_val_score
from sklearn.datasets import load_iris
from sklearn.svm import SVC

# 載入資料集
iris = load_iris()
X, y = iris.data, iris.target

# 初始化模型
model = SVC()
# 初始化 K-Fold，將資料分成 5 份
kf = KFold(n_splits=5, shuffle=True, random_state=42)
scores = cross_val_score(model, X, y, cv=kf)

# 顯示每次交叉驗證的準確率
print(f"K-Fold 準確率：{scores}")
print(f" 平均準確率：{scores.mean()}")
```

結果顯示每個 Fold 在測試集的準確率，因為設定 K=5，因此模型分別得到了五個準確率。最後，將這五個準確率平均起來得到一個最終的平均準確率，這個平均準確率約為 0.9667。

輸出結果：

K-Fold 準確率 : [1.　　　1.　　　0.93333333 0.93333333 0.96666667]

平均準確率 : 0.9666666666666668

Nested K-Fold Cross Validation

Nested K-Fold Cross Validation 是 K-Fold 交叉驗證的一種變型形式，意指雙重迴圈的架構。這個方法包含外層迴圈與內層迴圈。外層迴圈 (Outer Loop) 是標準的 K-Fold，用於將資料集分成 K 等份，其中每次迭代選取一部分作為測試資料，剩餘部分作為訓練資料。在每個外層迴圈內，我們會進一步將訓練資料進行內層 K-Fold (Inner Loop)，並通過如 Grid Search 這類方法來尋找最佳的模型超參數。這樣可以確保我們在模型參數優化過程中進行更全面的驗證。最後，外層迴圈的測試資料會被用來評估整體模型的泛化能力，並計算測試資料的 loss，這樣可得出更精準的模型評估結果。

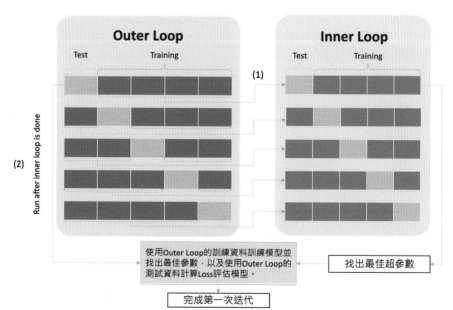

▲ 圖 9.12 Nested K-Fold Cross Validation 示意圖

這段程式碼展示了 Nested K-Fold Cross Validation 的實作過程，使用的是 Iris 資料集與 SVM 模型。外層迴圈（Outer Loop）使用 K-Fold 來切割資料，並在每次迭代中將資料分為訓練集與測試集。在內層迴圈（Inner Loop）中，利用 GridSearchCV 來進行超參數搜尋和交叉驗證。內層迴圈會調整 SVM 的參數，如 C 和 kernel，並找到最佳參數模型，然後在外層測試集上進行評估。最終，程式會輸出外層每次交叉驗證的準確率以及其平均準確率。

➜ 程式 9.3 實作 Nested K-Fold Cross Validation

```python
from sklearn.model_selection import KFold, cross_val_score
from sklearn.datasets import load_iris
from sklearn.svm import SVC
from sklearn.model_selection import GridSearchCV

# 載入資料集
iris = load_iris()
X, y = iris.data, iris.target

# 定義模型
model = SVC()

# 定義參數範圍（例如調整 SVM 的 C 和 kernel 參數）
param_grid = {'C': [0.1, 1, 10], 'kernel': ['linear', 'rbf']}

# 外層的 KFold（用來評估模型的泛化能力）
outer_kf = KFold(n_splits=5, shuffle=True, random_state=42)

# 初始化一個變數來儲存每次外層的評估結果
outer_scores = []

# 外層 K-Fold
for train_index, test_index in outer_kf.split(X):
    X_train, X_test = X[train_index], X[test_index]
    y_train, y_test = y[train_index], y[test_index]

    # 內層的 KFold（用來尋找最佳的超參數）
    inner_kf = KFold(n_splits=3, shuffle=True, random_state=42)
```

```
# 使用 GridSearchCV 進行參數搜尋與交叉驗證
grid_search = GridSearchCV(estimator=model, param_grid=param_grid, cv=inner_kf)
grid_search.fit(X_train, y_train)

# 使用最佳參數在外層測試集上進行評估
best_model = grid_search.best_estimator_
outer_score = best_model.score(X_test, y_test)
outer_scores.append(outer_score)

# 顯示每次外層交叉驗證的結果及平均分數
print(f"外層 K-Fold 準確率：{outer_scores}")
print(f"平均準確率：{sum(outer_scores) / len(outer_scores)}")
```

在 Nested K-Fold Cross Validation 的超參數搜尋過程中，除了常用的 Grid-SearchCV，我們還可以採用其他更靈活的搜尋方法，例如 Randomized-SearchCV，它透過隨機搜尋來節省計算資源，或者使用第三方工具如 Optuna，透過貝葉斯優化提升搜尋效率。此外，也可以考慮使用自動化的機器學習工具，如 auto-sklearn，來進行模型超參數的自動調整。

輸出結果：

外層 K-Fold 準確率：[1.0, 1.0, 0.9333333333333333, 0.9666666666666667, 0.9666666666666667]

平均準確率：0.9733333333333334

Repeated K-Fold Cross Validation

在 Repeated K-Fold 交叉驗證方法中，我們會將 K-Fold 交叉驗證重複多次。假設我們設定 K=2，n=2，即進行兩次 2-Fold 交叉驗證。每一回合後會打亂資料並重新分組，這樣就可以進行多次訓練。最終，這個過程將進行 4 次迭代，確保不同的資料組合不會重複。這種方法可以增加模型的穩定性與泛化能力，因為它在不同的隨機資料分割下進行多次測試，有效減少對數據分割的敏感性。

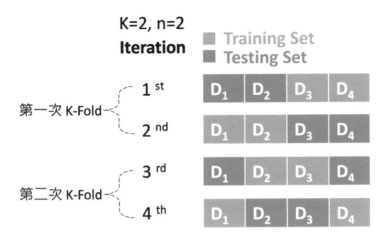

▲ 圖 9.13 Repeated K-Fold Cross Validation 示意圖

　　這段範例程式中使用 RepeatedKFold 進行了 K-Fold 交叉驗證的擴展應用，透過設定 K=2 並重複 n=2 來驗證模型的泛化能力。首先載入了 Iris 資料集，並初始化了一個支援向量機（SVM）模型。接著，透過 RepeatedKFold，資料集會被分成 2 份，並且進行兩次隨機打亂後的交叉驗證。

　　在每次的交叉驗證過程中，系統會執行兩次 2-fold 交叉驗證（總共進行 4 次模型訓練與驗證），並通過 cross_val_score 計算每次交叉驗證的準確率。最終，這些準確率被列出來，並計算出平均準確率，以幫助我們了解模型的整體性能。

→ 程式 9.4　實作 Repeated K-Fold Cross Validation

```
from sklearn.model_selection import RepeatedKFold, cross_val_score
from sklearn.datasets import load_iris
from sklearn.svm import SVC

# 載入資料集
iris = load_iris()
X, y = iris.data, iris.target

# 建立 SVM 模型
model = SVC()
```

```
# 初始化 RepeatedKFold，設定 K=2, n=2
rkf = RepeatedKFold(n_splits=2, n_repeats=2, random_state=42)

# 使用 cross_val_score 進行 RepeatedKFold 的交叉驗證
scores = cross_val_score(model, X, y, cv=rkf)

# 顯示每次的準確率和平均準確率
print(f" 每次交叉驗證的準確率：{scores}")
print(f" 平均準確率：{scores.mean()}")
```

　　由於設定了 K=2 並且 n=2，因此進行了 2 次 2-fold 交叉驗證，共進行了 4 次模型訓練與評估。這種方法有效地解決了因數據分割隨機性可能導致的評估偏差問題，透過多次隨機打亂資料，可以更準確地評估模型的泛化能力。我建議讀者可以嘗試調整 K 和 n 的數值，觀察其對模型準確率和泛化能力的影響，以進一步了解模型在不同數據分割下的表現。

輸出結果：

每次交叉驗證的準確率：[1.　　　　0.94666667 1.　　　　0.93333333]

平均準確率：0.97

Stratified K-Fold Cross Validation

　　分層交叉驗證是一種針對分類問題中，輸出類別不平衡問題的變形方法。其中每一個 Fold 都是按照類別的比例來抽樣的。假設我們的分類問題有三個類別 A、B、C，它們的比例是 1:4:8，那麼每個 Fold 中 A、B、C 的比例也必須保持為 1:4:8。實現這一過程時，首先會分別將 A、B、C 類別的數據隨機分成 K 組，接著將這些分組按比例合併，最終得到 K 組滿足原類別比例的數據，並確保每個 Fold 中的類別分佈與原始資料集一致。

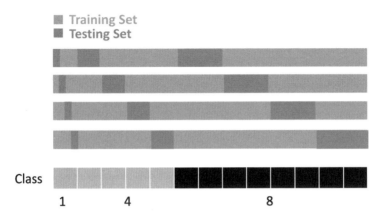

▲ 圖 9.14 Stratified K-Fold Cross Validation 示意圖

　　範例實作採用了 StratifiedKFold 進行分層交叉驗證，這是一種針對類別不平衡問題的變形 K-Fold 方法。其特點是在每個 Fold 中保持類別的比例與整體資料集的分佈一致。這對於處理類別不均衡的資料集尤為重要，可以確保模型在每次訓練中都能學到正確的類別分佈。程式中，我們首先載入了經典的 Iris 資料集，並建立支援向量機（SVM）模型。接著，我們初始化 StratifiedKFold，將資料集按類別比例分成 4 份。隨後，透過 cross_val_score 方法自動進行分層交叉驗證，並取得每次驗證的準確率。

➜ 程式 9.5 實作 Stratified K-Fold Cross Validation

```python
from sklearn.model_selection import StratifiedKFold, cross_val_score
from sklearn.datasets import load_iris
from sklearn.svm import SVC

# 載入資料集
iris = load_iris()
X, y = iris.data, iris.target


# 建立 SVM 模型
model - SVC()

# 初始化 StratifiedKFold，將資料按類別比例分成 4 份
```

```
skf = StratifiedKFold(n_splits=4, shuffle=True, random_state=42)

# 使用 cross_val_score 進行 StratifiedKFold 的交叉驗證
scores = cross_val_score(model, X, y, cv=skf)

# 顯示每次的準確率和平均準確率
print(f" 每次交叉驗證的準確率：{scores}")
print(f" 平均準確率：{scores.mean()}")
```

分層交叉驗證可以有效避免模型在訓練過程中過度學習某些類別的資料，導致模型過於偏向學習特定類別的情況發生。透過在每個 Fold 中保持類別的比例一致，模型能夠在更均衡的資料分佈下進行訓練，使提升其泛化能力。最後，我們可以觀察每次交叉驗證的結果，並計算所有分割的平均準確率。

輸出結果：

每次交叉驗證的準確率：[0.94736842 0.97368421 1.   0.97297297]

平均準確率：0.9735064011379801

Group K-Fold Cross Validation

Group K-Fold 交叉驗證是一種用來避免資料重疊與過擬合的方法，特別適合應用於資料具有群組關聯性的情況。其目的在於避免測試集或驗證集偏向某一特定狀況，導致模型在新資料上表現不佳。這種方法會將資料按照群組進行切割，確保在每一個 Fold 中，驗證集都從不同的群組中挑選，並且同一群組的資料不會同時出現在訓練集與驗證集中。

■ Training Set
■ Testing Set

▲ 圖 9.15 Group K-Fold Cross Validation 示意圖

以下是使用 Group K-Fold Cross Validation 的實作範例，並將 Iris 資料集分成四個群組來進行驗證。這裡會使用 GroupKFold 來進行分組交叉驗證。

➡ 程式 9.6 實作 Group K-Fold Cross Validation

```python
from sklearn.model_selection import GroupKFold, cross_val_score
from sklearn.datasets import load_iris
from sklearn.svm import SVC
import numpy as np

# 載入資料集
iris = load_iris()
X, y = iris.data, iris.target

# 定義群組（為了展示，這裡隨機生成群組，可以根據實際應用設置不同群組）
# 假設我們將 150 個樣本隨機分成 4 個群組
groups = np.random.randint(0, 4, size=X.shape[0])

# 建立 SVM 模型
model = SVC()

# 初始化 GroupKFold，將資料分成 4 個群組
gkf = GroupKFold(n_splits=4)

# 使用 cross_val_score 進行 GroupKFold 的交叉驗證
scores = cross_val_score(model, X, y, cv=gkf, groups=groups)

# 顯示每次的準確率和平均準確率
print(f" 每次交叉驗證的準確率：{scores}")
print(f" 平均準確率：{scores.mean()}")
```

這種方法確保同一群組內的資料不會同時出現在訓練集和驗證集中。在上述程式碼中，資料集被隨機分成四個群組，每次交叉驗證時，模型會使用不同的群組作為驗證集，其餘群組則作為訓練集。藉此方式可以避免模型過擬合特定群組的資料，提升模型的泛化能力。最後，程式輸出每次交叉驗證的準確率，並計算平均準確率，幫助評估模型的整體表現。

輸出結果：

每次交叉驗證的準確率：[0.97560976 0.94736842 0.94594595 1.　　]

平均準確率：0.9672310307740346

9.3 機器學習常犯錯的十件事

　　近年來，人工智慧已經成為各行各業的熱門話題之一，各大公司積極導入機器學習技術來推動產業 AI 化，例如智慧醫療、智慧交通、智慧製造等領域。隨著 AI 技術的創新和普及，訓練機器學習模型不再是理工背景者的專利。隨著 Python 開發社群的快速成長，眾多開源的 AI 工具和套件如雨後春筍般出現，大大降低了機器學習建模的門檻。本章將探討機器學習中常犯的十個錯誤，從資料處理與模型構建的角度深入剖析機器學習應該注意的事項。特別是對初學者來說，由於缺乏經驗，往往容易陷入一些常見的錯誤陷阱。因此，本章將點出這些潛在問題，幫助讀者避免這些常見的失誤。

9.3.1 資料收集與處理不當

　　機器學習的首要步驟是定義問題，確定目標與方向後便可開始資料的搜集。然而，現實生活中的資料得來不易，即便從資料庫中取得這些資料後，我們仍需花費大量時間進行資料清洗。資料清洗的過程中，經常會遇到各種缺失值和異常值，例如：NA、Inf、NaN、NULL 等。

- **NA**：代表缺失值，是 "Not Available" 的縮寫。

- **Inf**：表示無窮大，是 "Infinite" 的縮寫。

- **NaN**：代表非數值，意思是 "Not a Number"。

- **NULL**：指的是空值，表示資料中沒有任何內容。

　　當資料完成前處理後，接下來便可以進行模型的建立與評估。但如果訓練出來的模型表現不佳，原因可能有很多。很多人常做的第一反應是替換模型演算法,或調整模型的超參數,試圖找到最佳的結果。然而,在進行這些操作之前,建議大家將注意力先回到資料處理層面。模型表現不佳的其中一個關鍵因素,往往來自於資料標籤的收集不當。Landing.ai 的執行長吳恩達也曾指出,當資料集中存在錯誤標籤時,模型很難得出正確的預測結果。因為資料中若包含過多的雜訊,會導致模型產生偏差,進而使訓練結果不穩定。因此,當模型表現不理想時,不應該只是著眼於調整演算法或超參數,應該先回頭檢查資料處理的部分,確認是否有資料標籤或清理過程中的問題影響了模型的結果。

我們可以發現,資料清理佔據了機器學習流程中的大部分時間。根據分析公司 Cognilytica 調查指出,資料處理(包含資料清洗、標籤處理、資料增強等)大約耗費了 AI 專案 80% 的時間與精力。這個步驟扮演了重要的角色,因為它能有效提升資料的質量,減少模型因資料品質不佳所產生的偏差與錯誤。資料清洗旨在移除雜訊、缺失值及異常值;標籤處理確保每筆資料的標籤準確無誤;而資料增強則進一步擴充資料集,以提升模型的泛化能力。儘管這些工作耗時費力,但它能夠大幅提升後續模型訓練與調參的效率與精準度,並顯著地增強模型的表現與穩定性。

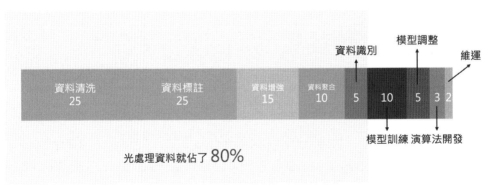

▲ 圖 9.16 資料清理佔大多數機器學習流程

在處理缺失值時,採取有技巧的補值方法是提升資料質量的重要手段。基本原則是優先嘗試補值,而非輕易地刪除特徵。當處理缺失值時,可以先補上適當的值,待模型訓練時再進一步考慮是否需要刪除或保留該特徵。常見的補值方法包括使用該特徵的眾數、平均值,或是訓練一個專門的模型來預測缺失值。這樣的做法可以最大程度保留資料的完整性並避免訊息的丟失。更詳細的資料處理技巧可以參考第二章「發現資料的秘密」，其中涵蓋了處理離群值與缺失值的多種策略。

9.3.2 訓練集與測試集的類別分佈不一致

在分類問題的資料集中，初學者常犯的一個錯誤是忽略了使用分層抽樣（stratify）來進行訓練集和測試集的切割。當測試集的資料分佈與訓練集一致時，模型才更有可能得到準確的預測結果。然而在分類問題中，我們必須特別關注每個類別資料的分佈比例，這對於模型的準確性和穩定性尤為重要。

舉個例子來說，假設我們有三個標籤的類別，而這三個類別的分佈比例分別為 4:3:3，那麼在進行資料切割時，我們需要確保訓練集與測試集中的類別比例相同，以保持資料的平衡性。

在本書的教學過程中，多次使用 scikit-learn 的 train_test_split() 函數來進行資料切割。該方法提供了 stratify 參數，能夠幫助我們實現分層隨機抽樣，特別是在樣本標籤分佈不均的情況下非常有用。例如，在某些分類問題中，負樣本與正樣本的比例可能懸殊，如信用卡盜刷預測、員工離職預測等。在這些情境下，直接隨機切割資料可能會導致測試集中的類別分佈與訓練集不一致，進而影響模型的性能。

接下來，將以紅酒分類資料集為例，先觀察資料在不切割的情況下三種類別比例。我們可以使用 pandas 的 value_counts() 函數計算並顯示 y 中三個類別的比例。透過設定 normalize=True，我們可以看到每個類別在資料集中所佔的相對比例，幫助我們了解資料集中每個類別所佔的比例分佈。

➔ 程式 9.7 載入紅酒資料集並觀察三種類別比例

```
import pandas as pd
from sklearn.datasets import load_wine
from sklearn.model_selection import train_test_split

X, y = load_wine(return_X_y=True)
```

```
# 查看全部資料三種類別比例
pd.Series(y).value_counts(normalize=True)
```

輸出結果顯示了紅酒資料集中三種類別的比例。標籤為 1 的類別佔總資料集的 39.89%，標籤為 0 的類別佔 33.15%，而標籤為 2 的類別佔 26.97%。這表明資料集中的三個類別分佈並不完全均衡。這樣的資訊對於後續切分訓練集和測試集時，進行分層抽樣是非常重要的，能確保訓練和測試集中每個類別的比例與原始資料集保持一致。

輸出結果：

1   0.398876

0   0.331461

2   0.269663

首先展示在不使用 stratify 參數進行隨機切割資料的情況下，觀察訓練集與測試集中三種類別比例的變化，並對此進行分析。

➡ **程式 9.8　不使用 stratify 進行資料切割**

```
# 實驗一：不使用 stratify 進行資料切割
X_train, X_test, y_train, y_test = train_test_split(X, y)


# 查看訓練集三種類別比例
print('訓練集：')
print(pd.Series(y_train).value_counts(normalize=True))
# 查看測試集三種類別比例
print('測試集：')
print(pd.Series(y_test).value_counts(normalize=True))
```

從結果可以看出，訓練集和測試集的類別分佈明顯不同。訓練集中，類別 1 的比例為 40.6%，類別 0 為 34.6%，而類別 2 則為 24.8%。在測試集中，類別 1 的比例下降至 37.8%，類別 2 升至 33.3%，而類別 0 則減少至 28.9%。這樣的分佈不一致會影響模型的評估結果，因為模型會傾向於學習訓練集中的分佈特徵，導致對某些類別的預測偏差，使得影響模型的泛化能力和在測試集上的表現。

輸出結果：

訓練集：

1	0.406015
0	0.345865
2	0.248120

測試集：

1	0.377778
2	0.333333
0	0.288889

接下來將展示使用 stratify 參數進行隨機切割資料的結果。當我們在呼叫 train_test_split() 時加入 stratify 參數並傳入 y，此方法會自動根據原始資料集中類別的比例來切割資料，確保訓練集與測試集中的類別分佈保持一致。最後，再觀察訓練集與測試集三種類別比例的變化，並進行進一步的分析。

➜ 程式 9.9 使用 stratify 進行資料切割

```python
# 實驗二：使用 stratify 進行資料切割
X_train, X_test, y_train, y_test = train_test_split(X, y, stratify=y)

# 查看訓練集三種類別比例
print('訓練集：')
print(pd.Series(y_train).value_counts(normalize=True))
# 查看測試集三種類別比例
print('測試集：')
print(pd.Series(y_test).value_counts(normalize=True))
```

從結果可以看到，透過分層抽樣，訓練集與測試集的類別分布非常接近。訓練集和測試集中每個類別的比例幾乎一致，這確保了在資料切割過程中各個類別都能得到公平的代表，並維持原始資料的分布一致性。這樣可以減少模型在不同類別上表現不佳的風險，並提高模型評估的準確性和可靠性。

輸出結果：

訓練集：

1   0.398496

0   0.330827

2   0.270677

測試集：

1   0.400000

0   0.333333

2   0.266667

9.3.3 沒有資料視覺化的習慣

資料視覺化有許多好處，能幫助我們更直觀地了解數據的結構與分佈。在本書的章節 2.2「探索式資料分析」中，詳細介紹了多種 Python 資料視覺化的技巧。透過資料視覺化，我們可以輕鬆地發現資料中的異常、缺失值，或是資料之間的相關性，這對於後續的資料清洗和前處理階段發揮了很大的幫助。養成良好的資料視覺化習慣可以方便資料清理與前處理，能有效提升模型的預測準確度，並增強模型的整體表現。

EDA 必要的套件

- 資料處理 – Pandas, Numpy

- Pandas：Python 表格資料處理的重要工具

- Numpy：針對多維陣列的平行運算進行優化的強大函式庫

- 繪圖相關 – Matplotlib, Seaborn

- Matplotlib：Python 最常被使用到的繪圖套件

- Seaborn：以 Matplotlib 為底層的高階繪圖套件

▲ 圖 9.17 Python 常用資料處理與視覺化套件

　　接下來透過經典案例來說明資料視覺化的重要性。安斯庫姆四重奏（Anscombe's quartet）是由統計學家 Francis Anscombe 於 1973 年設計的一組經典資料集，旨在強調資料視覺化在統計分析中的關鍵作用。這組數據由四個小型資料集構成，這四組資料的基本統計特性（如均值、方差、相關係數等）幾乎完全相同，但透過視覺化後卻呈現出截然不同的圖形。這提醒我們，僅依賴數據的統計指標進行分析，可能會忽略資料中的異常情況或離群值。

▼ 表格 9.1　這四組資料集的共同統計特徵

性質	數值
x 的平均數	9
x 的方差	11
y 的平均數	7.50
y 的方差	4.122 或 4.127
x 與 y 之間的相關係數	0.816
線性迴歸	y = 3.00 + 0.50x

安斯庫姆四重奏展示了離群值和資料分佈對統計結果的巨大影響。雖然四組數據的迴歸線和相關係數幾乎相同，但如果不進行視覺化，潛藏的異常很難被發現。第一組數據顯示出正向線性關係，這是四組數據中最「正常」的情況，數據點分佈緊密且與迴歸線吻合，沒有明顯的異常點。第二組數據呈現出非線性關係，雖然其相關係數與第一組相似，但視覺化後可以看出數據並不適合線性迴歸模型。第三組數據中有一個顯著的離群值，這個離群值極大地影響了迴歸結果，偏離了正常趨勢。第四組數據幾乎沒有任何線性關係，但由於一個單一的離群值，使得迴歸線顯示出不正常的高相關性。

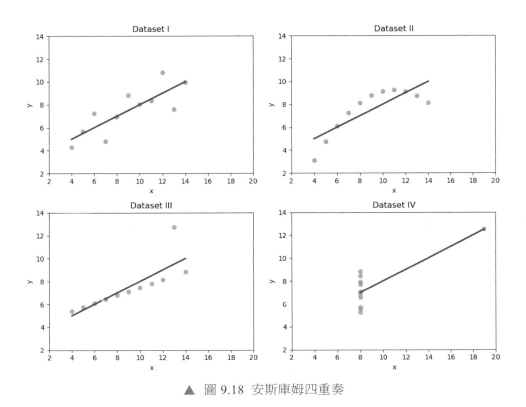

▲ 圖 9.18　安斯庫姆四重奏

這個例子提醒我們，在進行任何統計分析前，繪製圖表以直觀觀察資料是必不可少的步驟，這能幫助我們發現數據中的異常或隱藏模式，避免錯誤的結論。

9.3.4 使用錯誤方法為特徵編碼

在進行機器學習時，為類別型的特徵進行編碼是一個非常常見的步驟，許多人在這時會直覺想到使用 scikit-learn 的 LabelEncoder。然而，當資料集中有多個類別型特徵時，逐個特徵使用 LabelEncoder 編碼將會顯得非常繁瑣且低效。或許你曾有過這樣的經驗，並認為這是一個可行的方法，但事實並非如此！讓我們來看看官方文件中對 LabelEncoder 的描述：

This transformer should be used to encode target values, i.e. y, and not the input X.

簡單來說，LabelEncoder 是專門用來編碼目標變數 y 的，而不是輸入變數 X。如果你還在用 LabelEncoder 來處理類別型特徵，那麼這是一個錯誤的用法。

那麼，對於有順序的類別特徵，我們應該使用什麼方法來進行編碼呢？答案就在 scikit-learn 用戶指南中明確指出的 OrdinalEncoder。這個編碼器能將每個類別特徵轉換為一個整數序列，範圍是從 0 到 n_categories - 1，這樣每個類別都會被映射成唯一的整數，並且它能夠有效處理多個類別型特徵的編碼問題。OrdinalEncoder 編碼器的使用方式如下：

➜ 程式 9.10 輸入特徵編碼的正確方式

```python
from sklearn.preprocessing import OrdinalEncoder

# 定義需要編碼的資料集，每一筆資料包含性別（字串）和顏色（字串）
X = [['Male', 'blue'], ['Female', 'yellow'], ['Female', 'red']]
# 初始化 OrdinalEncoder
enc = OrdinalEncoder()
# 使用 fit 方法學習資料集中類別特徵的順序
enc.fit(X)

# 查看編碼器識別出的類別順序
print(' 編碼順序為：')
print(enc.categories_)

# 使用已經轉換好的編碼器將新資料進行編碼轉換
```

```
print('編碼結果：')
print(enc.transform([['Female', 'blue'], ['Male', 'red']]))
```

　　在這個範例中，我們使用了 OrdinalEncoder 來為類別型資料進行編碼。首先，定義了一個資料集，其中包含性別（'Male' 或 'Female'）和顏色（如 'blue'、'yellow' 等）。接著，我們使用 fit() 方法讓編碼器學習這些類別的順序，這一步會為每個類別對應一個整數值，並記錄下來。最後執行 enc.categories_ 可以查看每個類別特徵（性別和顏色）的編碼順序。同時，transform() 方法則可以將新的資料依照這個編碼順序進行轉換，這使得任何新的資料都可以方便地進行類別轉整數的映射。

　　以上範例中，資料集 X 包含三筆資料，每筆資料有兩個特徵。我們可以發現，第一個特徵是性別，包含 'Male' 和 'Female'，因此 OrdinalEncoder 根據字母順序進行編碼，將 'Female' 編碼為 0，'Male' 編碼為 1。第二個特徵是顏色，包含 'blue'、'red' 和 'yellow'，同樣按照字母順序將它們分別編碼為 0、1 和 2。這些編碼過程都是基於字母排序自動完成的。

輸出結果：

編碼順序為：

[array(['Female', 'Male'], dtype=object), array(['blue', 'red', 'yellow'], dtype=object)]

編碼結果：

[[0. 0.]

 [1. 1.]]

　　詳細的資料正確編碼技巧，可以參考本書的第 2.4.2 節「類別資料的處理」。該章節會進一步介紹如何根據不同資料型態選擇適當的編碼方式，並說明如何處理有順序和無順序的類別資料，確保模型能夠正確解讀特徵，以提升模型的預測能力。

9.3.5 資料處理不當導致資料洩漏

資料洩漏 (data leakage) 是機器學習中的一個隱形殺手，它會悄悄地影響模型的預測結果，造成誤導。在資料洩漏的情境下，模型在訓練過程中無意間使用了測試資料的資訊，這導致模型在訓練與驗證階段顯示出過於樂觀的結果。然而，當模型面對新的未見過的資料時，預測效果可能會大幅下降，表現出非常糟糕的泛化能力。

資料洩漏最常發生於資料前處理階段，特別是當訓練集和測試集尚未切割時。如果在資料切割之前進行資料清洗或標準化等處理，這些過程中計算出的統計值可能會包含測試資料的訊息，進而洩漏到訓練過程中。scikit-learn 提供了許多常用的資料前處理工具，如缺失值補值 (imputers)、正規化 (normalization)、標準化 (standardization) 以及對數轉換 (log transformation) 等，這些轉換方法都依賴於數據的分佈進行計算，因此必須特別注意避免在未切割數據的情況下進行這類操作，以防止資料洩漏的發生。

舉例來說，當我們使用 MinMaxScaler 進行最小最大值標準化時，會將每筆資料按其最小值和最大值進行縮放，將其數據轉換至 [0, 1] 的區間。我們會使用 fit() 方法來讓轉換器學習整個資料集（X）的分佈情況，包括每個特徵的最大值和最小值。然而，如果我們在進行這個轉換時，尚未將資料集切分為訓練集和測試集，這會導致訓練集和測試集的數據互相污染。

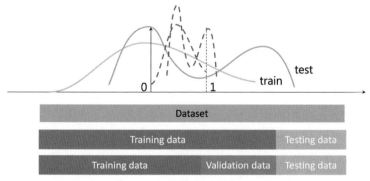

▲ 圖 9.19 將資料集劃分為訓練集與測試集，然後分別進行數據轉換

如圖片中所示，資料集應先分為訓練集和測試集，並分別進行轉換，避免測試集的分佈訊息洩露給訓練集。如果在轉換過程中將整個資料集混合，MinMaxScaler 會基於全部數據的分佈進行縮放，這就洩露了測試集的分佈訊息。這種情況下，雖然我們希望訓練集和測試集之間的分佈盡可能接近，但訓練過程中使用測試集的訊息會導致模型表現出過度樂觀的結果，並影響其在真實世界中的泛化能力。

➜ 程式 9.11 特徵正規化的正確方式

```python
from sklearn.datasets import load_iris
from sklearn.model_selection import train_test_split
from sklearn.preprocessing import MinMaxScaler

# 載入資料集
X, y = load_iris(return_X_y=True)

# 分割訓練集和測試集，確保類別比例一致
X_train, X_test, y_train, y_test = train_test_split(X, y, stratify=y,
random_state=44)

# 初始化 MinMaxScaler，縮放到 [0, 1] 區間
scaler = MinMaxScaler()

# 根據訓練集計算並縮放
X_train_scaled = scaler.fit_transform(X_train)

# 依據訓練集的縮放規則，縮放測試集
X_test_scaled = scaler.transform(X_test)
```

最簡單的解決辦法就是避免使用 fit() 在所有資料上同時進行轉換。在進行任何資料轉換之前，應確保訓練集與測試集已經被完全切分開。切分之後，也不應再對測試集使用 fit() 或 fit_transform()，這樣同樣會導致資料洩漏的問題。因為訓練集和測試集必須接受相同的轉換，因此根據官方範例，我們需要先在訓練集上使用 fit_transform() 來進行擬合與轉換。這樣可以確保轉換器僅從訓練集中學習到需要的參數，例如最小值與最大值，並對訓練集進行轉換。接著，

使用 transform() 方法來對測試集進行相同的轉換，這是根據訓練數據中學習到的參數來進行的，避免測試集資料洩漏進入訓練過程。

在 scikit-learn 中，scaler 是用於特徵縮放的一種工具，可以將特徵數據轉換成具有特定特性或範圍的形式。這裡針對 scaler 中的 fit_transform() 和 transform() 兩個方法進行說明：

fit_transform() 方法

* fit_transform() 方法結合了兩個步驟：fit（擬合）和 transform（轉換）。在進行數據轉換之前，首先需要對 scaler 進行擬合。這意味著 scaler 會計算訓練數據的統計量（例如 min 和 max），並在後續的轉換中使用這些統計量。

* 這個方法通常在訓練數據上使用，因為它同時完成了擬合和轉換，並且可以根據訓練數據的統計特性來進行轉換。

transform() 方法

* transform() 方法僅進行數據轉換，而不進行擬合過程。

* 在使用 transform() 方法之前，必須先對 scaler 進行擬合，通常使用 fit() 方法來完成這一步。

* transform() 方法接受一個資料集作為輸入，然後根據先前對 scaler 進行擬合時計算的統計量進行轉換。

* 這個方法通常在測試數據或其他新數據上使用，因為在之前的擬合過程中已經得到了 scaler 的統計特性，所以可以直接使用 transform() 方法來對新數據進行相同的特徵縮放轉換，確保與訓練數據具有相同的特性。

9.3.6 僅使用測試集評估模型好壞

僅依賴測試集來評估模型的好壞可能會導致片面的結論。測試集的分數雖然能夠反映模型在未見過數據上的性能，但它無法全面地評估模型的泛化能力和穩定性。測試集應該用來驗證模型的最終表現，而不是唯一的評估標準。在模型訓練過程中，我們通常會劃分出訓練集、驗證集和測試集，透過訓練集進行模型的學習，使用驗證集調整超參數並避免過擬合，最後再利用測試集來檢驗模型的泛化能力。

當訓練集的分數高於測試集的分數，並且這兩個分數都足夠高，符合專案的預期目標，這通常意味著你訓練出了一個不錯的模型。然而，這並不意味著訓練集和測試集之間的分數差異越大越好。舉個例子，在迴歸任務中若訓練集的 R^2 分數為 0.85，而測試集為 0.8，這代表模型既沒有過擬合（overfitting），也沒有欠擬合（underfitting）。但如果訓練集的分數為 0.9，而測試集的分數為 0.7，這就表明模型過擬合了。其原因是，模型在訓練期間未能有效泛化，而是過於記住了訓練數據，導致測試集表現大幅下滑。因此，除了測試分數本身，訓練集與測試集的分數差距也值得特別關注。總之在訓練好模型時請仔細檢查訓練和測試分數之間的差距。並且可以透過此評估方式檢視模型是否過擬合，同時也能進行模型條參或是選擇最佳的資料預處理方式。並為最終的模型做最佳的準備。

9.3.7 在沒有交叉驗證的情況下判斷模型性能

延續上一個議題，如果我們只依賴測試集來評估模型的好壞，可能會導致模型過度優化於該特定測試集，從而無法在其他資料集上取得一致的表現。這種情況下，模型的泛化能力可能不足，導致在新的或未見過的數據上表現不佳。因此，為了確保模型的穩定性和可靠性，我們應該在多個不同的資料集上進行評估。最常用的方式是進行交叉驗證（cross-validation），這可以幫助我們更全面地了解模型的性能。

其中，最經典的交叉驗證方法是 K-Fold Cross-Validation。K-Fold 方法會根據設定的 K 值將數據分成 K 個等份（folds），並進行多次模型訓練。在每次訓練中，K-1 個 fold 被作為訓練集，剩餘的一個 fold 作為驗證集，這樣模型能在不同的資料劃分下進行訓練與驗證。這樣不僅能避免模型過度依賴某個特定測試集，還可以更好地評估模型在不同資料集上的表現，從而提高其泛化能力。

當 K 次交叉驗證完成後，模型實際上已經在所有數據上進行了完整的訓練，從而使訓練過程更加穩健。

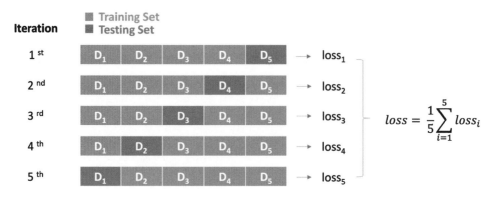

▲ 圖 9.20 K-Fold Cross-Validation

這樣的評估方式使得我們能夠同時考量訓練集和測試集的表現，最終選擇出一個能夠在實際應用中穩定表現的模型。關於更多詳細內容，可以參考本書第 9.2.2 節的 K-Fold 交叉驗證介紹。

9.3.8 分類問題僅使用準確率作為衡量模型的指標

在分類問題中，僅使用準確率（accuracy）作為衡量模型的指標可能會導致對模型性能的誤判。準確率雖然是最常見的評估指標之一，但它在面對類別不平衡的資料集時並不可靠。例如，當某個類別的樣本數佔絕大多數時，即使模型只對該類別進行預測，也可能獲得高準確率，卻無法正確辨識少數類別的樣本。因此，在這類情境下，我們應該引入其他評估指標，如精確率（precision）、召回率（recall）、F1 分數（F1 score）等，來更全面地衡量模型在不同類別上的表現，確保模型能在實際應用中提供穩定且可靠的預測結果。

在 scikit-learn 的分類器中，預設情況下，當呼叫 score() 函數時，系統會使用準確率作為評分標準。由於準確率計算簡單、易於理解，因此常被初學者用來判斷模型的性能。然而，這種評估方式僅適用於類別平衡的二元分類問題。當面對類別不平衡的多分類問題時，準確率往往會產生誤導性結果，甚至使表現差勁的模型顯得「表現優異」。例如，一個垃圾郵件檢測模型可能顯示出 95% 的準確率，但實際上它根本無法偵測到垃圾郵件。這是因為模型將所有郵件都歸類為正常郵件，錯誤的那 5% 正是未被檢測出來的垃圾郵件。由於正常郵件占大多數，分類器輕鬆識別了這部分，造成了準確率看似很高的假象。即便準確率高達 95%，該模型仍無法達成其核心目的，無法有效分類垃圾郵件，而失去了應有的實際效用。

　　特別是針對多元分類問題，我們更應該注意所選擇的模型評估指標。假設模型達到了 80% 的準確率，這是否表示它在預測類別 1、類別 2、類別 3 時都同樣準確呢？單純依靠準確率是無法回答這類問題的。因此，我們可以更近一步地使用混淆矩陣（confusion matrix）來提供更多訊息，幫助深入分析模型在各個類別上的具體表現。組成混淆矩陣的四個元素分別是 TP（True Positive）、TN（True Negative）、FP（False Positive）和 FN（False Negative）。基本上，混淆矩陣提供了這四個指標來參考，透過它們計算出的分數可以更全面地評估模型的訓練結果。此外，我們還可以利用混淆矩陣來計算精確率（Precision）、召回率（Recall）和準確率（Accuracy）等評估指標，幫助我們更好地理解模型的整體表現。

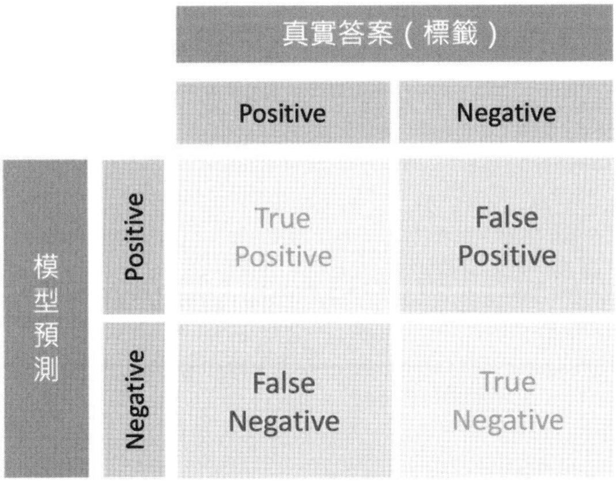

$$Accuracy = \frac{TP+TN}{P+N} \qquad Precision = \frac{TP}{TP+FP}$$

$$Recall = \frac{TP}{P} \qquad F1Score = \frac{2 \times TP}{2 \times TP+FP+FN}$$

▲ 圖 9.21　透過混淆矩陣能得到不同的分類評估指標

- **TP（True Positive）**：正確預測為正樣本的情況。例如，真實標籤（Ground Truth）是貓，模型成功預測這張貓的照片為貓，這就是 TP。

- **TN（True Negative）**：正確預測為負樣本的情況。例如，模型正確地將一張狗的照片預測為「不是貓」，這就是 TN。

- **FP（False Positive）**：錯誤地將負樣本預測為正樣本。例如，模型錯誤地將一張狗的照片預測為貓，這就是 FP。

- **FN（False Negative）**：錯誤地將正樣本預測為負樣本。例如，模型錯誤地將一張貓的照片預測為「不是貓」，這就是 FN。

接下來我們將展示如何使用 confusion_matrix 和 classification_report 來評估分類模型的表現。首先，我們需要建立兩個 list 來定義真實標籤（y_true）和預測標籤（y_pred），這些資料模擬了分類模型的輸出結果。y_true 代表實際的類別，而 y_pred 則是模型預測的結果。

➜ 程式 9.12 產生模擬標籤資料

```
# 定義真實標籤和預測標籤
y_true = [2, 0, 2, 2, 0, 1]
y_pred = [0, 0, 2, 1, 0, 2]
```

confusion_matrix 是一個用來總結分類模型正確與錯誤預測結果的矩陣，它會顯示出模型對每個類別的預測分佈，讓我們可以清楚地看到哪些類別被正確分類，哪些被錯誤分類。以下程式用來生成並視覺化混淆矩陣，方便比較分類模型的預測結果與實際標籤的差異。首先，利用 pd.crosstab() 生成混淆矩陣，然後使用 seaborn 的 heatmap 將其繪製成熱圖。這樣的視覺化可以幫助我們直觀地觀察模型對不同類別的預測表現，清楚看到模型在各個類別上的正確預測和錯誤分類情況。

➜ 程式 9.13 繪製混淆矩陣

```
from sklearn.metrics import confusion_matrix
import pandas as pd
import seaborn as sns
import matplotlib.pyplot as plt
```

```
def plot_confusion_matrix(actual, pred, labels):
    # 使用 pd.crosstab 函數生成混淆矩陣
    confusion_matrix = pd.crosstab(actual, pred,
                                   rownames=['Actual'],
                                   colnames=['Predicted'])

    # 使用 seaborn 繪製熱圖，顯示混淆矩陣
    sns.heatmap(confusion_matrix, xticklabels=labels, yticklabels=labels,
                square=True, annot=True, cbar=False)

# 呼叫 plot_confusion_matrix 函數，將模型在測試集上的實際值和預測值傳入
y_label_names = ['Class0', 'Class1', 'Class2']
plot_confusion_matrix(y_true, y_pred, labels=y_label_names)
```

　　Confusion matrix（混淆矩陣）主要是用來分析分類模型的性能，它能夠展示模型的預測結果與實際結果之間的對比，並且具體說明分類模型在不同類別上的正確和錯誤分類情況。透過混淆矩陣，我們可以深入了解模型對不同類別的預測準確性，以及模型在哪些類別上容易出現錯誤分類。這有助於我們針對模型進行進一步的調整和優化。

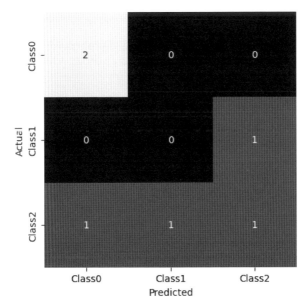

▲ 圖 9.22 混淆矩陣式覺化結果

根據這個混淆矩陣的輸出結果，我們可以觀察到模型在三個類別上的預測情況：

- **Class 0**：模型對 Class 0 的預測效果很好，實際有 2 筆 Class 0 的資料，模型也正確地預測了這 2 筆資料（左上角的數字 2）。因此在 Class 0 上模型預測完全正確。

- **Class 1**：沒有任何樣本被正確預測為 Class 1，實際為 Class 1 的一個樣本被錯誤預測為 Class 2（錯誤分類）。

- **Class 2**：模型在 Class 2 上的表現較差。實際上有 3 筆 Class 2 的資料，但模型預測中只有 1 筆被正確歸類為 Class 2，另外 1 筆資料被錯誤地預測成 Class 0，還有 1 筆被錯誤地預測成 Class 1。

總結來看，模型在 Class 0 上表現良好，但對於 Class 1 和 Class 2 上存在較多錯誤的分類，特別是將 Class 2 資料錯誤歸類到其他類別，這表明模型可能在該類別上有欠擬合的情況。

在進行分類問題的分析時，我們除了透過混淆矩陣來觀察模型的正確與錯誤分類外，還可以透過 scikit-learn 中的 classification_report 來進一步檢查每個類別的預測性能。這份報告會提供模型在每個類別上的 Precision（精確率）、Recall（召回率）、F1-Score（F1 分數），以及 Support（該類別的實際樣本數）。

➔ **程式 9.14　觀察每個類別預測準度**

```
from sklearn.metrics import classification_report

# 產生分類報告
print(classification_report(y_true, y_pred))
```

這份分類報告顯示，模型在類別 0 上表現較好，精確率 0.67、召回率 1.00、F1 分數 0.80；但在類別 1 和 2 上表現較差，特別是類別 1，精確率和召回率都為 0，表示完全無法正確預測。整體準確率為 0.50，模型在不同類別上的預測能力存在不平衡，對少數樣本類別預測效果較差。

輸出結果：

	precision	recall	f1-score	support
0	0.67	1.00	0.80	2
1	0.00	0.00	0.00	1
2	0.50	0.33	0.40	3
accuracy			0.50	6
macro avg	0.39	0.44	0.40	6
weighted avg	0.47	0.50	0.47	6

- **Accuracy（準確率）**：0.50，表示模型在所有 6 個樣本中正確預測了一半。

- **Macro Avg**（綜觀平均）：這是對所有類別的精確率、召回率和 F1 分數的平均，不考慮每個類別的樣本數。精確率為 0.39，召回率為 0.44，F1 分數為 0.40，表明模型的平均性能一般。

- **Weighted Avg**（加權平均）：這個指標是根據每個類別的樣本數進行加權平均，精確率為 0.47，召回率為 0.50，F1 分數為 0.47，這更能反映模型在不同類別上的表現權衡。

9.3.9 迴歸問題僅使用 R2 分數評估模型好壞

在迴歸問題中，僅使用 R2 分數來評估模型的好壞可能會導致對模型性能的誤判。R2 分數，也稱為判定係數 (coefficient of determination)，雖然是常見的評估指標之一，用來衡量模型對於觀測數據的擬合程度，但它並不能反映出模型是否在每個區間內表現一致。例如，模型可能在大部分數據點上表現良好，但在某些區域可能出現偏差或誤差較大。R2 分數僅代表整體的擬合程度，無法揭示這些細微的區別。在迴歸模型中，R2 分數用來表示輸入特徵 (x) 對輸出變

數 (y) 的解釋能力，具體來說，它表示模型解釋了目標變數變異的比例。其計算公式是迴歸模型的解釋變異量 (SSR) 與總變異量 (TSS) 的比值。

$$R^2 = 1 - \frac{\sum_{i=1}^{n}(y_i - \hat{y}_i)^2}{\sum_{i=1}^{n}(y_i - \bar{y})^2}$$

▲ 公式 9.1 判定係數

其中：

- y_i：實際觀測值。

- $\hat{y}_i$：模型預測值。

- $\bar{y}$：實際觀測值的平均值。

- $\sum_{i=1}^{n}(y_i - \hat{y}_i)^2$：殘差平方和（Residual Sum of Squares, RSS）。

- $\sum_{i=1}^{n}(y_i - \bar{y})^2$：總平方和（Total Sum of Squares, TSS）。

解釋：

- 當 R^2 越接近 1，代表模型對數據的解釋能力越強，即模型的預測值能夠很好地擬合實際數據。

- 當 $R^2 = 1$，表示模型完全解釋了數據的變異。

- 當 $R^2 = 0$，表示模型無法解釋數據中的變異。

- 當 $R^2 < 0$，表示模型的預測能力甚至比一條平坦的基準線還要差。

從變異數分析表（ANOVA table）的角度來看，TSS 是總變異，代表每個實際 y 值與 y 平均值的差異平方和，而 SSR 則是模型預測值與 y 平均值的差異平方和。R2 分數越接近 1，意味著模型對數據的解釋能力越強，模型表現越好。然而，僅憑 R2 分數來評估模型的好壞可能會有偏差，因為它並未充分考量預測誤差的具體情形，因此在評估模型時，還需結合其他指標進行綜合分析。

▼ 表格 9.2 異數分析表（ANOVA table）

變異來源	平方和	自由度	均方和	F
組間變異	$SSR = (\hat{y}i - \bar{y})^2$	1	$MSR = \dfrac{SSR}{1}$	$F = \dfrac{MSR}{MSE}$
組內變異	$SSE = (yi - \hat{y}i)^2$	$n-2$	$MSE = \dfrac{SSE}{n-2}$	
總變異	$TSS = (yi - \bar{y})^2$	$n-1$		

在學術研究中，最直觀的觀念是 R2 分數越接近 1 越好，因此有些人會透過一些方式來製造高 R2 分數的假象。因此，僅依靠 R2 這個指標來判斷模型的好壞並不是一個良好的習慣。實際上，我們可以進一步使用其他評估指標，如均方誤差 (MSE)、平均絕對誤差 (MAE)、均方根誤差 (RMSE) 等來衡量模型的殘差，這些指標能夠更加精確地反映每筆資料的實際值與預測值之間的誤差大小。同時，也可以使用相對誤差來觀察模型預測的可信度，以便更全面地了解模型的表現。

9.3.10 任何事情別急著想用 AI 解決

近幾年 AI 的發展迅速且廣泛，無論是影像識別還是物件辨識，技術上都有了重大突破。2016 年，Google DeepMind 團隊的 AlphaGo 首次打敗人類，為人機對弈樹立了一個里程碑。同時，隨著新模型架構的發展及硬體資源的進步，自然語言處理也取得了顯著的突破。生成式 AI，如 ChatGPT，開發出許多創新的商業模式，讓許多人看見 AI 的無限潛力，深度學習再次燃起希望。

然而，AI 並非萬能的解決方案。務必要記住，並不是所有問題都適合使用 AI 解決。很多人容易陷入「為 AI 而 AI」的誤區，誤以為只要收集好數據，交給電腦學習就能得到理想結果。事實上，許多任務只需透過規則系統或傳統演算法就能有效解決，不一定需要 AI。此外，AI 模型的結果常受到數據質量的影響，如果數據不完整或不準確，模型的預測效果可能會非常有限。因此，在投入 AI 技術之前，應優先專注於資料的收集與整理，以及驗證問題是否真正需要 AI 的解決方案。換句話說，不要因為 AI 的流行而過度依賴它，應該根據實際需求來決定是否導入 AI，並謹慎評估是否值得這樣做。

在導入 AI 技術之前，應先進行需求分析，仔細評估問題的本質，並考慮是否已經存在更簡單、有效的傳統方法可以解決問題。機器學習的流程從資料取得與前處理開始，經過特徵工程、演算法建模與模型評估，直到最終的部署與應用，每一步驟都需要投入大量的數據、計算資源，以及進行模型調參所需的時間與專業知識。如果問題可以透過簡單的規則或基本的統計方法來解決，這些傳統方法可能更快速且具成本效益，並可避免模型調整與繁瑣的數據處理過程。因此，使用 AI 解決問題時，必須謹慎權衡問題的複雜度與資源投入的必要性。

▲ 圖 9.23 模型訓練與優化需要不斷反覆試誤

此外，雖然我們對 AI 技術充滿期待，但 AI 的「黑箱」性質往往帶來挑戰。由於我們無法深入了解模型內部的運作機制和邏輯，這使得 AI 模型有時可能會給出不可預期的結果，甚至難以解釋其背後的原因。這種黑箱問題在高度自動化和複雜的系統中尤其明顯，當模型做出錯誤決策或出現偏差時，往往難以快速追溯根本原因並進行修正。因此，在應用 AI 的過程中，除了追求高效的模型訓練和準確率外，我們也應該重視可解釋性和透明度，透過「可解釋人工智慧」(Explainable AI, XAI) 等技術來確保模型的決策過程可以被人類理解和信任，減少因為不透明性所帶來的風險。

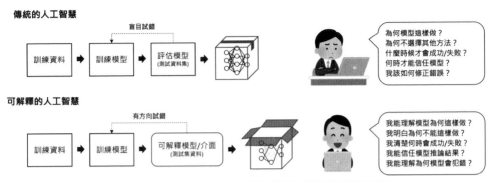

▲ 圖 9.24 可解釋人工智慧與傳統機器學習的區別

　　總而言之，AI 雖然是一種強大的工具，但它並非萬能。在應用 AI 技術時，我們需要審慎考慮每個環節，從需求分析、資源投入，到模型的可解釋性，確保 AI 能真正發揮應有的價值並且能夠在實際應用中穩定可靠。

MEMO

模型落地實踐與整合應用

▌ 10.1 模型整合與部署

10.1.1 機器學習開發流程回顧

在機器學習專案開發中，從資料的收集到模型的部署，會經歷一連串的步驟。通常這些步驟包括：需求討論，明確專案目標和限制條件；資料搜集與清理，確保資料質量；特徵工程，選擇和創造有用的特徵；模型訓練與評估，調整模型以達到最佳預測能力；最終到模型的整合與部署，讓模型在應用中發揮實際作用。這些步驟構成了完整的開發流程，每個步驟對最終模型結果都十分重要。

▲ 圖 10.1 完整機器學習流程

在整個流程中，模型訓練與優化涉及不斷的試誤（trial & error）。例如，開發者可能需要多次調整學習率，以平衡訓練速度和模型收斂的穩定性，或者嘗試不同的特徵組合來找到最佳的預測效果。開發者需反覆調整模型架構與參數，測試不同的特徵組合，最終找到最佳配置。這個不斷疊代的過程是提升模型表現的關鍵。

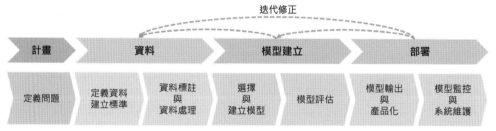

▲ 圖 10.2 機器學習產品生命週期

最後，當我們選擇出表現最佳的模型後，即可將其落地應用，讓機器學習模型在實際環境中發揮價值。接下來，我們將聚焦於模型的部署與整合，深入探討如何將訓練好的模型應用於產品，實現 AI 技術的真正落地。

10.1.2 DevOps 與 MLOps 概念簡介

在開始模型整合之前，必須要先了解機器學習生命週期。機器學習的開發流程中，模型訓練完成並正式部署上線後，仍需定期檢查其推論能力是否穩定。

由於應用場域及數據的變動，模型的準確性可能會下降，因此進行定期的監控和重新訓練，以確保模型能夠持續提供可靠的預測結果，是模型維運不可或缺的一部分。本節將介紹 "MLOps" 這一名詞，探討其在機器學習模型開發中的重要性。雖然第十章主要聚焦於模型如何落地應用，但模型的維運與持續監控亦是一項重要的課題。隨著時間的推移，模型的預測能力可能會隨著環境變化而減弱，因此模型的持續監控、維護以及重新訓練，便成為確保模型穩定運行和適應性的關鍵。

在深入了解 MLOps 之前，先介紹與之相近的概念——DevOps。以下透過一個例子說明 DevOps 的核心流程：當有新功能的需求產生時，開發團隊開始規劃（Plan）並撰寫程式碼（Code）；程式碼完成後進行編譯（Build），並測試系統（Test）是否正常運行。測試通過後，會發布（Release）並部署（Deploy）應用上線。接著，運營團隊會持續監控（Monitor）系統，並回饋使用者體驗。當有新需求或改善建議時，再次進入新的開發循環。這種循環使得功能能夠不斷更新並快速貼近使用者需求，這就是 DevOps 的核心。

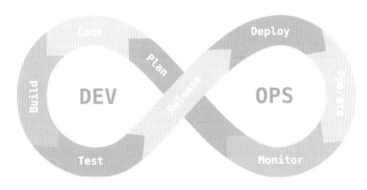

▲ 圖 10.3 DevOps 流程

MLOps 則是在此基礎上，它是機器學習（Machine Learning）、開發（Develop）和維運（Operates）三個單字的縮寫合併。它強調模型的自動化部署、監控和更新，建立監控系統以定期檢查模型的適用性，並捕捉模型推論異常，確保模型在變化的環境中始終能提供高質量的預測。隨著企業對 AI 應用的需求增加，MLOps 成為快速、有效地部署並維護機器學習模型的關鍵。

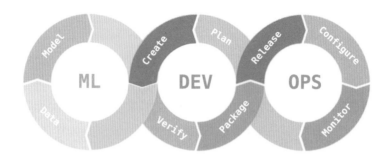

▲ 圖 10.4 MLOps 流程

　　這樣的需求催生了 MLOps 的概念，它融合了 DevOps 的最佳實踐，並專注於機器學習模型的開發、部署和維護。MLOps 強調模型的自動化部署、監控和更新，確保模型能夠適應不斷變化的環境需求。這對於企業來說，能有效地縮短從模型開發到實際應用的時間，並保持模型的穩定性和高效性。因此，MLOps 已成為企業導入 AI 的關鍵因素，透過結合開發、部署和運營的最佳實踐，幫助企業更快、更有效地將 AI 技術應用到實際業務中，並在市場競爭中佔據有利位置。

10.1.3 如何將模型整合到實際應用中？

　　在本書的最後一章中，我們將探討如何將訓練好的機器學習模型保存下來並在產品端實際運行，使其能夠解決真實世界中的問題。模型訓練完成後，應用和落地成為關鍵的步驟。這個過程可以選擇多種方式來整合模型到產品應用中，取決於使用需求和運行環境的特性。例如，若要進行邊緣運算，可以考慮使用嵌入式設備如樹莓派、Jetson Nano、OpenVINO、NeuroPilot 等硬體，進行邊緣運算並與使用者互動。另一種常見的選擇是將模型部屬到雲端伺服器，並設計手機 APP 或網頁應用，提供便於操作的前端介面。

　　許多人可能會疑惑，模型訓練完成後接下來該如何操作？最常見的方法是將訓練好的模型儲存下來，並建立 API 介面，將其部署於後端伺服器。這樣一來，任何終端設備（例如手機、網頁或物聯網設備）都能透過該 API 進行資料存取和模型預測。若需要即時性且數據量大的運算,可以採用邊緣運算,例如在具有 GPU 算力的 Jetson Nano 上運行模型,以減少延遲並提高效能;若資料不講究即時性,則可以採用雲端運算服務,充分利用其計算資源。

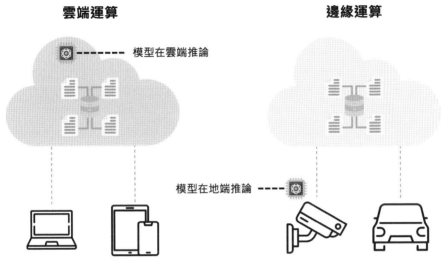

▲ 圖 10.5 雲端運算 vs 邊緣運算

　　下圖展示了一個簡單的模型落地應用場景:模型部署在後端伺服器,並透過 API 介面讓前端應用進行互動。前端使用者透過 HTTP 協議與後端伺服器通訊,提交數據進行預測,最終由後端將模型的預測結果回傳至前端,並顯示於網頁或 APP 上。

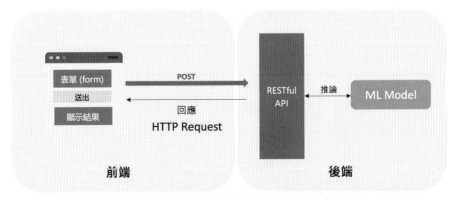

▲ 圖 10.6 機器學習模型前後端整合架構

接下來的章節將逐步介紹如何從模型訓練到應用整合的完整流程，包含以下幾個重點步驟：

- **從 scikit-learn 模型匯出 ONNX 格式**：將模型轉換為 ONNX 格式以實現跨平台兼容性。

- **使用 ONNX Runtime 進行模型推論**：利用第三方推論引擎進行跨平台模型推論。

- **使用 FastAPI 建立模型推論服務**：建立 API 服務，讓模型可供線上應用進行資料交握。

- **網頁推論與前端整合**：實現前端和後端的無縫整合，將推論結果展示給終端使用者。

▌ 10.2 儲存訓練好的模型

在模型訓練完成後，將模型儲存下來便於後續的推論或部署至不同環境中，這是模型開發流程中的最後一哩路。以下是模型儲存的主要優勢：

- **便於重複使用**：已訓練的模型可以直接載入進行推論，無需重新訓練。

- **跨平台相容性**：透過標準化格式儲存，可以在不同的系統和語言環境中使用模型。

- **版本管理**：儲存模型時可建立不同版本，方便回溯和維護。

常見的模型儲存格式包括 Pickle（Python 專用）、HDF5（常用於 Keras）、SavedModel（TensorFlow 專用）、.pth（PyTorch 專用）及 ONNX（跨平台格式）。其中，ONNX 格式因其開放標準和高效推論特性成為了許多場景的理想選擇。因此，在本章節中，我們將深入介紹如何將訓練好的 scikit-learn 模型儲存為 ONNX 格式。

10.2.1 ONNX 簡介

ONNX（Open Neural Network Exchange）ONNX 是一種專為機器學習設計的開放式文件格式，用來儲存已訓練完成的模型。此標準格式是由微軟和 Nvidia 等公司主導維護並開源。ONNX 支援多種機器學習和深度學習框架，包括 scikit-learn、PyTorch 和 TensorFlow，使開發者能靈活地在不同環境間轉換和部署模型，減少不同框架之間不兼容的挑戰。使用 ONNX，開發者可以便捷地將模型整合到各種應用中，無論是雲端還是邊緣設備，實現跨平台模型部署。ONNX 的目標是讓模型的共享和重用更加高效，減少開發人員在不同框架之間移植模型的工作量，提升整體開發體驗和生產力。

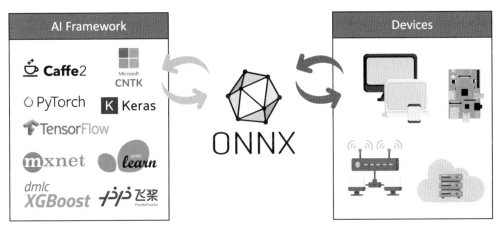

▲ 圖 10.7 ONNX 標準可支援多種機器學習框架

ONNX 的一大優勢在於其開放性，這使得模型在多種平台上能夠流暢運行，無需重新編寫或調整模型架構，進而大幅提高開發效率。ONNX 格式的特點包括：

- **跨平台相容**：ONNX 格式允許模型在不同平台和工具間自由轉移。例如，開發者可以將模型從訓練框架無縫轉移到推論環境，確保模型能夠在多種硬體架構（如 CPU、GPU）上順利執行。

- **高效推論**：ONNX 支援像 ONNX Runtime 這樣的優化推論引擎，能顯著提升模型推論的效率。ONNX Runtime 透過專為推論而優化的技術，使得模型運行更加輕量化，適合高效、低延遲的應用場景。

- **多框架支援**：ONNX 標準能夠輕鬆支援多種框架，如 scikit-learn、PyTorch 和 TensorFlow，讓開發者可以在一個框架中訓練模型，然後將其轉換為 ONNX 格式，在另一個推論環境中運行。這樣的靈活性使得 ONNX 成為機器學習和深度學習領域中日益受歡迎的選擇。

ONNX 的出現大幅簡化了不同框架間的模型轉換，並且促進了 AI 模型在工業界的應用，降低了技術門檻，使得模型開發者能夠更加專注於改進模型的性能與精度，而不必花費大量時間在不同系統間遷移模型上。

10.2.2 將 scikit-learn 模型輸出為 ONNX 格式

在這一節中，將介紹如何使用 scikit-learn 訓練的模型輸出為 ONNX 格式。我們將以鳶尾花（Iris）資料集上的邏輯迴歸分類為範例，逐步展示如何安裝必要套件、使用 skl2onnx 儲存模型，並檢查和測試 ONNX 模型的正確性與模型的視覺化。

安裝必要套件

在開始之前，我們需要安裝一些必要的 Python 套件，這些套件可以幫助我們完成模型的轉換的工作。這些套件包括 scikit-learn、onnx 和 skl2onnx。請開啟終端機運行以下指令來安裝：

```
pip install scikit-learn onnx skl2onnx
```

準備範例模型：鳶尾花朵分類模型

我們將使用 scikit-learn 中的鳶尾花（Iris）資料集作為範例，建立一個簡單的邏輯迴歸分類模型。該模型將用來判斷鳶尾花的種類。

➜ 程式 10.1　建立鳶尾花朵分類模型

```python
from sklearn.datasets import load_iris
from sklearn.model_selection import train_test_split
from sklearn.linear_model import LogisticRegression
from sklearn.preprocessing import StandardScaler
from sklearn.pipeline import Pipeline

# 載入鳶尾花資料集
iris = load_iris()
X, y = iris.data, iris.target

# 分割資料集為訓練集和測試集
X_train, X_test, y_train, y_test = train_test_split(X, y, stratify=y,
test_size=0.2, random_state=42)

# 建立模型 Pipeline：標準化 + 邏輯迴歸
model = Pipeline([
    ('scaler', StandardScaler()),
    ('classifier', LogisticRegression(max_iter=1000))
])

# 訓練模型
model.fit(X_train, y_train)
```

　　上述程式碼中，我們使用資料集並分割為訓練集和測試集，然後用 Pipeline 建立一個包含標準化（StandardScaler）和邏輯迴歸分類器（Logistic-Regression）。標準化是預處理的重要一步，能夠讓特徵有相似的尺度，並提高模型的預測能力。

　　在 scikit-learn 中，Pipeline 是一個非常強大的工具，用於將數據處理和模型訓練的各個步驟串聯起來。這樣的設計使得整個數據處理和訓練流程更加簡潔和易於管理。使用 Pipeline 有以下幾個優勢：

- **保持步驟一致性**：Pipeline 可以確保在訓練和測試過程中應用相同的數據轉換。例如，訓練集和測試集都會經過相同的標準化處理，這樣可以避免由於數據處理不一致所造成的問題。

- **減少重複程式碼**：我們可以把數據處理和模型訓練的所有步驟合併到一個流程中，這樣就不需要在每次使用模型時都手動對數據進行相同的處理，減少重複程式碼，提升可讀性。

使用 skl2onnx 將模型儲存為 ONNX 格式

現在我們有了訓練好的模型 Pipeline，接下來我們將其儲存為 ONNX 格式。這可以通過 skl2onnx 來完成。需要注意的是，不一定要使用 Pipeline 來輸出模型，例如像隨機森林（RandomForest）這樣的單純機器學習模型，我們也可以直接使用 skl2onnx 將其儲存為 ONNX 格式。首先，我們需要使用 skl2onnx 套件中的 convert_sklearn() 方法來轉換模型，然後將其儲存為 .onnx 文件。

➜ 程式 10.2 將模型儲存成 ONNX 格式

```
import skl2onnx
from skl2onnx import convert_sklearn
from skl2onnx.common.data_types import FloatTensorType

# 定義輸入的格式
initial_type = [('float_input', FloatTensorType([None, X.shape[1]]))]

# 轉換模型為 ONNX 格式
onnx_model = convert_sklearn(model, initial_types=initial_type)

# 儲存 ONNX 模型
with open("iris_logistic_regression.onnx", "wb") as f:
    f.write(onnx_model.SerializeToString())
```

在上述程式碼中，我們首先定義了模型輸入的格式 initial_type，這是必要的步驟來告訴 skl2onnx 輸入數據的格式。initial_type 定義了輸入特徵的資料型態和維度，這些特徵是浮點數類型，在本範例中有四個特徵，這樣轉換過程才能正確地匹配模型所期望的輸入格式。然後使用 convert_sklearn 將 scikit-learn 模型轉換為 ONNX 格式，並將模型儲存到 logistic_regression_iris.onnx 文件中。

完成模型儲存後，我們可以對其進行檢查和測試，以確保模型已正確轉換並能夠正常運行。可以使用 onnx 套件來檢查模型的有效性。

➜ 程式 10.3 檢查 ONNX 模型

```python
import onnx

# 檢查 ONNX 模型是否正確
onnx_model = onnx.load("iris_logistic_regression.onnx")
onnx.checker.check_model(onnx_model)
print("ONNX 模型已通過檢查。")
```

這段程式碼使用 onnx 套件檢查模型的有效性，以確保模型能夠正確地運行。如果沒有報錯，表示模型轉換成功且格式無誤。這是模型轉換後一個非常重要的步驟，能有效避免部署過程中可能出現的問題。

輸出結果：

ONNX 模型已通過檢查。

ONNX 模型並視覺化

除了檢查模型之外，我們還可以對模型進行一些基本的視覺化，這樣有助於更好地理解模型的結構和流向。可以透過使用一些第三方視覺化工具來完成，例如 Netron，這是一個開源的視覺化工具，可以幫助開發者可視化 ONNX 模型的結構。請開啟終端機運行以下指令來安裝：

```
pip install netron
```

安裝 Netron 後，可以在 Python 程式中載入該套件，並用來解析和視覺化模型的結構。這樣做可以幫助開發者更直觀地理解 ONNX 模型的組成和各層之間的資料流。

➜ 程式 10.4 使用 Netron 視覺化 ONNX 模型

```python
import netron

netron.start('iris_logistic_regression.onnx')
```

輸出結果：

Serving 'iris_logistic_regression.onnx' at http://localhost:8080

('localhost', 8080)

在執行程式後，Python 會自動啟動一個網頁服務，通常位於 localhost: 8080。Netron 是透過這個網頁服務來載入並視覺化 ONNX 模型的結構。使用瀏覽器開啟網頁後即可看到 ONNX 模型的詳細結構，開發者可以清楚看到模型的每一層及其相互連接的方式。

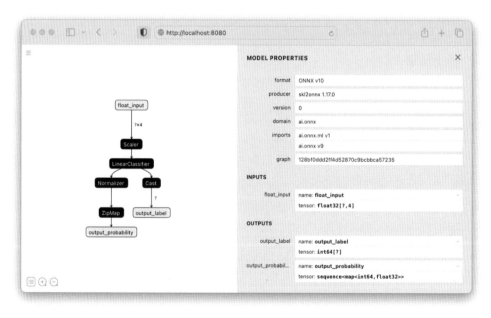

▲ 圖 10.8 Netron 視覺化 ONNX 模型

Netron 可以讓我們清楚地看到模型的層次結構和資料流，幫助我們理解模型的組成部分，這對於除錯和驗證模型的正確性非常有用。透過這樣的視覺化，我們可以快速找到模型中的每一層，檢查其輸入輸出規格，並確保整體模型結構符合我們的預期。以下是圖中的一些重要資訊說明：

- **模型結構視覺化**：左側顯示了模型的層次結構，從輸入 float_input 開始，經過 Scaler、LinearClassifier、Normalizer、Cast 等層，最終輸出 output_label 和 output_probability。這樣的結構圖可以幫助開發者理解數據在模型中的流向和處理過程。

- **模型屬性**：右側的屬性區域提供了有關模型的詳細資訊。

- **輸入**：顯示了 float_input 的名稱和類型（tensor: float32[?,4]），表示輸入是一個 4 維的浮點數張量。

- **輸出**：模型有兩個輸出，output_label（int64）和 output_probability（map< int64, float32>）。output_label 是預測的類別標籤，而 output_probability 是每個類別的機率。

此外，Netron 提供了一個免費的網頁版應用（https://netron.app/），不需要安裝任何軟體即可使用。只需將 ONNX 模型上傳到該網站，即可快速分析和視覺化模型的結構，非常方便進行檢查和展示。

以上是如何將 scikit-learn 模型輸出為 ONNX 格式的完整過程。我們首先安裝了必要的套件，然後使用鳶尾花朵數據集訓練了邏輯迴歸模型，接著使用 skl2onnx 將其轉換並儲存為 ONNX 格式，最後對模型進行了檢查並使用 Netron 套件進行視覺化。在下一章節中，我們將介紹如何使用 ONNX Runtime 來對輸出的模型進行模型推論，進一步發揮 ONNX 模型在實際應用中的優勢。

10.3 使用 ONNX Runtime 進行模型推論

在上一章節中，我們利用鳶尾花資料集訓練了一個邏輯迴歸分類模型，並成功將模型儲存為 ONNX 格式。ONNX 格式的優勢在於其跨平台兼容性，使得我們能夠在不同的推論環境中使用同一模型，避免重複訓練的需求。在本節中，我們將深入展示如何使用 ONNX Runtime 進行模型推論。

10.3.1 ONNX Runtime 簡介

ONNX Runtime 是一個開源的推論引擎，主要目標是為各種機器學習模型提供快速和高效率的推論服務。它支援多種硬體加速選項，例如 CPU、GPU，甚至一些專門的加速器硬體，使得模型的推論可以根據需求靈活選擇硬體資源進行優化。例如，在本教學中，我們使用 scikit-learn 進行模型訓練，但因為模型已儲存為 ONNX 格式，因此在產品環境中進行推論時不需要安裝 scikit-learn 套件，只需透過第三方工具 ONNX Runtime，即可在產品端順利運行模型。以下是 ONNX Runtime 的幾個主要特點：

- **高效的推論性能**：ONNX Runtime 經過大量的優化，能夠在不同的硬體平台上高效執行模型推論，無論是在 CPU 還是 GPU 上都能達到良好的性能表現。

- **跨平台支援**：ONNX Runtime 支援多種作業系統，例如 Windows、Linux 和 macOS，並且也可以在 Android 和 iOS 手機上運行。

- **易於整合**：ONNX Runtime 提供了 Python、C++、C#、JavaScript 等多種語言的 API，便於開發者將推論整合到現有的應用程式中。

ONNX Runtime 不僅可以加速推論過程，還能讓開發者方便地在多種環境中進行部署，無論是電腦本機、邊緣設備還是雲端伺服器，都能靈活地應用。這種彈性的部署方式使得 ONNX Runtime 成為一個強大的工具，特別適合需要在不同平台上進行模型推論的場景。開發者可以根據具體的應用需求來選擇合適的硬體環境，例如在資源有限的嵌入式設備上部署輕量級模型，或者在具備高性能計算能力的伺服器上進行大規模推論。ONNX Runtime 提供了高效且可靠的解決方案，能夠有效地降低開發和部署的難度，並滿足不同的應用需求和場景。

10.3.2 載入 ONNX 模型並進行推論

安裝必要套件

接下來，我們將學習如何在 Python 中使用 ONNX Runtime 載入上一章節儲存的 ONNX 模型，並進行新數據的推論。首先，需要安裝 ONNX Runtime 套件。請在終端機中運行以下指令來完成安裝：

```
pip install onnxruntime
```

安裝完成後，我們可以透過以下程式碼進行模型推論。這這段 Python 程式碼示範了如何使用 ONNX Runtime 來對一個已經儲存的 ONNX 格式模型進行推論，並對給定的輸入數據做出預測。

➡ 程式 10.5 載入 ONNX 模型並進行推論

```python
import onnxruntime as ort
import numpy as np

# 載入已儲存的 ONNX 模型
session = ort.InferenceSession("iris_logistic_regression.onnx")

# 定義輸入數據
input_data = np.array([[5.1, 3.5, 1.4, 0.2]], dtype=np.float32)

# 取得模型的輸入名稱
input_name = session.get_inputs()[0].name
# 建立輸入字典，將模型的輸入名稱與實際數據對應起來
inputs = {input_name: input_data}

# 執行推論
output = session.run(None, inputs)

# 顯示推論結果
predicted_class = output[0]
probabilities = output[1]
print(" 分類標籤 :", predicted_class)
print(" 三種花的機率 :", probabilities)
```

這段程式碼展示了如何使用 ONNX Runtime 來載入 ONNX 模型並進行推論。首先，我們使用 InferenceSession 載入模型，然後定義輸入數據，並通過取得模型的輸入名稱（input_name）來建立輸入字典。其中，input_name 即為當初儲存模型時所定義的輸入名稱，在本例中應為 float_input，此外我們也可以透過 ONNX 視覺化分析工具來查看這些名稱。最後，透過 session.run() 方法執行推論，並顯示推論結果。

輸出結果：

分類標籤 : [0]

三種花的機率 : [{0: 0.9808127284049988, 1: 0.019186995923519135, 2: 2.6968129418492026e-07}]

在這個範例中，output 變數儲存了模型的推論結果。由於這是一個分類模型，output 中包含了分類器對輸入數據的預測結果。在 scikit-learn 中，每個分類器（classifier）通常會返回一個具有兩個維度的陣列：

- **第一個維度**：對應於預測的標籤類別（例如，模型認為該輸入數據屬於哪一個類別）。

- **第二個維度**：對應於每個類別的機率值，即模型對每個可能的類別的信心程度。這些機率值加總為 1，表示模型對各類別的預測信心分布。

因此，我們可以使用 output[0] 來取得預測的標籤類別，並用 output[1] 來取得每個類別的機率值，這樣可以讓我們了解模型對各個類別的預測信心程度。

經過以上步驟，我們已經成功使用 ONNX Runtime 進行模型推論，驗證了模型的正確性與效能。當所有準備工作就緒後，我們便可以將訓練好的模型封裝成一個 API 應用，提供簡單且高效的推論運算介面。這樣的 API 能夠讓用戶透過網路請求輕鬆訪問模型推論功能，進一步實現模型在實際場景中的應用，例如即時數據分析、推薦系統或異常診斷等。接下來，我們將探討如何使用 FastAPI 構建這樣的 API 服務，實現線上推論功能。

10.4 使用 FastAPI 建立模型推論服務

在本章節中，我們將運用 FastAPI 來構建一個模型推論服務，將機器學習模型整合進入網頁應用，實現線上推論的功能。

10.4.1 FastAPI 框架介紹

FastAPI 是一個基於 Python 的網頁後端框架，專為構建快速且高效的 API 服務而設計，以其高效能和易用性迅速受到開發者的青睞。FastAPI 採用非同步 I/O 方式運行，能夠充分發揮 Python 的非同步處理能力，在處理大量請求時展現出卓越的效能，特別適合應用於高並發需求的場景，例如 AI 模型推論服務。

FastAPI 具有多項優勢，包括自動生成的 API 文件（使用 OpenAPI 標準），以及對數據驗證和錯誤處理的強大支援，讓 API 的設計和維護更具彈性且更安全。此外，FastAPI 還支援同步與非同步的執行方式，使其特別適合應用於需要高並發處理的場景，例如即時推論服務、資料處理和各種需要快速回應的應用。這個框架具有以下幾項優勢：

- **高效能**：FastAPI 基於一個輕量型的網頁框架 Starlette 來實現非同步請求處理，使其效能媲美 Node.js 和 Go 等高效能框架，特別適合需要快速處理大量請求的 API 服務。

- **強類型支援和資料驗證**：FastAPI 結合資料驗證工具 Pydantic 的強大功能，能自動進行型別驗證，確保資料的正確性，有效減少錯誤並提升程式的穩定性。

- **自動生成文件**：FastAPI 會根據 API 定義自動生成互動式文件，例如 Swagger UI 和 ReDoc，方便開發者進行測試和除錯，提升開發效率。

- **直觀的開發體驗**：FastAPI 的設計強調程式碼的簡潔性和可讀性，能讓開發者更快速地建置和部署 API，適合需要快速迭代的專案。

綜合以上優勢，FastAPI 特別適合建構需要快速迭代、穩定高效的應用程式，無論是小型專案的 API 開發還是企業級的數據服務，都是理想的選擇。

10.4.2 Python 後端開發框架比較

在選擇 Python 的後端開發框架時，Django、Flask 和 FastAPI 是三個主要的選擇，它們各自擁有不同的特點和適用場景。Django 是一個功能完整的框架，內建了 ORM、驗證、模板引擎等功能，適合大型或全功能的應用程式開發；Flask 是一個輕量級框架，設計簡潔且高度靈活，適合簡單且定制需求高的應用；FastAPI 則是一個新興的框架，專注於高效能和非同步處理，非常適合用於架設機器學習 API。以下是這三個框架的比較表：

▼ 表格 10.1 Python 後端開發框架比較

特性	Django	Flask	FastAPI
框架類型	全功能框架	微服務框架	高效能 API 框架
特點	嚴格設計模式（Django ORM 等）	極簡設計，靈活自由	注重效能，支援非同步 I/O
適用場景	大型專案、全功能應用	小型專案、簡單 API	機器學習推論服務
內建功能	內建 ORM、驗證、模板引擎等	無內建，需要外部擴充	自動生成 API 文件
學習曲線	較陡峭	平緩	中等
效能	效能良好，但由於功能齊全，可能在高並發場景下略遜於輕量級框架	較高，因為其輕量級設計，適合處理高並發請求	非常高，專為高效能和非同步處理設計，適合需要高效能的應用
社群支援	歷史悠久，社群龐大，資源豐富	社群活躍，資源豐富	新興框架，社群正在快速成長，資源逐漸增加

這三個框架各有其適用的場景和特點，開發者可以根據項目需求選擇合適的框架。選擇適合的框架應根據專案的特性、規模和需求來決定。如果需要快速開發一個功能齊全的大型應用，Django 是不錯的選擇；如果專案規模較小，且需要高度自訂，Flask 可能更適合；而對於需要高效能和非同步處理的 API 服務，尤其是要建立資料科學應用服務，FastAPI 則是最佳的選擇。

10.4.3 撰寫第一個 FastAPI 應用

在這一節中，我們將逐步教導如何建立一個 FastAPI 專案，最終完成一個簡單的模型推論 API。這個過程會從環境設置開始，逐步進行到 API 的開發、測試和部署。本章節的教學適合初學者，幫助讀者了解 FastAPI 的基本操作，同時也能對於有經驗的開發者提供參考，如何快速構建穩定且高效的 API 服務。

在本教學結束後，你將能夠建立一個使用 FastAPI 的 Web API，實現以下功能：

- **環境設置**：包括安裝 FastAPI 及其所需的依賴套件。

- **定義 API 端點**：學習如何使用 FastAPI 定義 GET 和 POST 端點。

- **接收和處理用戶輸入**：如何驗證請求資料的類型和格式。

- **使用機器學習模型進行推論**：使用載入的模型對用戶輸入進行預測。

- **生成和查看 API 文檔**：使用 FastAPI 自動生成互動式 API 文檔，幫助測試和驗證 API。

安裝必要套件

首先，我們需要安裝必要的套件。其中 FastAPI 是框架本身，而 Uvicorn 是高性能的 ASGI 服務器，用於運行 FastAPI 應用。請在終端機中運行以下指令來完成安裝：

```
pip install fastapi uvicorn
```

　　我們首先創建一個名為 main.py 的文件，這將是我們的 FastAPI 應用的主入口。在這個文件中，我們將定義一個簡單的 API 端點，並使其能夠回應一個基本的訊息。

➔ 程式 10.6 撰寫第一個 FastAPI 應用

```python
from fastapi import FastAPI

app = FastAPI()

@app.get("/")
async def root():
    return {"message": "Welcome to the FastAPI Iris Classifier!"}
```

　　這段程式碼是一個使用 FastAPI 框架撰寫的簡易 API 範例，展示如何建立一個基本的網頁服務應用。程式首先透過 FastAPI 創建了一個應用實例，並定義了一個根路徑 / 的 GET 請求路由。當使用者訪問該路徑時，伺服器會執行對應的非同步函式 root，回傳一段 JSON 格式的歡迎訊息。

運行 FastAPI 應用

　　我們可以使用 Uvicorn 來運行這個應用。Uvicorn 是一個高性能的 ASGI 服務器，用於運行 Python 的 Web 應用，特別適合與 FastAPI 搭配使用。這樣的搭配可以讓我們充分利用 FastAPI 的非同步特性，提供快速而高效的 API 服務。請在該資料夾中開啟終端機，並執行以下指令以啟動 API 服務：

```
uvicorn main:app --port 8000 --reload
```

　　在這裡，main 是 Python 文件的名稱，app 是我們創建的 FastAPI 應用實例，--port 8000 用於指定應用運行的端口號，預設為 8000，但可以根據需要更改，--reload 表示應用在程式碼更改時會自動重啟，方便開發。

　　開啟瀏覽器並輸入 http://127.0.0.1:8000/，應該可以看到以下回應：

▲ 圖 10.9 成功啟動 FastAPI 應用並顯示主頁的歡迎訊息。

HTTP 協定介紹

HTTP 協定（Hypertext Transfer Protocol）是一個應用層的協定，用於傳輸超文本資料，例如 HTML 文件和 API 請求。這些協定方法是構建 Web API 的基礎，每一種方法都對應於不同的操作類型。例如，在本教學中，我們將使用 GET 來提供基本的 API 訊息，並使用 POST 來提交數據進行模型推論。GET 請求通常用於讀取資料，不會改變伺服器的狀態，而 POST 則用於創建或修改資料，是一種對伺服器有影響的操作。

HTTP 常見的請求方法包括 GET、POST、PUT、PATCH 和 DELETE，這些方法被稱為 CRUD（Create, Read, Update, Delete）操作，分別對應於創建、讀取、更新和刪除資料。以下為每種方法的詳細說明：

▼ 表格 10.2 常見的 HTTP 請求方法

協定	方法	說明
GET	讀取資源	從伺服器獲取資料，例如請求一個網頁或 API 端點的資訊。
POST	創建資源	向伺服器提交數據，通常用於新增或創建資料。
PUT	更新資源	將已存在的資源替換為新的資料，通常用於更新完整資料。
PATCH	部分更新資源	只對已存在的資源進行部分修改。
DELETE	刪除資源	從伺服器刪除指定的資源。

每個 HTTP 請求都會收到伺服器的回應，這些回應包含了狀態碼來描述請求的結果。HTTP 狀態碼是用來表示伺服器對客戶端請求的回應狀態。狀態碼由三位數字組成，並根據不同的數字範圍來分類，分別代表不同類型的回應。以下是一些常見的狀態碼：

- **200 OK**：表示請求成功。

- **201 Created**：表示 POST 請求成功且資源已被創建。

- **400 Bad Request**：表示客戶端發送的請求有誤。

- **404 Not Found**：表示伺服器上找不到請求的資源。

- **500 Internal Server Error**：表示伺服器在處理請求時發生了意外錯誤。

10.4.4 整合 ONNX 模型於 API 中

接下來，我們將使用上一章節中儲存的 ONNX 格式的鳶尾花分類模型，並將其整合到 FastAPI 應用中。首先，我們需要在 FastAPI 中載入這個 ONNX 模型，並使用 ONNX Runtime 進行推論。在這個過程中，我們會了解如何將訓練好的模型與 Web 應用進行整合，並設計出能夠處理請求、進行推論和返回結果的完整工作流。以下是本章節完整的範例程式碼：

➜ 程式 10.7 整合 ONNX 模型於 API 中

```
from fastapi import FastAPI, HTTPException
from fastapi.middleware.cors import CORSMiddleware
from pydantic import BaseModel
import onnxruntime as ort
import numpy as np


app = FastAPI()

# CORS 支援
app.add_middleware(
    CORSMiddleware,
    allow_origins=["*"],   # 可以設定特定的來源，例如 ["http://example.com"]
```

```python
    allow_credentials=True,
    allow_methods=["*"],   # 允許的 HTTP 方法，例如 ["GET", "POST"]
    allow_headers=["*"],   # 允許的 HTTP 標頭
)

@app.get("/")
async def root():
    return {"message": "Welcome to the FastAPI Iris Classifier!"}

# 載入 ONNX 模型
session = ort.InferenceSession("iris_logistic_regression.onnx")

# 定義請求數據模型
class IrisRequest(BaseModel):
    sepal_length: float
    sepal_width: float
    petal_length: float
    petal_width: float

@app.post("/predict/")
async def predict_iris(iris: IrisRequest):
    # 將請求數據轉換為 numpy 陣列
    input_data = np.array([[iris.sepal_length, iris.sepal_width, iris.petal_length,
iris.petal_width]], dtype=np.float32)

    # 取得模型的輸入名稱並進行推論
    try:
        input_name = session.get_inputs()[0].name
        result = session.run(None, {input_name: input_data})
        predicted_class = result[0].tolist()[0]
        return {"predicted_class": int(predicted_class)}
    except Exception as e:
        raise HTTPException(status_code=500, detail=f" 推論過程中出現錯誤：
 {str(e)}")
```

接下來，我們將依序針對這份程式進行細部說明，內容將涵蓋以下四個小功能：模型推論、建構 POST 請求路由、輸入驗證與錯誤處理，以及加入跨來源資源共享（CORS）支援。

模型推論的細部說明

首先，我們利用 onnxruntime 中的 InferenceSession 來載入之前儲存的 ONNX 模型：

➔ 程式 10.8 使用 ONNX Runtime 載入預訓練模型

```
# 載入 ONNX 模型
session = ort.InferenceSession("iris_logistic_regression.onnx")
```

這使得我們可以直接使用訓練好的模型進行推論，而不需要重新訓練模型，節省大量的時間和資源。同時，這樣的做法也使得我們的部署過程更加靈活，可以輕鬆地在不同的環境中運行相同的模型，無論是本地環境、雲端服務器還是邊緣設備，這都能讓我們以最少的調整來適應各種場景。

InferenceSession 允許我們與 ONNX 模型進行互動，並透過 session.run() 來完成推論。在這裡，InferenceSession 負責管理模型的載入與推論，使得模型的操作變得簡單而直觀。在以下程式片段中，我們定義了一個名為 predict_iris 的 POST 路由，用於接收使用者的請求並進行模型推論：

➔ 程式 10.9 使用 ONNX Runtime 進行模型推論

```
@app.post("/predict/")
async def predict_iris(iris: IrisRequest):
    # 將請求數據轉換為 numpy 陣列
    input_data = np.array([[iris.sepal_length, iris.sepal_width,
iris.petal_length, iris.petal_width]], dtype=np.float32)

    # 取得模型的輸入名稱並進行推論
    try:
        input_name = session.get_inputs()[0].name
        result = session.run(None, {input_name: input_data})
        predicted_class = result[0].tolist()[0]
```

```
        return {"predicted_class": int(predicted_class)}
    except Exception as e:
        raise HTTPException(status_code=500, detail=f" 推論過程中出現錯誤 :
{str(e)}")
```

在上述程式碼中，我們透過 session.get_inputs() 來取得模型的輸入名稱，使我們能確保將數據正確地傳遞給模型進行預測。這樣的方式不僅能確保輸入的正確性，還能在模型結構變更時迅速調整程式碼，並提高系統的可維護性。此外，這也提升了模型的重用性，因為相同的推論邏輯可以應用於多種不同的模型，只要這些模型的輸入與輸出結構一致，就能迅速完成推論並取得預測結果。

建構 POST 請求路由

在 API 中，我們使用以下程式碼來定義一個 POST 的請求路由，允許使用者上傳鳶尾花的特徵數據，並通過模型進行分類。這樣可以允許前端使用 POST 協定傳送 JSON 格式的資料，確保資料在後端能夠被正確解析和處理：

➡ 程式 10.10 建構模型推論的路由

```
@app.post("/predict/")
async def predict_iris(iris: IrisRequest):
    # 將請求數據轉換為 numpy 陣列
    input_data = np.array([[iris.sepal_length, iris.sepal_width,
iris.petal_length, iris.petal_width]], dtype=np.float32)
```

在這裡，我們定義了一個 IrisRequest 類別來描述這些數據，並使用 Pydantic 來進行結構化和驗證，確保每個特徵的數據格式正確，並自動處理潛在的數據問題：

➡ 程式 10.11 使用強類型支援和資料驗證

```
# 定義請求數據模型
class IrisRequest(BaseModel):
    sepal_length: float
    sepal_width: float
    petal_length: float
    petal_width: float
```

在這段程式中，我們使用了 Pydantic 的 BaseModel 定義了請求數據的資料結構，稱為 IrisRequest。這個模型清楚地定義了每個輸入欄位的型別（float），包括 sepal_length、sepal_width、petal_length 和 petal_width。這樣的強類型定義不僅提升了程式碼的可讀性，還大幅降低了開發過程中的潛在錯誤風險。當使用者上傳的數據傳遞到 /predict/ 端點時，FastAPI 會自動根據這些型別進行檢查，確保資料符合定義要求。

Pydantic 提供了內建的資料驗證功能。當使用者傳入的數據型別不符時，FastAPI 會立即返回錯誤回應，而不會繼續執行程式邏輯。這樣的特性，為 API 的穩定性提供了保障。因此，使用 Pydantic 的好處是可以自動進行數據的驗證和轉換，確保輸入的數據符合我們的模型需求，以減少不必要的錯誤。

例如，故意傳入不正確的資料：

```
{
    "sepal_length": 5.1,
    "sepal_width": "invalid",  # 輸入字串而非數字
    "petal_length": 1.4,
    "petal_width": 0.2
}
```

如果資料缺少必需欄位、類型不匹配或格式不正確，系統會自動返回相應的錯誤訊息，並詳細說明哪裡出現了問題。

```
{
    "detail": [
      {
        "type": "float_parsing",
        "loc": [
            "body",
            "sepal_width"
          ],
        "msg": "Input should be a valid number, unable to parse string as a number",
        "input": "invalid"
      }
    ]
}
```

添加輸入驗證與錯誤處理

在推論過程中，我們還添加了異常處理來確保整個系統的穩定性。在以下程式片段中，我們使用了 try...except 結構來處理可能發生的錯誤，並透過 HTTPException 返回錯誤訊息：

➜ 程式 10.12 添加輸入驗證與錯誤處理

```
try:
    input_name = session.get_inputs()[0].name
    result = session.run(None, {input_name: input_data})
    predicted_class = result[0].tolist()[0]
    return {"predicted_class": int(predicted_class)}
except Exception as e:
    raise HTTPException(status_code=500, detail=f"推論過程中出現錯誤：{str(e)}")
```

這段程式碼中，如果在推論過程中出現任何問題，我們將會拋出一個 HTTP 500 的異常，並返回詳細的錯誤訊息。這樣做的好處是能夠告知使用者發生了什麼問題，並能夠方便我們進行除錯和改進服務。這不僅提高了服務的可靠性，還能讓開發者在出現錯誤時快速定位問題。

加入跨來源資源共享（CORS）支援

當我們架設 API 並期望前端或第三方應用程式可以透過瀏覽器與其互動時，CORS（跨來源資源共享，Cross-Origin Resource Sharing）變得非常重要。CORS 是一種瀏覽器的安全機制，用來限制從不同來源發出的請求，以避免惡意攻擊（如跨站請求偽造，CSRF）。若沒有正確設定 CORS，瀏覽器會攔截來自不同來源的請求，導致 API 無法正常被訪問。

例如：

- 如果 API 設置於 https://api.example.com，但前端網站位於 https://frontend.example.com，這兩個來源被認定為不同來源。

- 瀏覽器預設會阻止這類跨來源請求，除非伺服器明確允許。

因此，在設計 API 時，添加 CORS 支援可以控制和授權哪些來源能合法地訪問我們的 API，並確保安全性與功能性兼顧。因此，在我們的 FastAPI 專案中，如果需要加入跨來源資源共享支援，可以使用 FastAPI 提供的 CORSMiddleware。以下是程式碼加上 CORS 支援後的版本：

➜ 程式 10.13 加入跨來源資源共享支援

```python
from fastapi import FastAPI, HTTPException
from fastapi.middleware.cors import CORSMiddleware
from pydantic import BaseModel
import onnxruntime as ort
import numpy as np


app = FastAPI()

# CORS 支援
app.add_middleware(
    CORSMiddleware,
    allow_origins=["*"],    # 可以設定特定的來源，例如 ["http://example.com"]
    allow_credentials=True,
    allow_methods=["*"],    # 允許的 HTTP 方法，例如 ["GET", "POST"]
    allow_headers=["*"],    # 允許的 HTTP 標頭
)
```

範例程式透過 add_middleware() 方法將 CORSMiddleware 中介層加入應用中，並針對 CORS 的設定進行調整。設定的參數包含：

- allow_origins=["*"]: 允許所有來源訪問 API。如果需要更高的安全性，可以設置特定的來源。

- allow_credentials=True: 允許請求攜帶認證資訊（如 Cookies 或 Authorization 標頭），用於需要驗證的場景。

- allow_methods=["*"]: 表示接受所有 HTTP 方法（如 GET、POST、PUT、DELETE）。若希望限制方法，可以列出特定方法。

- allow_headers=["*"]: 允許所有 HTTP 標頭。若前端需要使用自訂標頭（例如 Authorization 或 X-Custom-Header），則伺服器需明確設定以允許這些標頭。

在本章節中，我們介紹了如何使用 FastAPI 建立一個簡單且高效的 API 應用程式，並展示了如何實現基本的 GET 和 POST 方法處理。透過這些基礎的設置，現在應該已經能夠快速搭建自己的 API 並實現基礎的請求處理功能。然而，僅透過瀏覽器輸入路徑，我們只能測試簡單的 GET 方法。這對於 POST、PUT、DELETE 等需要提交資料或修改資源的 HTTP 方法來說並不適用。因此，接下來，我們將學習如何使用第三方工具 Postman 來進行更進階的 API 測試。

10.4.5 使用 Postman 測試 API

接下來，我們將學習如何使用 Postman 測試我們的 FastAPI 應用。首先，我們來了解一下什麼是 Postman，以及如何安裝這個工具。

什麼是 Postman ？

Postman 是一款強大的 API 測試工具，可以幫助開發者測試和除錯 Web API。它提供了直觀的使用者界面來發送 HTTP 請求並查看伺服器的回應。Postman 支援多種 HTTP 方法，如 GET、POST、PUT、DELETE 等，並可以輕鬆地處理 JSON 格式的資料，非常適合用來測試和除錯我們的 FastAPI 應用。不僅如此，Postman 還具有自動化測試、環境變數設置、API 文件生成等多種實用功能，是開發人員日常工作中不可或缺的工具之一。

此外，Postman 也提供了線上網頁服務（https://web.postman.co），無需安裝軟體即可直接在瀏覽器中使用，對於需要快速測試或無法安裝桌面應用工具的場景非常便利。在本教學中，我們的範例將以軟體下載工具為主進行介紹與操作。

下載和安裝 Postman

要使用 Postman 測試 API，我們首先需要下載並安裝這個工具。

1. 前往 Postman 的官方網站：https://www.postman.com/downloads

2. 根據作業系統選擇合適的版本（Windows、macOS 或 Linux），然後點擊下載。

3. 下載完成後，按照提示完成安裝過程。

安裝完成後，可以啟動 Postman，並開始測試 API。首次啟動時，Postman 會要求使用者建立一個帳戶，這樣可以方便地保存開發者的請求配置，並在不同設備間同步。

使用 POST 測試推論 API

在 Postman 中測試推論 API 的步驟如下：

1. 打開 Postman，點擊 + 號來創建一個新的請求。這將打開一個新的請求標籤，並可以在這裡設置和配置 API 請求。

2. 在請求類型中選擇 POST，並在地址欄中輸入我們的 API 端點 URL，例如：http://127.0.0.1:8000/predict/。

3. 點擊 Body 標籤，選擇 raw，並將資料類型設置為 JSON。這樣可以允許我們直接在文本框中以 JSON 格式輸入我們的請求數據。

4. 在文字框中輸入 JSON 格式的特徵數據，例如：

```
{
    "sepal_length": 5.1,
    "sepal_width": 3.5,
    "petal_length": 1.4,
    "petal_width": 0.2
}
```

這些數據對應於我們要提交給模型進行推論的鳶尾花的特徵。請務必確保數據格式正確，以避免錯誤。

5. 點擊 Send 按鈕發送請求。Postman 將向我們的 FastAPI 服務發送這些特徵數據，並等待伺服器的回應。

如果一切正常，應該可以在下方的回應區域看到類似如下的預測結果：

```
{
    "predicted_class": 0
}
```

結果表示模型認為這朵鳶尾花屬於第 0 類（Setosa）。透過 Postman，我們可以輕鬆地發送不同的請求，並查看 API 的回應，以確保我們的推論服務運行正常。還可以嘗試修改數據，並觀察模型如何對不同的輸入進行反應。

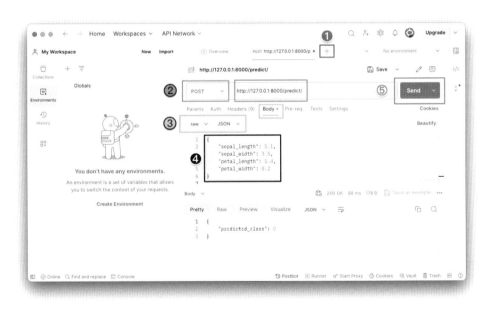

▲ 圖 10.10 使用 Postman 測試 API 推論結果

使用 Postman 進行測試有助於在開發過程中快速驗證 API 是否能正常運行，並幫助我們確定是否有需要進一步調整的地方。這是一個非常方便的測試工具，特別是在除錯和開發階段，可以讓我們更快地定位問題並驗證功能的正確性。此外，我們還可以使用 Postman 的環境變數功能，來保存常用的 URL 和參數，這樣在測試不同的 API 端點時，可以減少手動輸入的工作量，並提升工作效率。

10.4.6 自動生成 AIP 文件

在開發 Web API 服務時，API 文件的撰寫是在開發中重要的環節。自動生成的文件不僅能有效地提高開發人員對系統輔助功能的理解和測試，還能加速開發速度。FastAPI 內建支援基於 OpenAPI 標準的 Swagger UI 和 ReDoc，這是目前最流行的兩種 API 文件互動工具。在本章節中，我們將實際操作這兩種風格不同的文件自動生成，包括如何查看、使用和測試。

Swagger UI: 互動式 API 文件

Swagger UI 是 FastAPI 預設提供的互動式 API 文件的免費開源工具，它能自動生成並渲染 API 文件。透過 Swagger UI，開發者可以瞭解每個 API 路徑的訊息，包括 HTTP 方法、輸入參數、回應格式以及詳細解釋，尤其是可直接發送請求進行實際測試，可有效地推動開發過程。它具備以下特色：

- 自動生成基於 OpenAPI 規範的文件，無需手動維護。

- 提供直觀的視覺介面，列出所有 API 路徑、HTTP 方法、參數、輸入與回應格式。

- 支援即時發送請求並查看回應，方便測試 API 功能。

- 讓開發人員快速理解 API 的使用方式，加速開發與除錯。

要使用 Swagger UI，自動生成的文件會在 FastAPI 啟動後自動提供，不需要額外設定。 首先，確保你的 FastAPI 服務已經正確啟動。使用以下指令啟動應用程式：

```
uvicorn main:app --port 8000 --reload
```

這個指令會啟動 FastAPI 應用，並將其運行在 http://127.0.0.1:8000。 接著，打開瀏覽器，前往以下路徑：

```
http://127.0.0.1:8000/docs
```

開啟網頁瀏覽器後，將會看到 Swagger UI 介面，其中包含所有可用的 API 路徑，並顯示詳細的參數說明、回應範例，以及互動式測試功能。

▲ 圖 10.11 FastAPI 自動生成的 Swagger UI 介面文件

當 API 路徑變多時，合理的分類能夠讓文件變得更加清晰易讀。FastAPI 提供 tags 參數，讓我們可以為每個路由添加標籤，將 API 按功能進行分類。我們可以在原有的 API 預測路徑中新增一個具有 "Prediction" 標籤的 /predict 路由。

→ 程式 10.14 使用 tags 標籤來分類 API 路由

```python
from fastapi import FastAPI, HTTPException
from pydantic import BaseModel
import onnxruntime as ort
import numpy as np


app = FastAPI()
...略
@app.post("/predict/", tags=["Prediction"])
async def predict_iris(iris: IrisRequest):
    ...略
```

此時，uvicorn 會自動偵測程式碼的變動並自動重啟服務，確保內容更新至最新版本。回到網頁查看 API 文件時，會發現 /predict 路由已被歸類到「Prediction」標籤下，方便開發者快速定位相關功能。

▲ 圖 10.12 使用 tags 標籤來分類 API 路由

在 Swagger UI 中，FastAPI 預設會使用函式名稱作為 API 路徑的簡要說明，但這往往過於簡略，無法提供詳細的功能描述。因此，我們可以透過 summary 和 description 參數來為每個路由添加更具說明性的內容。

- summary：簡短描述 API 路徑的功能，會顯示在路由列表中，取代預設的函式名稱。

- description：提供更詳細的說明，會顯示在展開的 API 詳情中，支援 Markdown 格式。

以下範例中，我們為 /predict/ 路由加上 tags 進行分類，並透過 summary 和 description 提供簡潔的功能概述和詳細說明。

➜ 程式 10.15 為 API 路由設定 summary 和 description

```python
from fastapi import FastAPI, HTTPException
from pydantic import BaseModel
import onnxruntime as ort
import numpy as np


app = FastAPI()


... 略

@app.post(
    "/predict/",
    tags=["Prediction"],
    summary=" 預測鳶尾花的分類結果 ",
    description=" 此 API 接收鳶尾花的花萼與花瓣尺寸資料，並透過已部署的 ONNX 模型進行預測，返回分類結果。"
)
async def predict_iris(iris: IrisRequest):
    ... 略
```

修改完成後，我們可以從 API 文件中發現，/predict/ 路由的 summary 已經取代了原本以函式名稱作為預設說明的內容，使列表中的描述更清晰易讀。同時，點擊展開路由後，還能看到 description 提供的詳細說明。在 Swagger UI 中，可以觀察到以下變化：

- /predict/ 路由被歸類到「Prediction」分類標籤下。

- /predict/ 路由旁顯示 summary「預測鳶尾花的分類結果」，讓 API 列表變得更直觀且清晰。

- 點擊展開 /predict/ 路由後，可以看到 description 提供的詳細說明。

▲ 圖 10.13 撰寫 API 同時編寫文件內容

當 API 需要提供更完整、結構化的文件說明時，我們可以使用多行註解（Docstring）來撰寫路由的詳細描述。FastAPI 會自動將多行註解的內容納入 description 中，同時支援 Markdown 格式，讓說明更加清晰易讀。

- **多行註解 (""" """)**
    - 使用多行註解提供更完整的 API 說明，內容會自動顯示在 Swagger UI 的欄位中。

- **Markdown 語法**
    - 標題語法（#）：用於建立標題，提升說明的層次感。根據 # 的數量可分成不同層級，大標題（#）中標題（##）小標題（###）。
    - 加粗文字（**）：標示重要資訊，如參數名稱。
    - 條列清單（-）：使用 - 或 * 建立條列清單，適合用來列出項目或步驟。
    - 程式碼區塊（```）：可用於展示範例請求和回傳結果，提升可讀性。

- **結構清晰**
    - 提供請求參數、回傳格式、範例請求與回傳結果等資訊，讓 API 文件更加清晰易懂。

在以下範例中，我們透過多行註解（""" """）直接在函式內撰寫更詳細的 API 說明，取代傳統透過參數傳遞的方式。提供更詳細的 API 說明，並使用 Markdown 語法進一步格式化內容，讓 Swagger UI 文件更具結構性。

➜ 程式 10.16 使用多行註解撰寫更詳細的說明

```
from fastapi import FastAPI, HTTPException
from pydantic import BaseModel
import onnxruntime as ort
import numpy as np


app = FastAPI()

...略

@app.post(
    "/predict/",
    tags=["Prediction"],
    summary=" 預測鳶尾花的分類結果 "
```

```
)
async def predict_iris(iris: IrisRequest):
    """
    # 預測鳶尾花分類 API
    接收鳶尾花的花萼與花瓣尺寸資料，並透過已部署的 ONNX 模型進行預測，返回分類結果。

    ## 請求參數：
    - **sepal_length**: 花萼長度 (cm)
    - **sepal_width**: 花萼寬度 (cm)
    - **petal_length**: 花瓣長度 (cm)
    - **petal_width**: 花瓣寬度 (cm)

    ## 回傳格式：
    - **predicted_class**: 預測的鳶尾花類別。

    ## 範例請求：
    ```json
    {
        "sepal_length": 6.3,
        "sepal_width": 3.3,
        "petal_length": 4.7,
        "petal_width": 1.6
    }
    ```
    """
    ... 略
```

這樣的撰寫方式能將路由邏輯與文件描述整合在一起，使開發人員在閱讀程式碼時能一目瞭然，同時確保生成的文件與實際功能保持一致，避免文件與程式碼脫節的問題。

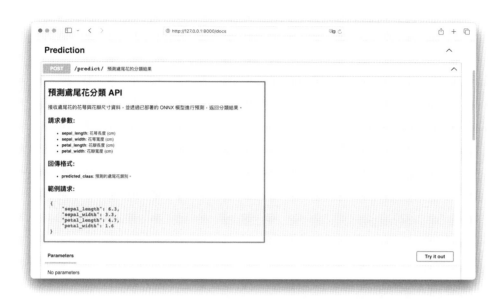

▲ 圖 10.14 使用多行註解撰寫更長的說明

在開發 API 文件時，除了路由級別的詳細說明外，整體 API 文件的「簡介」也是不可忽視的重要部分。簡介通常位於 Swagger UI 文件的頂部，為使用者提供整個 API 服務的概覽，包括服務的目的、用途、版本資訊以及任何必要的備註。撰寫一個清晰、簡潔的簡介，能讓開發者快速理解 API 的整體架構，並提高文件的可讀性與專業性。

▲ 圖 10.15 API 文件的簡介預設為空

接著，我們來設定 API 文件的全局資訊。FastAPI 提供內建參數讓你可以輕鬆設定文件的 標題、簡介、版本 等全局資訊，這些資訊會顯示在 Swagger UI 文件的頂部。

➔ 程式 10.17 為 API 文件撰寫簡介說明

```
from fastapi import FastAPI, HTTPException
from pydantic import BaseModel
import onnxruntime as ort
import numpy as np


app = FastAPI(
    title="Iris Prediction API",
    version="1.0.0",
    description="""
這是一個預測鳶尾花分類的 API 服務。透過接收花萼與花瓣的長度與寬度數值，使用已部署的 **ONNX
模型 ** 進行預測，返回預測的鳶尾花類別。

### 功能概覽
- ** 預測功能 **：根據輸入的特徵數據，預測鳶尾花的類別。
- ** 資料輸入 **：接受花萼與花瓣尺寸的浮點數格式。
- ** 即時回傳 **：提供快速且高效的預測結果。

### 使用說明
本 API 適合機器學習模型部署測試與示範使用，提供互動性接口進行請求與回傳測試。
    """
)

... 略
```

在此程式碼中，透過 FastAPI 的 title、description 和 version 參數，我們設定了 API 文件的全局資訊。title 設定 API 文件的標題名稱，會顯示在 Swagger UI 頂部，讓使用者快速辨識服務名稱；description 使用多行文字撰寫 API 的總體概覽，支援 Markdown 語法，可加入分段標題、加粗重點及條列清單，讓文件內容更具結構性與可讀性；而 version 標示 API 的版本號，有助於進行版本管理與後續維護，確保文件與服務的一致性。

▲ 圖 10.16 設定 API 文件的全局資訊

在開發 API 時，測試功能是確保服務正確運作的重要步驟之一。FastAPI 內建支援 Swagger UI 這個互動式測試工具，提供了一個直觀且易於操作的界面，讓開發者可以即時填寫參數、發送請求並查看回傳結果，極大地提升了開發與測試的效率。最後我們來使用 Swagger UI 最方便的測試 API 功能，本節最後將詳細介紹如何使用 Swagger UI 進行 API 測試，並以 /predict/ 路由為例，展示完整的操作流程與測試結果解析。具體操作流程如下：

- 展開 API 路由 並了解請求參數與回傳格式。

- 點擊 Try it out 啟動測試。

- 發送請求並檢視 Server Response，確認回傳結果是否符合預期。

在 Swagger UI 畫面中，將會看到所有的 API 路徑按照 tags 分類顯示，這樣的設計可以讓開發者快速定位不同功能的路由。例如，本章所展示的 /predict/ 路由被歸類在 Prediction 類別下。點擊 /predict/ 路由旁的展開按鈕，會看到 API 的詳細內容，包括：

- 請求參數：列出所需的輸入欄位與其描述。

- 回傳格式：描述 API 回傳的資料結構。

- 範例請求：預設的 JSON 範例資料，供使用者參考。

請點擊「Try it out」按鈕，這將啟用 API 測試模式，讓我們可以編輯請求內容並發送實際請求到伺服器。

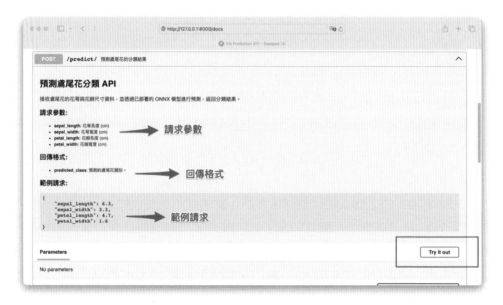

▲ 圖 10.17 啟用 API 測試模式

在 Swagger UI 中，當展開 /predict/ 路由後，點擊「Try it out」按鈕即可啟用 API 測試模式，讓我們能夠編輯 Request body 欄位並輸入符合格式的 JSON 資料。完成參數填寫後，點擊 Execute 按鈕發送請求，Swagger UI 會將資料發送至指定的 API 路徑，並立即顯示回傳結果，方便開發者確認 API 功能是否正確運作。

▲ 圖 10.18 點擊 Execute 按鈕發送請求

執行完請求後，Swagger UI 會提供完整的測試結果，透過 **Curl 指令**、**Request URL** 和 **Server Response** 三個重要資訊，開發者可以快速驗證 API 是否正常運作並輕鬆重現請求過程：

- **Curl 指令**：用於在命令列環境重複執行相同請求。

- **Request URL**：顯示發送請求的完整路徑，便於檢查與測試。

- **Server Response**：提供回傳結果、狀態碼和標頭，確認 API 是否回應正確的資料。

Curl 指令

Swagger UI 會自動生成對應的 Curl 指令，這是一個基於命令列工具的 HTTP 請求格式，方便開發者在終端機或其他 CLI 環境中重現相同的請求。下圖中指令完整展示了請求的方法（POST）、目標路徑、標頭資訊和請求內容。這對於自動化測試或非 GUI 工具測試時特別實用。

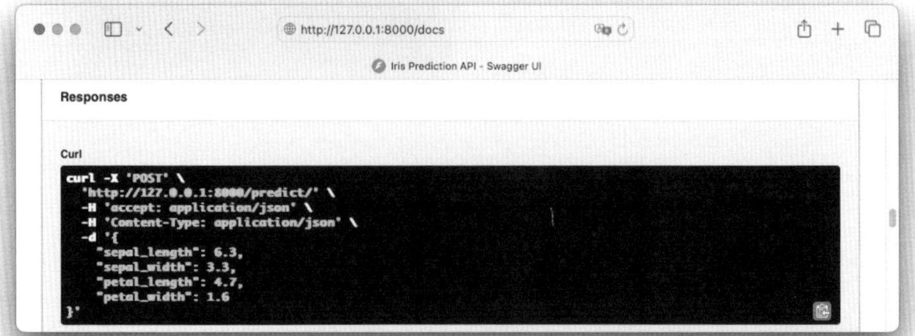

▲ 圖 10.19 根據使用者輸入的參數產生對應的 Curl 指令

Request URL

Request URL 顯示實際發送請求的完整路徑，包括伺服器位置與 API 路由。此資訊不僅可以幫助後端工程師確認請求是否正確到達伺服器端，還能協助前端開發者串接 API 時驗證請求的完整性。例如，前端開發者可以利用此路徑來設定 API 的目標 URL，確保與伺服器端的功能精確匹配，並檢查是否符合預期的輸入與回應行為。透過這樣的可視化資訊，能有效縮短前後端整合的除錯時間，提升開發效率。

▲ 圖 10.20 實際發送請求的完整路徑

透過 **Request URL**，開發者可以將該路徑複製到其他測試工具（如 Postman）或直接貼到瀏覽器中，進一步驗證 API 的運作是否正常。以下是 URL 結構的解析：

- http://127.0.0.1:8000/docs：伺服器的基本地址。

- /predict/：API 路徑，表示執行預測功能的端點。

Server Response

在使用 Swagger UI 測試 API 時，Server Response 區域是檢視 API 運行結果與回應內容的核心部分。它包含了伺服器對請求的回應數據與相關資訊，這些內容能夠幫助開發者全面了解 API 的功能是否符合預期，以及進一步排查問題。

▲ 圖 10.21 檢視 API 運行結果與回應

Server Response 提供了一個整合的界面，顯示了 HTTP 狀態碼、回應數據（Response Body）與回應標頭（Response Headers）。這些資訊直觀地反映了伺服器的處理狀態與回應內容。

- **HTTP 狀態碼** 表明請求的成功與否，並為開發者提供關於錯誤處理的即時反饋。

- **Response Body** 提供核心數據，如模型的計算結果或 API 的功能回應。

- **Response Headers** 詳細記錄伺服器的回應環境、格式與時間戳等輔助訊息。

開發者可以依據 HTTP 狀態碼快速判斷請求是否執行成功，若有錯誤則需根據狀態碼進一步排查問題。

- 200 OK：表示請求成功，伺服器正確返回了結果。

- 4xx：表示客戶端錯誤，例如請求格式錯誤（400）。

- 5xx：表示伺服器內部錯誤，例如伺服器發生崩潰或邏輯錯誤（500）。

在 Response Body 區域，伺服器回傳的核心數據以 JSON 格式呈現，是測試 API 功能是否正常的重要依據。包含伺服器回傳的核心數據，通常以 JSON 格式呈現。圖中的範例回應如下：

```
{
    "predicted_class": 1
}
```

其中 predicted_class 表示模型根據輸入數據進行預測後的分類結果，值為 1，對應到特定的鳶尾花類別。這部分數據的主要用途包括：核對 API 是否按照預期運行；與開發需求對照，確保回傳的數據結構、格式和內容正確無誤；以及為前端開發者提供進一步處理和展示數據的依據。透過 Response Body，開發者可以快速驗證 API 功能並確保其正確性。

在 Response Headers 區域，伺服器回傳的 HTTP 標頭資訊提供了請求處理的詳細背景數據，幫助開發者了解伺服器的回應細節。例如：

```
content-length: 21
content-type: application/json
date: Sat, 21 Dec 2024 03:25:09 GMT
server: uvicorn
```

content-length 顯示回應內容的字節數（此範例為 21），content-type 指定回應數據的格式（如 application/json），date 提供伺服器處理請求並回傳結果的時間戳，server 則顯示伺服器名稱（如 uvicorn 表示使用 Uvicorn 啟動服務）。這些資訊的主要用途包括：驗證伺服器回應是否符合標準協議；幫助開發者分析伺服器的性能，例如回應時間是否合理；並確認請求的完整性和回應的穩定性。透過 Response Headers，開發者能更深入地了解 API 的運行狀態，為功能調試與優化提供有力支持。

ReDoc：簡潔美觀的 API 文件

除了 Swagger UI 以外，FastAPI 還內建支援 ReDoc，這是一個注重設計美感和可讀性的 API 文件工具。相較於 Swagger UI 側重於測試功能，ReDoc 更加適合用於最終的文件展示，尤其是當 API 文件需要面向非技術人員或外部合作夥伴時，ReDoc 以其乾淨整潔的風格和詳細的說明成為一個極佳的選擇。以下是 ReDoc 的主要特色：

- **乾淨的介面**：界面簡潔，去除了不必要的元素，聚焦於 API 的功能與說明。

- **詳細說明**：每個路由的請求參數、回應格式與數據結構都清晰列出，便於理解。

- **Markdown 支援**：文件內容支援 Markdown 語法，可用於分段標題、條列清單、加粗文字和程式碼範例，提升可讀性。

- **OpenAPI 規範**：完全基於 OpenAPI 標準，確保文件的通用性與兼容性。

ReDoc 的啟用過程非常簡單，當 FastAPI 應用啟動後，只需要訪問以下路徑，即可查看基於 ReDoc 呈現的 API 文件：

```
http://127.0.0.1:8000/redoc
```

進入連結後，即可快速查閱結構化且美觀的文件界面，展示 API 的完整資訊。ReDoc 頂部會顯示 API 的標題與版本資訊，讓使用者快速了解服務背景；全局簡介部分則提供 API 的功能概覽，支援 Markdown 語法，方便撰寫結構化的使用說明。路由列表根據分類（tags）排列，提供請求方式、路徑與參數詳細說明，還包含回應範例與格式（如 JSON），便於開發者驗證 API 功能是否正常運作。ReDoc 的設計清晰簡潔，既方便內部使用，也適合對外展示 API 文件。

- **標題與版本**：顯示 API 的名稱與版本號，方便識別。

- **API 簡介**：概述 API 功能，支援 Markdown 格式撰寫。

- **路由列表**：左側分類顯示所有路由，清晰明瞭。

- **路由詳細說明**：提供請求參數、方法與詳細回應數據。

- **回應樣本與格式**：展示狀態碼與 JSON 格式的回應內容。

▲ 圖 10.22 FastAPI 中的 ReDoc 文件介面

ReDoc 不僅以其簡潔的設計與詳細的說明為開發者與使用者提供了高質量的 API 文檔展示，同時透過支援 Markdown 與 OpenAPI，確保文件的靈活性與兼容性，為開發與交付流程提供了極大的便利。ReDoc 特別適合用於以下場合：

- **正式文件展示**：例如向非技術背景的客戶或合作夥伴展示 API 功能與結構。

- **產品文檔交付**：提供結構化的 API 文檔作為產品的一部分，提升專業性。

透過 FastAPI 內建的 Swagger UI 和 ReDoc，我們可以輕鬆生成符合 OpenAPI 標準的 API 文件。Swagger UI 提供強大的互動式測試功能，非常適合開發與除錯階段，幫助快速驗證 API 功能；ReDoc 則以乾淨簡潔的界面呈現詳細的 API 文件，特別適合用於正式發佈和展示。這種自動化文件生成機制不僅大幅節省了文件撰寫的時間，還確保文件與程式碼保持同步，有效提升了開發效率與協作體驗。

到目前為止，我們學會了如何使用 FastAPI 建立一個機器學習模型推論服務。我們利用 FastAPI 創建了一個 Web API，並使用 ONNX Runtime 來對 ONNX 模型進行推論，最終實現了對鳶尾花分類的應用。這樣的設計讓我們能夠輕鬆將機器學習模型部署為可供使用的網路服務，並確保了數據的有效性和推論的高效性。現在，我們的後端 API 已經準備完成。在下一個章節中，我們將展示如何透過前端網頁整合這些 API，實現一個完整的機器學習推論應用場景。

10.5 網頁推論與前後端整合

在前面的章節中，我們已經學會了如何利用 FastAPI 建立後端 API，並部署了一個機器學習模型供預測使用。但是，一個真正實用的應用場景絕不僅僅停留在後端的功能實現上，還需要有一個前端界面，讓使用者能方便地輸入數據，並即時看到預測結果。

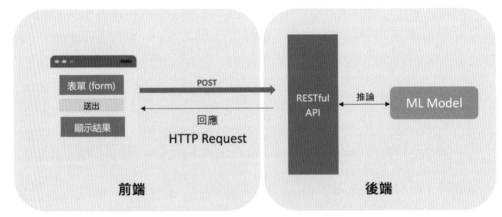

▲ 圖 10.23 機器學習模型前後端整合架構

本章節的目標,將一步步完成前後端串接的過程。我們將從最簡單的 HTML 前端界面開始,教導如何建立表單,接收使用者輸入的數據,並用 JavaScript 將這些數據發送給後端的 API。後端完成預測後,我們還會展示如何 將結果回傳到前端,並在網頁上動態顯示出來。

10.5.1 環境設定與準備

在開始開發前後端串接應用之前,首先需要準備方便的開發工具。本節將 帶你一步步完成環境的建立,包括選擇適合的開發工具、設置專案目錄結構、 以及測試基本的 HTML 和 JavaScript 檔案運行是否正常。

建立開發環境

為了讓開發過程更加順暢,我們將使用 Visual Studio Code (VS Code) 作為 開發工具。VS Code 是一款輕量級但功能強大的編輯器,支援多種編程語言, 並且可以通過擴充插件進一步增強功能。

Visual Studio Code 是微軟於 2015 年推出的一款開源軟體，它是一個支援 Windows、Linux 和 macOS 作業系統的文字編輯器。該編輯器不僅支援偵錯功能，還內建 Git 版本控制工具，並提供多種開發功能，例如程式碼自動補全、程式碼片段和程式碼重構等。請前往 VS Code 官方網站（https://code.visualstudio.com/Download）下載並安裝適合你的作業系統的版本。

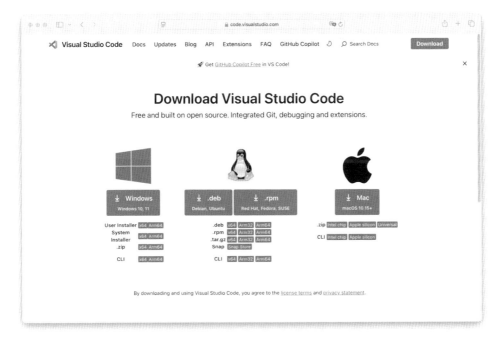

▲ 圖 10.24 安裝 VS Code

VS Code 擁有龐大的開源社群和豐富的擴充套件資源，這使得它能夠快速適應不同的開發需求，並提供優異的使用體驗。這些特性讓開發者能夠透過社群共享的資源與工具，大幅提升工作效率。接下來，我們將安裝 VS Code 好用的 Live Preview 插件。這款插件的主要功能是即時預覽 HTML 頁面的內容，並在瀏覽器中顯示效果，並提高開發效率。

以下是詳細的安裝與使用步驟：

1. 開啟 VS Code

打開 Visual Studio Code，點擊左側工具列中的擴充插件 **(Extensions)** 圖示。

2. 搜尋插件

在搜尋欄中輸入 **"Live Preview"**，並點擊第一個搜尋結果。

3. 安裝插件

找到對應的插件後，點擊安裝按鈕，等待安裝完成。

▲ 圖 10.25 安裝擴充插件

安裝完成後，在開發網頁的過程中開啟 HTML 文件時，插件會自動提供一個預覽選項，允許開發者在瀏覽器或內建的視窗中即時查看修改後的效果，無需頻繁切換或手動刷新頁面。這款插件不僅提升了開發效率，也幫助開發者即時發現和調整設計問題，是前端開發者不可或缺的工具之一。在後續的教學中，我們將使用這個插件進行網頁預覽。

建立專案資料夾

完成 VS Code 的環境配置後，我們需要為專案建立一個專用的資料夾，作為前端開發檔案的工作空間。啟動 VS Code 後，如果尚未開啟任何資料夾，可以在主介面的 Open Folder 按鈕上點擊，選擇希望儲存專案的位置（例如桌面），並新建一個名為 website 的資料夾。接著，點擊 Open 將此資料夾打開。此時，將會發現左側檔案總管區域為空，表示資料夾內尚無任何檔案。

1. 開啟 Visual Studio Code

啟動 VS Code，進入主介面，如附圖所示。如果尚未開啟任何資料夾，會看到介面中央有一個 **Open Folder** 按鈕。

2. 建立新資料夾

- 點擊 Open Folder 按鈕。
- 在彈出的檔案選擇視窗中，選擇希望儲存專案的位置。
- 在該位置新建一個名為 website 的資料夾，並點擊 Open 打開這個資料夾。

▲ 圖 10.26 開啟 VS Code 並為專案建立一個新資料夾

新增 HTML 檔案

完成專案資料夾的建立後,我們需要新增一個 HTML 檔案作為專案的起點。在 website 資料夾內建立一個名為 index.html 的檔案,然後打開檔案撰寫以下程式碼,這段簡單的 HTML 程式碼將作為專案的進入點。

➔ 程式 10.18 建立 index.html 撰寫簡單的 HTML

```html
<!DOCTYPE html>
<html lang="en">
<head>
    <meta charset="UTF-8">
    <meta name="viewport" content="width=device-width, initial-scale=1.0">
    <title> 鳶尾花分類器 </title>
</head>
<body>
    <h1>Hello, World!</h1>
</body>
</html>
```

完成 HTML 檔案的撰寫後,保存檔案並檢查專案的檔案結構。接著,我們需要使用 VS Code 的 Live Preview 功能來檢查網頁是否能正常顯示,並測試即時更新效果。首先確保打開 index.html 檔案,然後在編輯器右上角(如附圖所示)找到預覽圖示,點擊該按鈕即可啟用 Live Preview。

▲ 圖 10.27 啟用 Live Preview 功能

　　啟用 Live Preview 功能後,將會在 VS Code 右側直接顯示網頁內容。此時應該會看到「Hello, World!」的文字。接下來,可以嘗試修改 HTML 檔案中的內容,例如將 h1 標籤內的文字從 "Hello, World!" 修改為 "Welcome to FastAPI Integration!"。完成修改後,按下儲存,右側的預覽畫面將自動刷新,並即時顯示修改後的內容。「Live Preview」功能讓我們能快速檢視每次變更的效果,提升了開發效率與操作的直觀性。

▲ 圖 10.28 即時預覽網頁結果

　　啟用 Live Preview 功能後,除了可以在 VS Code 的右側直接預覽網頁內容,也可以在瀏覽器中打開該頁面。只需在電腦中的瀏覽器(例如 Chrome)的網址列輸入 http://127.0.0.1:3000/index.html,即可查看與編輯器預覽相同的結果。這對於需要更大畫面進行檢視或進一步測試網頁行為非常有用。

▲ 圖 10.29 使用 Chrome 瀏覽器預覽

為了實現前端與後端的數據串接，我們需要在專案中引入 JavaScript 檔案，並測試其是否能正常載入。JavaScript 是前端應用的核心，能夠處理使用者輸入、發送 HTTP 請求到後端，並在頁面上即時顯示回應結果。首先，在專案資料夾 website 中建立一個名為 index.js 的檔案。這個檔案將用於撰寫我們的 JavaScript 程式碼。在檔案內，先撰寫以下程式碼作為簡單的測試。

→ 程式 10.19 建立 index.js 撰寫簡單的 JavaScript

```
console.log("JavaScript 載入成功 !");
```

這段程式碼的目的是在網頁載入時輸出一段訊息，透過 console.log( ) 方法，在瀏覽器的開發者工具 Console 中輸出訊息，以確認 JavaScript 檔案已成功載入並執行。這是一種常用的測試方式，用於驗證環境是否正常運作或是作為開發過程中的日誌記錄。接著，打開 index.html 檔案，在 <body> 標籤的結尾處加入以下程式碼，透過 <script> 標籤將剛建立的 index.js 檔案載入。

→ 程式 10.20 在 index.html 中引入 index.js

```
<!DOCTYPE html>
<html lang="en">
<head>
    <meta charset="UTF-8">
    <meta name="viewport" content="width=device-width, initial-scale=1.0">
    <title> 鳶尾花分類器 </title>
</head>
<body>
    <h1>Hello, World!</h1>

    <script src="./index.js"></script>
</body>
</html>
```

這行程式碼的作用是告訴前端畫面，將位於專案根目錄的 index.js 文件引入到目前的 HTML 頁面中，讓 JavaScript 程式碼可以在網頁執行。完成上述步驟後，確認保持 Live Preview 工具的開啟，並在 Chrome 瀏覽器中輸入 http://127.0.0.1:3000/index.html 來載入網頁。接下來，在瀏覽器中右鍵點擊網頁，選擇檢查 (Inspect)，進入開發者工具的 Console 分頁。若看到以下訊息，表示 JavaScript 檔案已成功載入並執行。

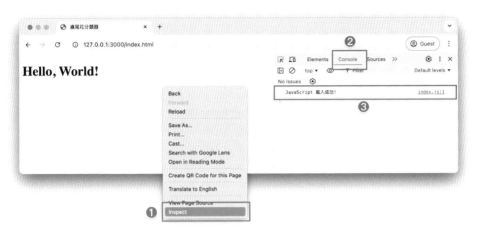

▲ 圖 10.30 使用 Chrome 開發者工具進行除錯

到目前為止，我們已經完成了開發環境的設定，包括安裝 VS Code 與 Live Preview 插件、建立專案資料夾和基本的 HTML 與 JavaScript 檔案。透過這些準備工作，我們確保了開發環境的順暢運行，並為後續的前端與後端整合打下了基礎。在下一節中，我們將開始撰寫前端頁面，讓使用者可以輸入數據並與後端進行互動。

10.5.2 建立簡單的前端界面

在本節中，我們將建立一個基本的前端界面，讓使用者可以輸入鳶尾花的特徵數據（花萼長度、花萼寬度、花瓣長度、花瓣寬度），並透過按鈕提交這些數據給後端進行預測。此外，我們還會加入一個區域用於動態顯示後端的預測結果。本界面將以功能性為主，因此我們不會使用 CSS 進行額外的樣式設計，以便聚焦於資料的傳遞和功能實現。

➜ 程式 10.21 建立簡單的前端界面

```
<!DOCTYPE html>
<html lang="en">
```

```html
<head>
    <meta charset="UTF-8">
    <meta name="viewport" content="width=device-width, initial-scale=1.0">
    <title> 鳶尾花分類器 </title>
</head>
<body>
    <h1> 鳶尾花分類器 </h1>
    <!-- 輸入區域 -->
    <form id="iris-form">
        <label for="sepal-length"> 花萼長度 (cm):</label>
        <input type="text" id="sepal-length" value="5.1"><br>

        <label for="sepal-width"> 花萼寬度 (cm):</label>
        <input type="text" id="sepal-width" value="3.5"><br>

        <label for="petal-length"> 花瓣長度 (cm):</label>
        <input type="text" id="petal-length" value="1.4"><br>

        <label for="petal-width"> 花瓣寬度 (cm):</label>
        <input type="text" id="petal-width" value="0.2"><br>
        <!-- 提交按鈕 -->
        <button type="button" id="submit-button"> 送出預測 </button>
    </form>
    <!-- 顯示預測結果 -->
    <h2> 預測結果 :</h2>
    <p id="result"> 尚未提交資料 </p>

    <script src="./index.js"></script>
</body>
</html>
```

在這個簡單的前端介面中，我們設計了三個主要元件，分別是資料輸入區、提交按鈕和結果顯示區。這些元件互相配合，提供了一個直覺又簡潔的操作介面，讓使用者可以輕鬆輸入資料、發送預測請求並查看結果。

▲ 圖 10.31 鳶尾花分類器前端頁面

資料輸入區域

資料輸入區域包含四個輸入框，每個框對應鳶尾花的特徵數據：

- 花萼長度 (Sepal Length)：以公分為單位，用於描述花萼的長度。

- 花萼寬度 (Sepal Width)：以公分為單位，用於描述花萼的寬度。

- 花瓣長度 (Petal Length)：以公分為單位，用於描述花瓣的長度。

- 花瓣寬度 (Petal Width)：以公分為單位，用於描述花瓣的寬度。

每個輸入框都搭配一個 <label> 元素，標明該輸入框的功能，並通過 for 屬性與輸入框的 id 進行關聯，提升可讀性與無障礙設計。同時，輸入框設置了預設值，方便測試與除錯。

提交按鈕

提交按鈕用於觸發請求並將用戶輸入的數據發送至後端進行預測：

- 按鈕功能：透過 JavaScript 綁定點擊事件，將輸入框中的數據打包為 JSON 格式，並以 POST 請求的方式發送至後端 API。

- 設計考量：按鈕的 type 設為 button，避免使用表單預設的提交行為，保證功能的可控性。

- 識別屬性：按鈕設定了唯一的 id="submit-button"，便於在 JavaScript 程式碼中操作。

結果顯示區

結果顯示區域用於動態展示後端返回的預測結果：

- 初始狀態：顯示「尚未提交資料」的提示文字，告知使用者需要完成輸入並提交。

- 動態更新：當後端返回預測結果時，透過 JavaScript 更新此區域的內容，將結果顯示給使用者。

- 設計簡潔：使用 <p> 元素搭配 id="result"，簡單實現結果展示。

透過這三個核心組件的設計，我們建立了一個簡單又實用的前端界面。這段 HTML 不僅能讓使用者進行基本的資料輸入和查看結果，也為接下來用 JavaScript 與後端 API 的串接做好了準備。在後續章節中，我們將實現前後端的資料傳遞，完成預測功能的整體流程。

10.5.3 前後端 API 串接

前端頁面設計完成後，我們將撰寫一個完整的 JavaScript 文件 index.js，實現前端與後端 API 的通訊功能。這個過程主要包含以下幾個步驟：從前端的輸入框收集數據、將數據以 JSON 格式封裝、發送 HTTP POST 請求至後端，以及接收和解析後端回傳的 JSON 數據。除此之外，我們還會講解如何在前端進行數據的驗證與格式化，確保傳遞給後端的數據正確無誤。以下是 index.js 的完整程式碼：

➜ 程式 10.22 index.js 完整程式碼

```javascript
// 收集輸入數據
function collectInputData() {
    const sepalLength = document.getElementById("sepal-length").value;
    const sepalWidth = document.getElementById("sepal-width").value;
    const petalLength = document.getElementById("petal-length").value;
    const petalWidth = document.getElementById("petal-width").value;

    const inputData = {
        sepal_length: parseFloat(sepalLength),
        sepal_width: parseFloat(sepalWidth),
        petal_length: parseFloat(petalLength),
        petal_width: parseFloat(petalWidth),
    };

    return inputData;
}

// 驗證數據格式
function validateInput(inputData) {
    for (const key in inputData) {
        if (isNaN(inputData[key]) || inputData[key] <= 0) {
            alert(`${key} 必須是正數且非空！`);
            return false;
        }
    }
    return true;
}

// 發送 POST 請求至後端
async function sendRequest(inputData) {
    const apiUrl = "http://127.0.0.1:8000/predict";

    try {
        const response = await fetch(apiUrl, {
            method: "POST",
            headers: {
                "Content-Type": "application/json",
```

```
        }
  body: JSON.stringify(inputData),
        });

        if (!response.ok) {
            throw new Error(`HTTP error! Status: ${response.status}`);
        }

        const result = await response.json();
        return result;
    } catch (error) {
        console.error("Error:", error);
    }
}

// 更新頁面顯示結果
function updateResult(result) {
    const resultElement = document.getElementById("result");
    resultElement.textContent = `預測結果：${result.predicted_class}`;
}

// 綁定按鈕事件，整合所有功能
document.getElementById("submit-button").addEventListener("click", async ()
=> {
    const inputData = collectInputData();
    if (validateInput(inputData)) {
        const result = await sendRequest(inputData);
        if (result) {
            updateResult(result);
        }
    }
});
```

接下來，我們將深入說明前後端 API 串接的核心邏輯與設計，並透過詳細的流程解釋整體運作方式。當使用者在輸入框中填寫花萼與花瓣的特徵數據後，點擊「提交」按鈕，系統會立即觸發 collectInputData() 方法，負責收集使用者輸入的數據。接著，這些數據會交由 validateInput() 方法進行有效性檢查，確保輸入的內容符合預期的格式與範圍。一旦數據通過驗證，系統便透過

sendRequest() 發送一個 POST 請求至後端 API，並等待接收預測結果。最終，預測結果會經由 updateResult() 方法更新至頁面，讓使用者能夠即時看到系統的分析與建議。

收集輸入數據並格式化

collectInputData() 是我們邁向 API 通訊的第一步，它負責從頁面上的四個輸入框中提取用戶輸入的數據，並將這些數據打包為 JSON 格式，以便傳遞至後端。這部分的核心在於確保資料的完整性與一致性。程式碼如下：

➜ 程式 10.23　收集輸入數據並格式化

```javascript
// 收集輸入數據
function collectInputData() {
    const sepalLength = document.getElementById("sepal-length").value;
    const sepalWidth = document.getElementById("sepal-width").value;
    const petalLength = document.getElementById("petal-length").value;
    const petalWidth = document.getElementById("petal-width").value;

    const inputData = {
        sepal_length: parseFloat(sepalLength),
        sepal_width: parseFloat(sepalWidth),
        petal_length: parseFloat(petalLength),
        petal_width: parseFloat(petalWidth),
    };

    return inputData;
}
```

功能重點

- **提取數據**：使用 document.getElementById() 逐一讀取輸入框的值。

- **格式化**：將提取到的數據轉換為浮點數，確保資料型別與後端要求一致。

- **封裝為 JSON**：將所有數據組裝成一個 JSON 物件，方便後續傳遞。

通過這一步，我們完成了數據的初步收集，為下一步數據驗證做好準備。

前端數據驗證與格式化

在數據傳遞到後端之前，前端有責任確保輸入數據的正確性與有效性。validateInput() 方法通過遍歷數據進行檢查，若有不符合要求的數值，會及時提示使用者修改。程式碼如下：

➜ 程式 10.24 前端數據驗證與格式化

```javascript
// 驗證數據格式
function validateInput(inputData) {
    for (const key in inputData) {
        if (isNaN(inputData[key]) || inputData[key] <= 0) {
            alert(`${key} 必須是正數且非空！`);
            return false;
        }
    }
    return true;
}
```

功能重點

- **檢查空值**：避免未填寫或缺失的數據。

- **檢查格式**：確保輸入的是有效數字且為正數。

- **用戶反饋**：使用 alert 通知用戶修正輸入。

此步驟的目的是確保輸入資料的正確性，並減少後端處理錯誤的風險。

發送 HTTP POST 請求

在數據準備就緒後，我們使用 fetch 方法發送 HTTP POST 請求至後端 API。fetch 是 JavaScript 內建提供的 HTTP 請求方法，用於在瀏覽器中進行 HTTP 請求（如 GET、POST 等）。它的特點是基於 Promise，操作簡單且可讀性高，適用於從前端向後端傳遞資料或請求資料。以下是實現程式碼：

➜ 程式 10.25 發送 HTTP POST 請求

```
// 發送 POST 請求至後端
async function sendRequest(inputData) {
    const apiUrl = "http://127.0.0.1:8000/predict";

    try {
        const response = await fetch(apiUrl, {
            method: "POST",
            headers: {
                "Content-Type": "application/json",
            },
            body: JSON.stringify(inputData),
        });

        if (!response.ok) {
            throw new Error(`HTTP error! Status: ${response.status}`);
        }

        const result = await response.json();
        return result;
    } catch (error) {
        console.error("Error:", error);
    }
}
```

功能重點

- **指定 API 路徑**：定義後端 API 的 URL，確保請求能正確抵達。

- **設置請求屬性**：

  ○ 使用 POST 方法發送請求。

  ○ 設定 headers 以表明數據格式為 JSON。

  ○ 使用 body 傳遞數據，將 JSON 格式的資料附加至請求中。

- **處理回應**：檢查 HTTP 狀態碼，捕捉錯誤並回傳結果。

這段程式碼實現了從數據發送到回應接收的全過程，為頁面更新奠定基礎。

接收並解析後端回應

後端處理完數據後，會將預測結果以 JSON 格式回傳至前端。updateResult()
方法負責將這些結果顯示在頁面上，讓使用者即時查看。程式碼如下：

➜ 程式 10.26 接收並解析後端回應

```javascript
// 更新頁面顯示結果
function updateResult(result) {
    const resultElement = document.getElementById("result");
    resultElement.textContent = `預測結果：${result.predicted_class}`;
}
```

功能重點

- **獲取結果顯示區域**：透過 getElementById() 取得頁面上顯示結果的區域。

- **更新顯示內容**：將後端回應的預測類別顯示在指定區域，提供清楚的資
  訊。

整合功能至按鈕事件

我們將所有功能整合到一個按鈕點擊事件中，讓整個流程自動化。程式碼
如下：

➜ 程式 10.27 整合功能至按鈕事件

```javascript
// 綁定按鈕事件，整合所有功能
document.getElementById("submit-button").addEventListener("click", async ()
=> {
    const inputData = collectInputData();
    if (validateInput(inputData)) {
        const result = await sendRequest(inputData);
        if (result) {
            updateResult(result);
        }
    }
});
```

功能重點

- **收集數據**：點擊按鈕後，觸發 collectInputData() 收集輸入框的數據。

- **數據驗證**：執行 validateInput()，確保數據正確。

- **發送請求與更新結果**：呼叫 sendRequest() 發送數據至後端，並透過 updateResult() 顯示預測結果。

　　完成所有程式碼後，我們終於來到最後測試階段。確認保持 Live Preview 工具的開啟，打開瀏覽器並輸入 http://127.0.0.1:3000/index.html 來檢視並操作這個簡單的鳶尾花分類器。

如何測試功能

1. 輸入數據：

- 填寫頁面上的四個輸入框，分別輸入花萼長度、花萼寬度、花瓣長度和花瓣寬度。這些數據代表要進行分類的特徵值。

- 預設的測試數值已提供，可以直接使用預設數值進行測試，或更改為其他數值進行實驗。

2. 提交預測請求：

- 點擊「送出預測」按鈕，程式會自動將輸入的數據打包成 JSON 格式，並通過 HTTP POST 方法傳送至後端 API。

- 後端 API 接收數據後，會通過預先部署的機器學習模型進行推論，然後返回預測的結果。

3. 檢視預測結果：

- 預測結果會即時顯示在頁面的「預測結果」區域中。例如，若回傳的結果為 0，則代表模型預測該樣本屬於鳶尾花的第一個類別。

▲ 圖 10.32 網頁前後端整合結果

　　恭喜你走到最後一步，完成了整本書的學習！在這本書中，我們從理論到實踐，帶各位一步步完成了一個完整的機器學習應用流程。從後端模型的部署、API 開發，到前端界面的設計與整合，讓機器學習模型的預測結果能清楚地展示給使用者。這樣的框架靈活實用，可以輕鬆應用到其他領域，例如醫療診斷、產品推薦或圖像分類。

　　接下來，筆者鼓勵你試著把學到的知識應用到自己的生活中。從日常中蒐集資料，然後透過本書介紹的機器學習方法進行練習。例如：

- **健康管理助手**：記錄每天的步數、飲水量或睡眠時數，並建立模型預測未來的健康指標（如每日消耗的卡路里）。

- **個人財務分析**：分析你的每月支出數據，利用機器學習預測哪些月份的消費較高，或進行支出類別的分類。

- **學習進度追蹤**：記錄每天學習的時數和完成的內容，建立模型預測學習效率，幫助優化學習計劃。

- **交通時間預測**：使用你日常通勤的數據，預測不同時間段的交通時長，選擇最佳出行時間。

實際操作不僅能幫助你加深對機器學習的理解，還能解決生活中的實際問題。希望這本書能幫助你邁出第一步，開啟屬於你的機器學習實踐之旅！再次恭喜你完成這段學習旅程，期待你將所學融入更多創新與應用中！

MEMO

MEMO

MEMO

深智數位
股份有限公司

深智數位
股份有限公司